"十二五"职业教育国家规划教材
经全国职业教育教材审定委员会审定

普通高等教育"十一五"国家级规划教材

修订版

# 金属切削加工及装备

第4版

吴　拓　编

机　械　工　业　出　版　社

本书为“十二五”职业教育国家规划教材及普通高等教育“十一五”国家级规划教材修订版。本书是为适应高职高专教育的机械类专业教学改革，满足机械制造与自动化、数控技术、模具设计与制造和机电一体化技术等专业教学的需要，将“金属工艺学”“金属切削原理与刀具”和“金属切削机床概论”等专业课程中的核心内容有机地结合起来，从培养技术应用能力和加强素质教育出发，以机械加工的基本原理为主线编写而成的一本系统的机械类专业基础课教材。全书共八章，主要内容有：金属切削加工的基本知识、刀具材料、金属切削过程及其基本规律、金属切削基本理论的应用、典型金属切削加工方法及刀具、金属切削机床概论和典型表面加工。

本书配有电子课件，凡使用本书作为教材的教师或学校可向出版社索取。也可以发送电子邮件至 cmpgaozhi@ sina. om，或拨打咨询电话 010-88379375。

**图书在版编目（CIP）数据**

金属切削加工及装备/吴拓编．—4版．—北京：机械工业出版社，2021.3（2024.2 重印）

“十二五”职业教育国家规划教材修订版　普通高等教育“十一五”国家级规划教材：修订版

ISBN 978-7-111-67779-6

Ⅰ.①金…　Ⅱ.①吴…　Ⅲ.①金属切削-加工工艺-高等职业教育-教材②金属切削-设备-高等职业教育-教材　Ⅳ.①TG5

中国版本图书馆 CIP 数据核字（2021）第 047067 号

机械工业出版社（北京市百万庄大街 22 号　邮政编码 100037）
策划编辑：薛　礼　责任编辑：薛　礼
责任校对：潘　蕊　封面设计：马精明
责任印制：单爱军
北京虎彩文化传播有限公司印刷
2024 年 2 月第 4 版第 5 次印刷
184mm×260mm · 12.75 印张 · 315 千字
标准书号：ISBN 978-7-111-67779-6
定价：39.00 元

电话服务
客服电话：010-88361066
010-88379833
010-68326294

网络服务
机　工　官　网：www.cmpbook.com
机　工　官　博：weibo.com/cmp1952
金　书　网：www.golden-book.com
机工教育服务网：www.cmpedu.com

# 第4版前言

本书是为适应高职高专教育的机械类专业教学改革，满足机械制造与自动化、数控技术、模具设计与制造和机电一体化技术等专业教学的需要，将“金属工艺学”“金属切削原理与刀具”和“金属切削机床概论”等专业课程中的核心内容有机地结合起来，从培养技术应用能力和加强素质教育出发，以机械加工的基本原理为主线编写而成的一本系统的机械类专业基础课教材。全书共八章，主要内容有：金属切削加工的基本知识、刀具材料、金属切削过程及其基本规律、金属切削基本理论的应用、典型金属切削加工方法及刀具、金属切削机床概论和典型表面加工。

本书自2006年2月出版以来，一直受到读者的关注和青睐，被全国20多个省市、40多所高等院校选作教材。2006年，本书被评为普通高等教育“十一五”国家级规划教材；2014年，本书被评为“十二五”职业教育国家规划教材。编者甚感欣慰，在此谨向各位读者及同仁致以深深的谢意！

虽然本书社会反响良好，但编者出于一种强烈的职业责任，仍十分注意发现不足之处，不断总结和积累经验，以期更加完善，并体现以下特色：

1）篇章结构合理。从金属切削加工理论及其应用，到金属切削加工刀具与机床，直至介绍典型表面的切削加工方法，从理论到实践，循序渐进，由浅入深。整体结构紧凑、合理，衔接自然、顺畅。

2）内容翔实、全面、系统。本书既介绍了金属切削的基本概念、基本理论及规律，又介绍了典型金属切削加工方法及刀具，常用金属切削机床的结构、工作原理与工艺范围，还介绍了典型表面的切削加工方法，有利于培养学生的实际应用能力，增强学生的专业技术素养，充分体现了职业教育的特点。

3）职业教育特点突出。本书理论联系实际，特别注重实际应用，注重有利于培养学生职业素质的知识点。内容以“够用”为度，全面、简洁，既无冗余之词，又能充分满足职业岗位所需，无知识缺陷。

4）阐述精炼，主次分明，重点突出、轻重平衡适度。在介绍切削机床时，车床以掌握运动平衡式为主，磨床以如何提高精度为主，钻削、镗削以钻套、镗套为主，齿轮加工以展成运动为主等，既重点介绍了相关内容，又合理地压缩了篇幅。

本书还有以下三个创新点：

1）将“金属工艺学”“金属切削原理与刀具”和“金属切削机床概论”等几门机械类专业课程中的核心内容有机地结合起来，以机械加工的基本原理为主线，进行综合编写。内容的选择与编排上，构成一个完整的新知识体系，无知识脱节、知识漏洞和知识断层。

2）以培养学生的职业素质为主线，以学生的就业需要为目标，难度适中地选择知识点加以介绍。

3）以培养学生的岗位技能为重点，以塑造学生的工匠精神为动力，让学生能够领会生产实践中必须掌握的知识要点。

为了提高学生的学习兴趣，努力掌握本课程的技术知识，在部分章节后增加了【视野拓展】内容，指导学生学习知识和技能必先从原理着手，告诫学生职业技能只有通过实干才能掌握，勉励学生运用辩证法分析金属切削加工过程中物理现象，深入探讨如何选择最佳的切削方法来最合理、最有经济效益地加工机械零件的各种表面，激发学生努力为振兴机械制造业做贡献的工作热情。

本书可作为高职高专院校机械类专业的教材，也可作为普通高等院校师生及有关工程技术人员的参考用书。

由于编者水平有限，书中疏漏之处在所难免，恳请各位读者和同仁不吝指正。

**编　者**

# 第3版前言

本书将“金属工艺学”“金属切削原理与刀具”和“金属切削机床概论”等几门机械专业课程中的核心内容有机地结合起来，从培养技术应用能力和加强素质教育出发，以机械加工的基本原理为主线编写而成，是一本系统的机械类专业基础课教材。全书共八章，主要内容有：金属切削加工的基本知识、刀具材料、金属切削过程及其基本规律、金属切削基本理论的应用、典型金属切削加工方法及刀具、金属切削机床概论和典型表面加工。

本书内容符合高等职业教育的要求，并且适应部分机械类专业为加强机械制造技术的培养，将机械制造技术分为“金属切削加工及装备”和“机械制造工艺与机床夹具”两部分来进行讲授的需要，因此受到广大读者的青睐和支持。2014年，本书被评为“十二五”职业教育国家规划教材，编者为之倍感欣慰，在此谨向各位读者和同仁致以深深的谢意！

本书第3版，编者仅对部分内容进行了适当的调整和增补，以期更加完善。

由于编者水平有限，书中不当之处在所难免，恳请各位读者和同仁雅正。

编　者

# 第2版前言

《金属切削加工及装备》自2006年2月出版、2006年8月被纳入普通高等教育国家级“十一五”规划教材以来，已印刷4次，受到读者的如此青睐和支持，编者倍感欣慰，在此谨向各位读者和同仁致以深深的谢意！

本书第2版，编者仅对书中的部分内容进行了适当的调整和增补，以期更加完善。

由于编者水平有限，本书难免仍有不当之处，恳请各位读者和同仁雅正。

编　者

# 第1版前言

广东省教育厅和机械工业出版社为了适应高等职业教育的需要，于1999年联合组织编写了一套高职高专规划教材，《机械制造工程》是其中的一本。该教材自2001年出版以来，受到了高职高专各院校的普遍欢迎，得到了较为广泛的使用。但近年来，各院校通过对该教材的使用，也发现了一些问题，例如机械制造与自动化、数控技术、模具设计与制造、机电一体化技术等专业，需要对金属切削加工以及机械制造工艺等加强教学，一是感到教学内容不够充实；二是将金属切削加工及装备、机械制造工艺与夹具作为两门课程的学校，感到教学安排不太方便。因此，在2004年6月广东省教育厅和机械工业出版社召集的主编工作会议上，部分高职院校提出了将《机械制造工程》教材按二合一版本编写的建议。为此，一些以机械类专业为骨干的院校决定，部分专业方向继续使用修订后的《机械制造工程》一书，而部分专业如机械制造与自动化、数控技术、模具设计与制造和机电一体化技术等则组织编写二合一版本教材，共由三册组成，即《金属切削加工及装备》《机械制造工艺与机床夹具》和《机械制造工艺与机床夹具课程设计指导》，以使其更加符合部分高职专业教学的需要，并使新编教材更加完善、准确。

《金属切削加工及装备》一书是将“金属工艺学”“金属切削原理与刀具”和“金属切削机床概论”等几门机械类专业课程中的核心内容有机地结合起来，从培养技术应用能力和加强素质教育出发，以机械加工的基本原理为主线，进行综合编写而成的一门系统的机械类专业基础课教材。全书共8章，主要内容有：金属切削加工的基本知识、刀具材料、金属切削过程及其基本规律、金属切削基本理论的应用、典型金属切削加工方法及刀具、金属切削机床概论、典型表面加工等。

本书由吴拓主编，方琼珊、朱派龙参编。编写分工为：第一、二、三、五章由方琼珊编写，第四、六、七章由吴拓编写，第八章由朱派龙编写。全书由吴拓统稿。

本书注重实际应用，突出基本概念，内容简明精炼。本书可供高等专科教育和高等职业教育院校机械类专业作为教材使用，也可供普通高等院校师生及有关工程技术人员参考。

在编写过程中，本书得到了有关院校的领导和同行们的大力支持，书中引用了兄弟院校有关编著的珍贵资料，所用参考文献均已列于书后。在此，对所有本书的支持者、有关出版社和作者表示衷心感谢！

由于编者水平有限，书中难免有疏漏之处，恳请各位同仁及读者不吝批评指正。

编　者

# 目　录


第 4 版前言

第 3 版前言

第 2 版前言

第 1 版前言

第一章　绪论 …… 1

第一节　金属切削加工技术发展概况 …… 1

第二节　金属切削机床在国民经济中的地位及其发展简史 …… 2

第三节　本课程的内容与学习方法 …… 3

第二章　金属切削加工的基本知识 …… 5

第一节　切削运动和工件表面 …… 5

第二节　切削要素 …… 7

第三节　刀具几何参数 …… 8

思考题与习题 …… 12

第三章　刀具材料 …… 14

第一节　刀具材料应具备的性能 …… 14

第二节　高速钢 …… 15

第三节　硬质合金 …… 17

第四节　其他刀具材料 …… 20

思考题与习题 …… 22

第四章　金属切削过程及其基本规律 …… 23

第一节　金属切削的变形过程 …… 23

第二节　切削力与切削功率 …… 30

第三节　切削热与切削温度 …… 34

第四节　刀具磨损与刀具寿命 …… 37

思考题与习题 …… 42

第五章　金属切削基本理论的应用 …… 43

第一节　切屑控制 …… 43

第二节　工件材料的可加工性 …… 48

第三节　切削液及其选用 …… 51

第四节　刀具几何参数的合理选择 …… 54

第五节　切削用量的合理选择 …… 57

第六节　超高速切削与超精密切削简介 …… 60

思考题与习题 …… 67

第六章　典型金属切削加工方法及刀具 …… 68

第一节　车削加工及车刀 …… 68

第二节　铣削加工及铣刀 …… 74

第三节　钻镗加工及钻头、镗刀 …… 79

第四节　刨削、插削和拉削加工及其刀具 …… 84

第五节　齿轮加工及切齿刀具 …… 88

第六节　磨削加工及砂轮 …… 93

第七节　自动化生产及其刀具 …… 101

第八节　光整加工方法综述 …… 103

思考题与习题 …… 107

第七章　金属切削机床概论 …… 109

第一节　金属切削机床概述 …… 109

第二节　车床 …… 118

第三节　磨床 …… 125

第四节　齿轮加工机床 …… 132

第五节　其他机床 …… 137

思考题与习题 …… 156

第八章　典型表面加工 …… 158

第一节　外圆加工 …… 158

第二节　孔（内圆）加工 …… 164

第三节　平面加工 …… 172

第四节　成形（异型）面加工 …… 177

思考题与习题 …… 194

参考文献 …… 196

# 第一章　绪　论

## 第一节　金属切削加工技术发展概况

金属切削加工是利用金属切削刀具，在工件表面切除多余金属，使工件达到规定的几何形状、尺寸精度和表面质量的一种机械加工方法。它是机械制造业中最基本的加工方法，在国民经济中占有十分重要的地位。

我国在金属切削技术方面有着光辉的成就。公元前二千多年青铜器时代就已出现金属切削加工的萌芽。当时青铜刀、锯、锉等刀具已经类似于现代的切削刀具。公元 1668 年制造直径 2m 的天文仪器铜环，其内孔、外圆、端面及刻度的加工精度和表面质量均达到相当高的水平。当时采用畜力带动铣刀进行铣削，用磨石进行磨削；刀片磨钝后用脚踏刃磨机刃磨。在长期的生产实践中，古人已非常注意总结刀具的经验，强调切削刃的作用，正确阐明了切削刃利与坚的关系，对切削原理进行了朴素的唯物辩证的论述。

近代历史中，由于封建制度的腐败和帝国主义的侵略，我国机械工业一直处于落后状态。1915 年，上海荣昌泰机器厂造出了国产第一台车床。19 世纪中叶起才开始有少量机械工厂。直到 1947 年，民用机械工业只有 3 千多个企业，拥有机床 2 万多台。当时使用碳素工具钢刀具，切削速度仅能在 16m/min 以内，切削效率很低。

新中国成立后，我国切削加工技术得到了飞速发展。20 世纪 50 年代起开始广泛使用硬质合金，推广高速切削、强力切削、多刀多刃切削，兴起了改革刀具的热潮。先进刀具、先进切削工艺、新型刀具材料不断涌现，切削机理得到了更加深入的研究。许多高等院校、科研院所、工具刃具厂在切削加工技术和切削刀具的研究方面都取得了十分丰硕的成果。

20 世纪 80 年代后，机械行业注意从国外引进先进技术，在与国际学术组织、专家学者的交流活动中，我国的切削加工技术水平又得到了进一步的提高，并正在努力赶上国际先进水平。

当今需要切削的材料十分广泛，除传统的金属材料之外，非金属材料也越来越多。从软的橡胶、塑料到坚硬的花岗岩石；从普通的钢材到高强度钢、耐热钢、钛合金、冷硬铸铁、淬硬钢等。切削技术不仅能够解决各种硬、韧、脆、粘等难加工材料，而且能够解决各种特高精度、特长、特深、特薄、特小等特形零件的加工。

随着计算机在切削研究、刀具设计与机械制造中得到广泛应用，一批我国自行开发的刀具 CAD、CAPP、CAI、切削数据库软件也相继问世。新的刀具标准参照 ISO 也作了修订，已基本完成了与国际接轨。我国的切削加工技术在不久的将来一定能赶上发达国家的水平，并能同步增长。

随着科学技术和现代工业日新月异的快速发展，切削加工技术也正朝着高精度、高效率、自动化、柔性化和智能化的方向发展，主要体现在以下三方面：

1）加工设备朝着数控技术、精密和超精密、高速和超高速方向发展。目前，数控技术、精密和超精密加工技术得到了进一步普及和应用。普通加工、精密加工和超精密加工的精度可分别达到1μm、0.01μm和0.001μm（0.001μm＝1nm），向原子级加工逼近。

2）刀具材料朝超硬刀具材料方向发展。目前我国常用刀具材料是高速钢和硬质合金，21世纪是超硬刀具材料的应用时代，陶瓷、聚晶金刚石（PCD）和聚晶立方氮化硼（PCBN）等超硬材料将被普遍应用于切削刀具，使切削速度可高达数千米每分钟。

3）生产规模由目前的小批量和单品种大批大量向多品种变批量的方向发展，生产方式由手工操作、机械化、单机自动化、刚性流水线自动化向柔性自动化和智能自动化方向发展。

21世纪的切削加工技术必然要与计算机、自动化、系统论、控制论及人工智能、计算机辅助设计与制造、计算机集成制造系统等高新技术及理论相融合，向着精密化、柔性化和智能化方向发展，并由此推动其他各新兴学科在切削理论和技术中的应用。

## 第二节 金属切削机床在国民经济中的地位及其发展简史

### 一、金属切削机床及其在国民经济中的地位

金属切削机床是用切削的方法将金属毛坯加工成机器零件的机器，也可以说是制造机器的机器，所以又称为“工作母机”或“工具机”，在我国习惯上简称为机床。在机械制造工业中，尤其是在加工精密零件时，目前主要是依靠切削加工来达到所需的加工精度和表面质量。所以，金属切削机床是加工机器零件的主要设备，它所担负的工作量，在一般情况下约占机器的总制造工作量的40%～60%，它的技术性能和先进程度会直接影响到机器制造的产品质量和劳动生产率，进而决定着国民经济的发展水平。

一个国家要繁荣富强，需要一个强大的机械制造业为国民经济各部门提供各种现代化的先进技术装备，然而一个现代化的机械制造业必须要有一个现代化的机床制造业作后盾。机床工业是机械制造业的“装备部”“总工艺师”。机床的拥有量、产量、品种和质量，是衡量一个国家工业水平的重要标志之一。因此，机床工业在国民经济中占有极其重要的地位。机床工业可以生产出各种各样的基础机械产品、专用设备和机电一体化的产品，为能源、交通、农业、轻纺、石油化工、冶金、电子、兵器、航空航天和矿山工程等各种行业部门提供先进的制造技术与优质高效的工艺装备，从而推动这些行业的发展。机床工业对国民经济和社会进步起着重大的作用。因此，许多国家都十分重视本国机床工业的发展和机床技术水平的提高，使本国国民经济的发展建立在坚实可靠的基础上。

### 二、机床的发展概况和我国机床工业的现状

机床是人类在长期生产实践中不断改进生产工具的基础上产生的，并随着社会生产的发展和科学技术的进步而渐趋完善。最原始的机床是木制的，所有运动都由人力或畜力驱动，主要用于加工木料、石料等，它们实际上并不是一种完整的机器。现代意义上的加工金属机械零件的机床，是在18世纪中叶才发展起来的。1797年发明的带有机动刀架的车床，开创了用机械代替人手控制刀具运动的先河，而且使机床的加工精度和工作效率发生了一个飞跃。到19世纪末，车床、钻床、镗床、刨床、拉床、铣床、磨床、齿轮加工机床等基本类型的机床已先后形成。

20世纪初以来，由于高速钢和硬质合金等新型刀具材料的相继出现，使刀具的切削性

能不断提高，促使机床沿着提高主轴转速、加大驱动功率和增强结构刚度的方向发展。同时，由于电动机、齿轮、轴承、电气和液压等技术有了很大的发展，使机床的传动、结构和控制等方面也得到了相应的改进，加工精度和生产率也随之有了明显的提高。到了20世纪50年代，在综合应用电子技术、检测技术、计算机技术、自动控制和机床设计等各个领域最新成就的基础上发展起来的数控机床，使得机床自动化进入了一个崭新的时代。

纵观机床发展历史，它总是随着机械工业的扩大和科学技术的进步而发展，并始终围绕着不断提高生产率、加工精度、自动化程度和扩大产品品种而进行的。现代机床总的趋势仍将继续沿着这一方向发展。

我国的机床工业是在新中国成立后建立起来的。在旧中国，基本上没有机床制造工业。直至新中国成立前，全国只有少数几个机械修配厂生产少量结构简单的机床。新中国成立以来，我国机床工业获得了高速发展。目前我国已形成了布局比较合理、相对完整的机床工业体系。机床的产量与质量不断上升，机床产品除满足国内建设的需要外，还有一部分已远销国外。我国已制定了完整的机床系列型谱，生产的机床品种也日趋齐全，能生产上千个品种，现在已经具备了成套装备现代化工厂的能力。目前我国已能生产从小型仪表机床到重型机床的各种机床，也能生产出各种精密的、高度自动化的以及高效率的机床和自动线。我国机床的性能也在逐步提高，有些机床已经接近世界先进水平。我国数控技术近年也有较快的发展，目前已能生产上百种数控机床。

我国机床工业已经取得了很大成就，但与世界发达国家相比，还有较大差距。主要表现在机床产品的精度、质量稳定性、自动化程度以及基础理论研究等方面。为了适应我国现代化建设的需要，为了提高机床产品在国际市场的竞争能力，必须深入开展机床基础理论研究，加强工艺试验研究，大力开发精密、重型和数控机床，使我国的机床工业尽早跻身于世界先进行列。

## 第三节　本课程的内容与学习方法

### 一、本课程的教学内容

本课程是金属切削原理与刀具、金属切削机床和金属工艺学三部分基本理论和基础知识的有机结合，是研究金属切削加工的基本原理和基本规律、金属切削机床的结构和工作原理、机械加工工艺的基本知识及其在机械制造工程中应用的一门学科。其主要任务是：使学生具备所必需的机械加工技术的基本知识和基本技能，培养学生的创新意识和解决机械加工方面一般技术问题的能力。它是机械制造与自动化专业、数控技术与应用专业、模具设计制造专业、计算机辅助设计专业与机电类各专业的重要课程之一。

本课程的主要内容包括：①金属切削加工的基本概念，金属切削过程的基本规律及其应用，常用刀具材料的性能和应用范围，各种常用刀具的特点及其几何参数的选择方法；②典型金属切削加工方法及其刀具；③常用金属切削机床的工作原理、结构与工艺范围，机床运动与传动路线的分析方法；④典型表面的切削加工方法。这些知识将为今后机械制造工艺课程的学习和课程设计以及毕业设计做好必要的准备。

## 二、本课程的学习方法

本课程是一门综合性和实践性很强的课程，涉及知识面很广。因此，学习本课程时不但要注意系统地学好本课程的基础理论知识，而且要密切联系生产实际，重视金工实习、生产实习，通过实验、实训及工厂调研来加深对课程内容的理解，将知识转化为技术应用能力。同时还要注意沟通与基础学科和相关学科知识间的联系，培养综合运用知识分析问题、解决问题的能力，善于发现生产实际中提高加工质量、提高生产率的有效工艺措施和客观规律。通过本课程及后续课程的学习，逐步掌握机械加工的理论与实践知识，为毕业后参加社会实践、投身现代化建设打下坚实的基础。

### 【视野拓展】学好本课程，为振兴机械制造业做贡献

众所周知，机械制造业是国民经济的基础产业，直接关系国民经济的发展，影响到国计民生和国防力量的加强。因此，各国都把机械制造业作为国民经济发展的支柱产业。

金属切削加工是机械制造业的主要工艺。在三大机械加工工艺——切削、磨削和铸锻中，切削加工的应用比例最高。目前，世界钢产量约17亿吨，其中就有两亿吨被切削下来。随着机器和装备的功率容量、负载、耐温和耐压等特性指标的提高，机器零件的尺寸和重量也相应增大，从毛坯上切除的金属量也随之增加。金属切削加工的重要性是不言而喻的。

我国目前拥有近600万台机床，这为我国拓展金属切削加工能力，发展机械制造业提供了重要保证。随着切削加工中引入声、光、电、磁等外加能量技术，切削加工正面临新的改革和创新。因此，学习“金属切削加工及装备”这门课程，必须胸怀大志，明确自己的责任担当，为振兴我国机械制造业做出自己应有的贡献。

# 第二章　金属切削加工的基本知识

一般情况下，通过铸造、锻造、焊接和各种轧制的型材，毛坯精度低和表面粗糙度值大，不能满足零件的使用性能要求，必须进行切削加工才能成为零件。

金属切削加工是通过刀具与工件之间的相对运动，从毛坯上切除多余的金属，从而获得合格零件的一种机械加工方法。

金属切削加工通常通过各种金属切削机床对工件进行切削、加工。切削加工的基本形式有车削、铣削、钻削、镗削、刨削、拉削、磨削等。钳工也属于金属切削加工，它是使用手工切削工具在钳台上对工件进行加工的，其基本形式有錾削、锉削、锯削、刮削以及钻孔、铰孔、攻螺纹（加工内螺纹）、套螺纹（加工外螺纹）等。

## 第一节　切削运动和工件表面

### 一、切削运动

在金属切削加工中，刀具和工件间必须完成一定的切削运动，才能从工件上切去一部分多余的金属层。切削运动是为了形成工件表面所必需的刀具与工件之间的相对运动。切削运动按其作用不同，分为主运动和进给运动，如图 2-1 所示。

**1. 主运动**

主运动是指切除多余金属所需要的刀具与工件之间最主要、最基本的相对运动。切削过程中，必须有且只有一个主运动，它的速度最高，消耗的功率最大。主运动可以是直线运动，也可以是旋转运动。车削的主运动是工件的旋转运动；铣削和钻削的主运动是刀具的旋转运动；磨削的主运动是砂轮的旋转运动；刨削的主运动是刀具（牛头刨床）或工件（龙门刨床）的往复直线运动等。

刀具切削刃上选取点相对于工件的主运动的瞬时速度称为切削速度，用矢量$\boldsymbol{v}_c$表示。

**2. 进给运动**

进给运动是指使新的切削层金属不断地投入切削，从而切出整个工件表面的运动。进给运动可以是连续运动，也可以是间断运动；可以是直线运动，也可以是旋转运动。车削的进给运动是刀具的移动；铣削的进给运动是工件的移动；钻削的进给运动是钻头沿其轴线方向的移动；内、外圆磨削的进给运动是工件的旋转运动和移动等。进给运动可以是一个或者多个，切削过程中有时也可以没有单独的进给运动。进给运动的速度较小，消耗的功率也较小。

切削刃上选取点相对于工件进给运动的瞬时速度称为进给速度，用矢量$\boldsymbol{v}_f$表示。

切削加工过程中，为了实现机械化和自动化，提高生产效率，一些机床除切削运动外，还需要辅助运动，例如，切入运动、空程运动、分度转位运动、送夹料运动以及机床控制运动等。

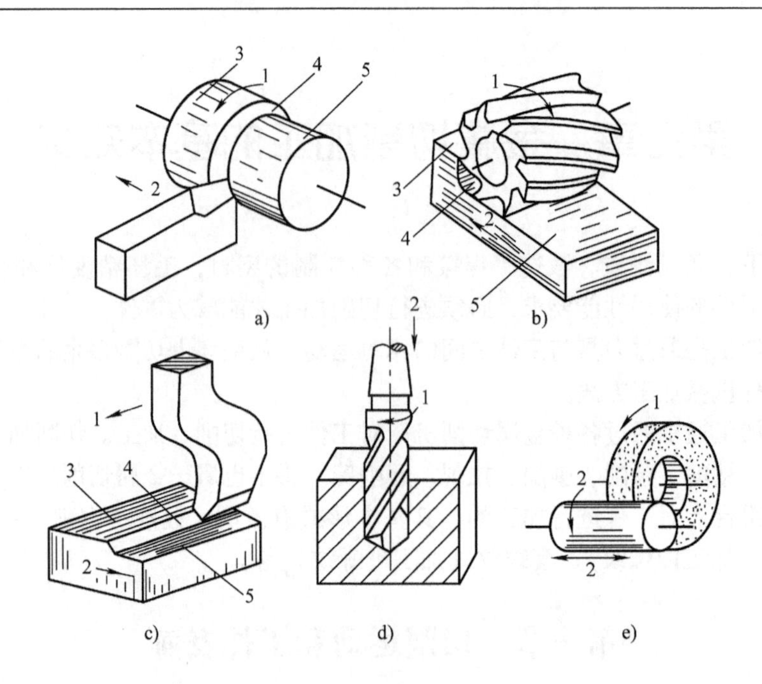


图2-1　切削运动和加工表面

a）车削　b）铣削　c）刨削　d）钻削　e）磨削

1—主运动　2—进给运动　3—待加工表面　4—过渡表面　5—已加工表面

**3. 合成切削运动**

主运动和进给运动的合成运动称为合成切削运动。合成切削运动的瞬时速度用矢量$\boldsymbol{v}_e$表示，$\boldsymbol{v}_e=\boldsymbol{v}_c+\boldsymbol{v}_f$。

$\boldsymbol{v}_c$和$\boldsymbol{v}_f$所在的平面称为工作平面，以$p_{fe}$表示。

在工作平面内，同一瞬时主运动方向与合成切削运动方向之间的夹角称为合成切削运动速度角，以$\eta$表示，如图2-2所示。

由$\eta$角的定义可知

$$\tan\eta=\frac{v_f}{v_c}=\frac{f}{\pi d} \tag{2-1}$$

式中　$d$——随着车刀进给而不断变化着的切削刃选定点处工件的旋转直径。

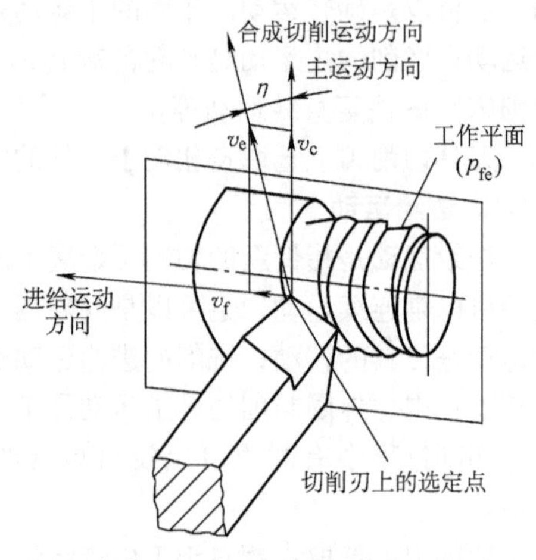


图2-2　合成切削运动速度角

## 二、工件上的表面

切削过程中，工件上始终存在着三个不断变化的表面，如图2-1所示，即

待加工表面：工件上有待切除的表面。

已加工表面：工件上由刀具切削后产生的新表面。

过渡表面：在待加工表面和已加工表面之间由切削刃在工件上正在形成的那个表面。它将在下一次切削过程中被切除。

## 第二节　切削要素

切削要素包括切削用量和切削层横截面要素

### 一、切削用量

切削用量是指切削加工过程中切削速度、进给量和背吃刀量（切削深度）三个要素的总称。它表示主运动和进给运动量，用于调整机床的工艺参数。

**1. 切削速度**

切削速度 $v_c$ 是指切削刃选定点相对于工件主运动的瞬时线速度，单位为 m/s 或 m/min。主运动为旋转运动时，切削速度的计算为

$$v_c = \frac{\pi dn}{1000} \tag{2-2}$$

式中　$d$——完成主运动的刀具或工件的最大直径，单位为 mm；

$n$——主运动的转速，单位为 r/s 或 r/min。

在生产中，磨削速度用 m/s，其他加工的切削速度习惯用 m/min。

**2. 进给量**

进给量 $f$ 是指工件或刀具的主运动每转或每一行程刀具与工件两者在进给运动方向上的相对位移量，单位是 mm/r 或 m/r（行程）。

主运动是往复直线运动时为每往复一次的进给量。

进给速度 $v_f$ 是指刀具切削刃选定点相对于工件进给运动的瞬时速度。进给量 $f$ 与进给速度 $v_f$ 之间的关系为

$$v_f = fn \tag{2-3}$$

**3. 背吃刀量**

背吃刀量 $a_p$ 也写作 $a_{sp}$，是指工件已加工表面和待加工表面之间的垂直距离，单位是 mm。

外圆车削背吃刀量 $a_p$ 为

$$a_p = \frac{d_w - d_m}{2} \tag{2-4}$$

钻孔背吃刀量 $a_p$ 为

$$a_p = \frac{d_m}{2} \tag{2-5}$$

式中　$d_m$——已加工表面直径，单位为 mm；

$d_w$——待加工表面直径，单位为 mm。

### 二、切削层横截面要素

切削层是指切削过程中刀具的切削刃在一次进给中所切除的工件材料层。切削层的轴向剖面称为切削层横截面，如图 2-3 所示。

切削层的横截面要素是指切削层的横截面尺寸，包括切削层公称宽度 $b_D$、切削层公称

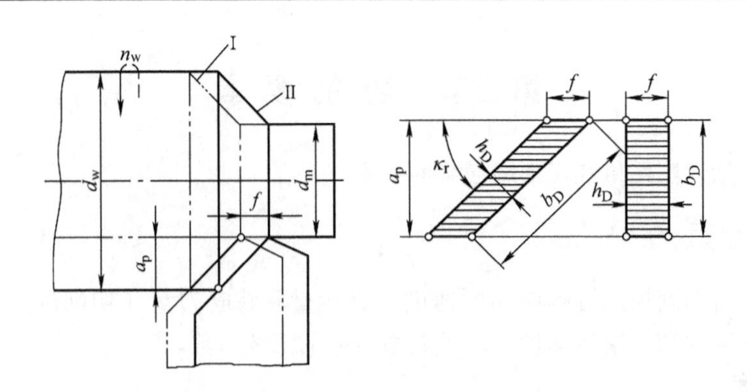


图2-3 纵车外圆时的切削层要素

厚度 $h_D$ 和切削层公称横截面积 $A_D$ 三个要素。

（1）切削层公称宽度 $b_D$ 切削层公称宽度是指刀具主切削刃与工件的接触长度，单位是mm。车削时，设车刀主切削刃与工件轴线之间的夹角即主偏角为 $\kappa_r$，则

$$b_D=\frac{a_p}{\sin\kappa_r} \tag{2-6}$$

（2）切削层公称厚度 $h_D$ 切削层公称厚度是指刀具或工件每移动一个进给量 $f$ 时，刀具主切削刃相邻的两个位置之间的垂直距离，单位是mm。车外圆时

$$h_D=f\sin\kappa_r \tag{2-7}$$

（3）切削层公称横截面积 $A_D$ 切削层公称横截面积即切削层横截面的面积，单位是 $mm^2$，可以表示为

$$A_D\approx b_Dh_D=a_pf \tag{2-8}$$

# 第三节 刀具几何参数

## 一、刀具切削部分的结构要素

金属切削刀具的种类很多，但任何刀具都由切削部分和夹持部分组成，虽然刀具形态各异，但其切削部分（楔部）都有一定的共性，切削部分总是近似地以外圆车刀的切削部分为基本形态，其他各类刀具都可看成是它的演变和组合，故以普通车刀为例，对刀具切削部分的结构要素做出定义，现以图2-4所示说明如下：

（1）前面 $A_\gamma$ 前面是切下的切屑流过的刀面。如果前面是由几个相互倾斜的表面组成的，则可从切削刃开始，依次把它们称为第一前面（有时称为倒棱）、第二前面等。

（2）后面 $A_\alpha$ 后面是与工件上新形成的过渡表面相对的刀面。也可以分为第一后面（有时称刃带）、第二后面等。

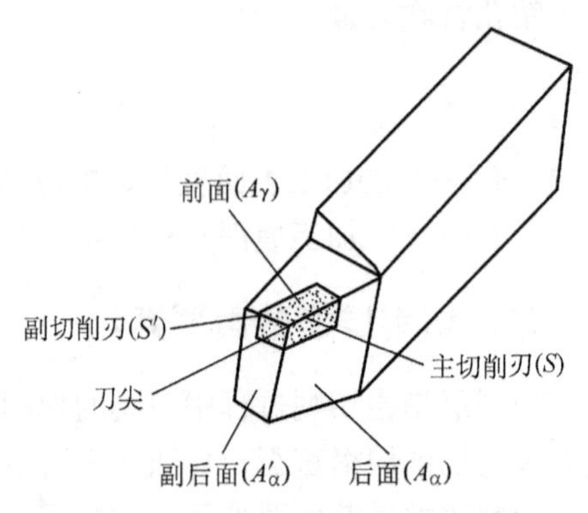


图2-4 车刀切削部分的结构要素

（3）副后面 $A'_{\alpha}$　与副切削刃毗邻、与工件上已加工表面相对的刀面。同样，也可以分为第一副后面、第二副后面等。

（4）主切削刃 $S$　前面与后面相交而得到的切削边锋。主切削刃在切削过程中，承担主要的切削任务，完成金属切除工作。

（5）副切削刃 $S'$　前面与副后面相交而得到的切削边锋。它协同主切削刃完成金属切除工作，以最终形成工件的已加工表面。

（6）刀尖　刀尖是指主切削刃和副切削刃的连接处相当短的一部分切削刃。常用的刀尖有三种形式：交点（点状）刀尖、圆弧（修圆）刀尖和倒棱（倒角）刀尖，如图2-5所示。

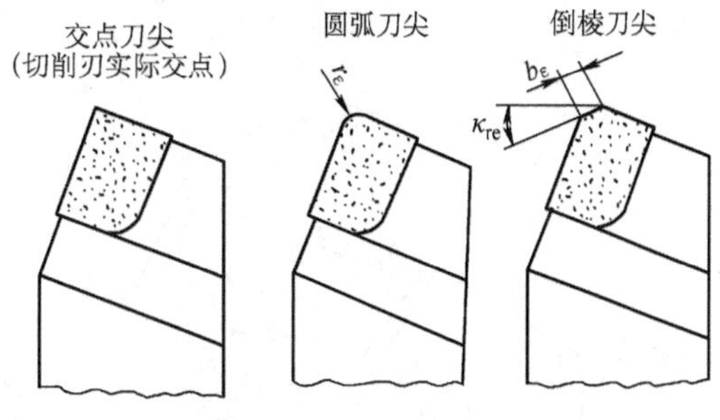


图2-5　刀尖的形式

## 二、刀具角度的参考系

刀具要从工件上切下金属，就必须使刀具切削部分具有合理的几何形状。为了确定和测量刀具各表面和各切削刃在空间的相对位置，必须建立用以度量各切削刃、各刀面空间位置的参考系。

建立参考系，必须与切削运动相联系，应反映刀具角度对切削过程的影响。参考系平面与刀具安装平面应平行或垂直，以便于测量。

用来确定刀具几何角度的参考系有两类：一类称为刀具标注角度参考系，即静止参考系，在刀具设计图上所标注的角度，刀具在制造、测量和刃磨时，均以它为基准；另一类称为刀具工作角度参考系，它是确定刀具在切削运动中有效工作角度的参考系。它们的区别在于：前者由主运动方向确定，而后者则由合成切削运动方向确定。由于通常情况下进给速度远小于主运动速度，所以，刀具工作角度近似地等于刀具标注角度。

为了方便理解，下面以车刀为例建立静止参考系。

**1. 建立车刀静止参考系的假设**

为了便于理解，不妨对刀具和切削状态做出如下假设：

1）不考虑进给运动的影响。

2）车刀安装绝对正确，即刀尖与工件中心等高，刀杆轴线垂直工件轴线。

3）切削刃平直，切削刃选定点的切削速度方向与切削刃各处平行。

**2. 建立正交平面参考系**

刀具设计、刃磨、测量角度，最常用的是正交平面参考系。建立一个如图2-6所示的正交平面参考系。

正交平面参考系由以下三个两两互相垂直的平面组成：

（1）主切削平面 $p_{s}$　主切削平面是指通过切削刃上选定点，包含该点假定主运动方向和刀刃的平面，即切于工件过渡表面的平面。

（2）基面 $p_{r}$　基面是指通过切削刃上选定点，垂直于该点假定主运动速度方向的平面。由假设可知，它平行于安装底面和刀杆轴线。

（3）$p_{o}$—$p_{o}$ 平面（又称为正交平面）　它是过主切削刃选定点，同时垂直于基面和切

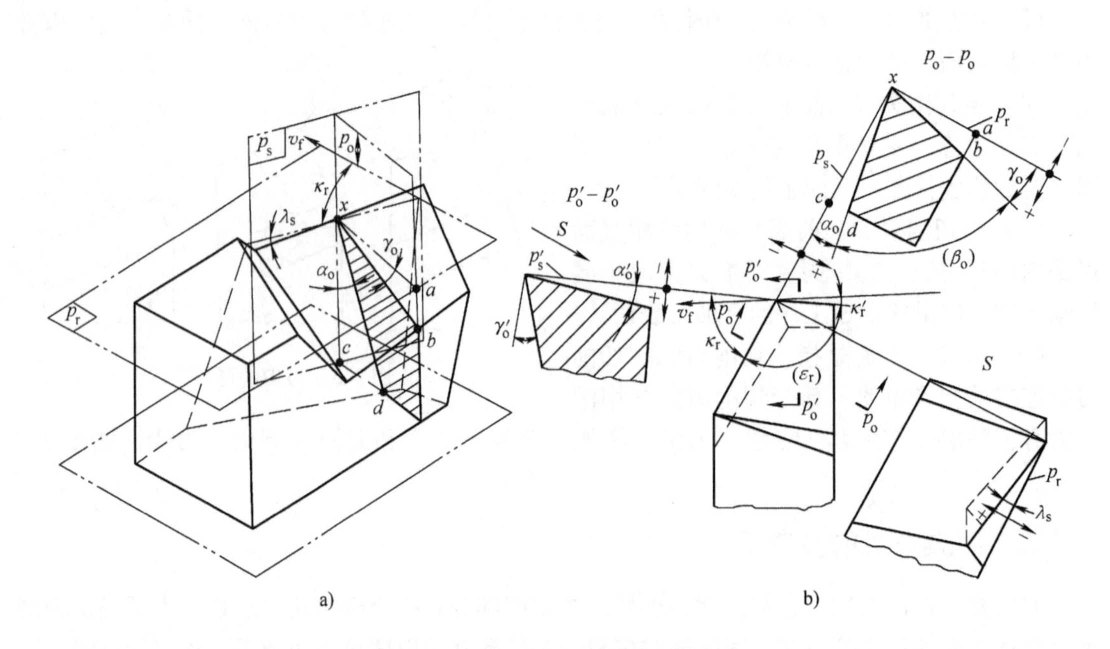


图 2-6　正交平面参考系与刀具角度

削平面的平面。

在图 2-6 中，由 $p_s$、$p_r$、$p_o$—$p_o$ 组成一个正交平面参考系。这是目前生产中最常用的刀具标注角度参考系。

## 三、刀具的标注角度

刀具在设计、制造、刃磨和测量时，都是用刀具标注角度参考系中的角度来标明切削刃和刀面的空间位置的，故这些角度称为刀具的标注角度。

由于刀具角度的参考系沿切削刃上各点可能是变化的，因此所定义的角度均应指切削刃选定点处的角度；凡未指明者，则一般是指切削刃上与刀尖毗邻的那一点的角度。

下面通过普通外圆车刀给各标注角度下定义，并加以说明，如图 2-6 所示。这些定义具有普遍性，也可以用于其他类型的刀具。

**1. 在基面中测量的角度**

1）主偏角 $\kappa_r$：主切削刃在基面上的投影与进给运动方向之间的夹角。

2）副偏角 $\kappa'_r$：副切削刃在基面上投影与进给运动反方向之间的夹角。

3）刀尖角 $\varepsilon_r$：主切削刃、副切削刃在基面上投影的夹角。

由上可知：$\kappa_r + \kappa'_r + \varepsilon_r = 180°$

**2. 在 $p_o$—$p_o$ 截面中测量的角度**

1）前角 $\gamma_o$：基面与前面之间的夹角。它有正、负之分，当前面低于基面时，前角为正，即 $\gamma_o > 0$；前面高于基面时，前角为负，即 $\gamma_o < 0$，如图 2-6 所示。

2）主后角 $\alpha_o$：后面与主切削平面之间的夹角。加工过程中，一般不允许 $\alpha_o < 0$。

3）楔角 $\beta_o$：后面与前面之间的夹角。

由上可知：$\beta_o = 90° - (\alpha_o + \gamma_o)$

**3. 在主切削平面中测量的角度**

刃倾角 $\lambda_s$：主切削刃与基面之间的夹角。刃倾角有正、负之分，如图 2-6 所示，当刀尖处在切削刃上最高位置时，取正号；刀尖处于切削刃上最低位置时，取负号；当主切削刃与基面平行时，刃倾角为零。

**4. 在副 $p_o'$—$p_o'$ 截面中测量的角度**

1）副前角 $\gamma_o'$：副基面与副前面之间的夹角。

2）副后角 $\alpha_o'$：副后面与副切削平面之间的夹角。该角度影响表面质量及振动。加工过程中，一般也不允许 $\alpha_o'<0$。

**5. 在副切削平面中测量的角度**

副刃倾角 $\lambda_s'$：副切削刃与副基面之间的夹角。

## 四、刀具工作角度

以上所讲的刀具标注角度，是在假定运动条件和假定安装条件下的标注角度。如果考虑合成运动和实际安装情况，则刀具的参考系将发生变化，刀具角度也会发生变化。按照刀具工作中的实际情况，在刀具工作角度参考系确定的角度，称为刀具工作角度。

由于通常进给运动在合成切削运动中所起的作用很小，所以，在一般安装条件下，可用标注角度代替工作角度。这样，在大多数场合下，不必进行工作角度的计算。只有在进给运动和刀具安装对工作角度产生较大影响时，才需计算工作角度。

**1. 进给运动对工作角度的影响**

以横向进给切断工件为例，如图 2-7 所示，切削刃相对于工件的运动轨迹为阿基米德螺旋线，工作切削平面 $p_{se}$ 为过切削刃而切于螺旋线的平面，而工作基面 $p_{re}$ 又恒与之垂直，因而就引起了实际切削时前、后角的变化，分别称为工作前角 $\gamma_{oe}$ 和工作后角 $\alpha_{oe}$，其大小为

$$\gamma_{oe}=\gamma_o+\eta \tag{2-9}$$

$$\alpha_{oe}=\alpha_o-\eta \tag{2-10}$$

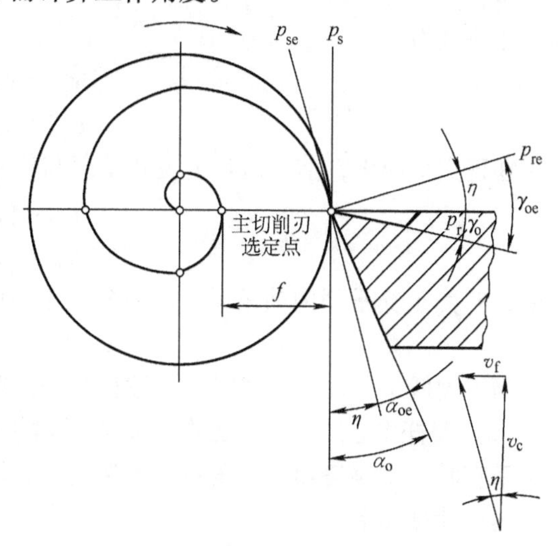

图 2-7　横向进给对工作角度的影响

由式（2-1）可以看出，工件直径减小或进给量增大，都将使 $\eta$ 值增大，工作后角减小。在一般情况下（如普通车削、镗削、端铣），$\eta$ 增值很小，故可略去不计。但在车螺纹或丝杠、铲背时，$\eta$ 增值很大，是不可忽略的。

同理，纵向进给时刀具角度也有类似的变化，不过一般车削外圆时，可以忽略不计，但车螺纹时则必须考虑，如图 2-8 所示。

**2. 刀具安装情况对工作角度的影响**

（1）刀具安装高度对工作角度的影响　图 2-9 所示为车刀车外圆，当刀尖安装得高于工件中心线时，则切削平面变为 $p_{se}$，基面变为 $p_{re}$，刀具角度也随之变为工作前角 $\gamma_{oe}$ 和工作后角 $\alpha_{oe}$，在背平面内这两个角度的变化值 $\theta_p$ 为

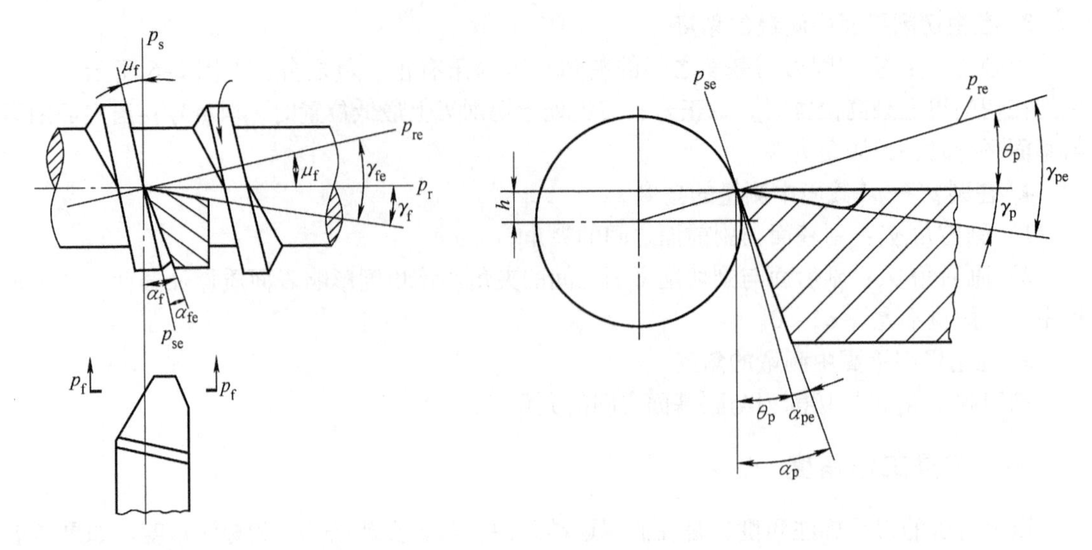


图 2-8　纵向进给对工作角度的影响　　图 2-9　刀具安装高度对工作角度的影响

$$\sin\theta_p = \frac{2h}{d_w} \tag{2-11}$$

式中　$h$——刀尖高于工件中心线的数值；

$d_w$——工件直径。

则工作角度为

$$\gamma_{pe} = \gamma_p + \theta_p \tag{2-12}$$

$$\alpha_{pe} = \alpha_e - \theta_p \tag{2-13}$$

在正交平面内，前、后角的变化情况与背平面内相类似，即

$$\gamma_{oe} = \gamma_o + \theta_o \tag{2-14}$$

$$\alpha_{oe} = \alpha_o - \theta_o \tag{2-15}$$

式中，$\theta_o$ 为正交平面内前角增大和后角减小时的角度变化值，由下式计算

$$\tan\theta_o = \tan\theta_p \cos\kappa_r \tag{2-16}$$

当刀尖低于工件中心线时，上述计算公式符号相反。

（2）刀杆中心线与进给方向不垂直时对工作角度的影响　当车刀刀杆中心线与进给方向不垂直时，主偏角和副偏角将发生变化，其增大和减小的角度增量为 $G$。工作主偏角和工作副偏角计算如下

$$\kappa_{re} = \kappa_r \pm G \tag{2-17}$$

$$\kappa'_{re} \pm G = \kappa'_r \tag{2-18}$$

式中　$G$——是刀杆中心线的垂线与进给运动方向之间的夹角。

## 思考题与习题

2-1　切削加工由哪些运动组成？它们各起什么作用？

2-2　外圆车削时，工件上会出现哪些表面？如何定义这些表面？

2-3　切削用量三要素是指什么？如何定义？

2-4　试绘制简图表示内孔车削的切削深度、进给量、切削厚度与切削宽度。

2-5　刀具切削部分有哪些结构要素？如何定义？

2-6　试绘图说明正交平面标注角度参考系的构成。

2-7　刀具标注角度与工作角度有何区别？

2-8　已知外圆车刀切削部分的主要角度是：$\gamma_o = 30°$，$\alpha_o = \alpha'_o = 5°$，$\kappa_r = 75°$，$\kappa'_r = 12°$，$\lambda_s = +5°$。试绘制外圆车刀切削部分的工作图。

2-9　如何判定车刀前角 $\gamma_o$、后角 $\alpha_o$、刃倾角 $\lambda_s$ 的正负？

2-10　切断车削时，进给运动如何影响工作角度？

# 第三章　刀具材料

在切削过程中，刀具直接承担切除工件余量和形成已加工表面的任务。刀具切削性能的优劣，取决于构成刀具切削部分的材料、几何形状和刀具结构。然而，无论刀具结构如何先进，几何参数如何合理，如果刀具材料选择不当，都将不能正常工作，由此可见刀具材料的重要性。它对刀具的使用寿命、加工质量、加工效率和加工成本影响极大。新型刀具材料的出现和采用，常常使刀具寿命成倍、几十倍地提高，而且使一些难加工材料的切削加工成为可能。因此，应当重视刀具材料的正确选择和合理使用，重视新型材料的研制。

## 第一节　刀具材料应具备的性能

在切削加工时，刀具切削部分与切屑、工件相互接触，承受着很大的压力和强烈的摩擦，刀具在高温下进行切削的同时，还承受着切削力、冲击和振动，工作条件十分恶劣，因此刀具材料必须满足以下基本要求。

（1）高的硬度和耐磨性　这是满足刀具抵抗机械摩擦磨损的需要。刀具切削部分的硬度，一般应在60HRC以上。耐磨性则是材料硬度、强度、化学成分、显微组织等的综合效果，组织中碳化物、氮化物等硬质点的硬度越高、颗粒越小、数量多且呈均匀弥散状态分布，则耐磨性越高。

（2）足够的强度和韧性　这是满足切削刃在承受重载荷及机械冲击时不致破损的需要。切削时，刀具切削部分要承受很大的切削力、冲击和振动，为避免崩刃和折断，刀具材料应具有足够的强度和韧性。

（3）高的耐热性　这是满足刀具热稳定性的需要。刀具的耐热性又称为热硬性，即刀具材料在高温下必须能保持高的硬度、耐磨性、强度和韧性，才能完成切削任务。材料的耐热性越好，允许的切削速度也就越高。

（4）良好的导热性和较小的膨胀系数　这是提高加工精度的需要。在其他条件相同的情况下，刀具材料的导热系数越大，则由刀具传出的热量越多，有利于降低切削温度、提高刀具寿命。线膨胀系数小，则刀具的热变形小，加工误差也小。

（5）稳定的化学性能和良好的抗黏结性能　这是提高刀具抗化学磨损的需要。刀具材料的化学性能稳定，在高温、高压下，才能保持良好的抗扩散、抗氧化的能力。刀具材料与工件材料的亲和力小，则刀具材料的抗黏结性能好，黏结磨损小。

（6）良好的工艺性能和经济性　这是为了便于使用和推广的需要。刀具材料具有良好的工艺性能，可以进行锻、轧、焊接、切削加工和磨削、热处理等，则方便制造加工，满足各种加工的需要。同时，刀具材料还应具备良好的综合经济性，即材料价格及刀具制造成本不高，资源丰富，寿命长，则使分摊到每个工件的刀具成本不高，从而有利于推广应用。

常用的刀具材料主要有工具钢（包括碳素工具钢、合金工具钢和高速钢）、硬质合金、陶瓷和超硬刀具材料（金刚石、立方氮化硼）等四大类。目前使用量最大的刀具材料是高速钢和硬质合金。碳素工具钢和合金工具钢是早期使用的刀具材料，由于耐热性较差，现在已较少使用，主要用于手工工具或低速切削刀具，如锉刀、拉刀、丝锥和板牙等。

## 第二节　高　速　钢

### 一、高速钢的特点

高速钢是加入了W、Mo、Cr、V等合金元素的高合金工具钢，其合金元素W、Mo、Cr、V等与C化合形成高硬度的碳化物，使高速钢具有较好的耐磨性。W和C的原子结合力很强，提高了马氏体受热时的分解稳定性，使钢在550～600℃时仍能保持高硬度，增加了钢的热硬性。Mo的作用与W基本相同，并能细化碳化物晶粒，提高钢中碳化物的均匀性，从而提高钢的韧性。V与C的结合力比W的更强，以稳定的VC形式存在，且VC晶粒细小，分布均匀，硬度很高，V使钢的热硬性提高的作用比W更强烈。W和V的碳化物在高温时有力地起到阻止晶粒长大的作用。Cr在高速钢中的主要作用是提高淬透性，也可提高回火稳定性和抑制晶粒长大。

高速钢具有高的强度和高的韧性，具有一定的硬度（热处理硬度在62～66HRC）和良好的耐磨性，其热硬温度可达600～660℃。它具有较好的工艺性能，可以制造刃形复杂的刀具，如钻头、丝锥、成形刀具、铣刀、拉刀和齿轮刀具等。刃磨时切削刃易锋利，故又名锋钢。

高速钢根据切削性能,可分为普通高速钢和高性能高速钢;根据化学成分,可分为钨系、钨钼系和钼系高速钢;根据制造方法,可分为熔炼高速钢和粉末冶金高速钢。

### 二、普通高速钢

普通高速钢工艺性能好，切削性能可满足一般工程材料的常规加工要求。常用的品种有：

**1. W18Cr4V 钨系高速钢**

W18Cr4V钨系高速钢也称18-4-1，W、Cr、V的质量分数分别为18%、4%和1%。它具有较好的综合性能和刃磨工艺性，可制造各种复杂刀具，但强度和韧性不够，精加工寿命不太高，且热塑性较差，因此现在应用正在减少。

**2. W6Mo5Cr4V2 钨钼系高速钢**

W6Mo5Cr4V2钨钼系高速钢也称6-5-4-2，W、Mo、Cr、V的质量分数分别为6%、5%、4%和2%。它具有较好的综合性能和刃磨工艺性。由于Mo的作用，其碳化物呈细小颗粒且均匀分布，故刀具抗弯强度和冲击韧度都高于钨系高速钢，并具有较好的热塑性，适于制作热轧刀具，如麻花钻头，也可用于制造大尺寸刀具。但有脱碳敏感性大和淬火温度窄、热处理工艺较难掌握等缺点。

**3. W9Mo3Cr4V 钨钼系高速钢**

W9Mo3Cr4V钨钼系高速钢也称9-3-4-1，W、Mo、Cr、V的质量分数分别为9%、3%、4%和1%。这是根据我国资源研制的牌号。其抗弯强度与韧性均比6-5-4-2好。高温热塑性也好，而且淬火过热、脱碳敏感性小，具有良好的切削性能。

## 三、高性能高速钢

高性能高速钢是在普通型高速钢中增加了 C、V，添加 Co、Al 等合金元素的新钢种。其常温硬度可达 67 ~ 70HRC，耐磨性和耐热性具有显著提高，能用于不锈钢、耐热钢和高强度钢等难加工材料的切削加工。下面介绍其中主要的几种：

**1. W6Mo5Cr4V3 高钒高速钢**

由于将 V 的质量分数提高到 3% ~ 5%，从而提高了钢的耐磨性。一般用于切削高强度钢。但其刃磨性能比普通高速钢差。

**2. W2Mo9Cr4VCo8 钴高速钢**

它具有良好的综合性能，加入钴后可提高钢的高温硬度和抗氧化能力，因此可以提高切削速度。用于切削高温合金、不锈钢等难加工材料。但含钴量高，故价格昂贵（约为 W18Cr4V 的 8 倍）。

**3. W6Mo5Cr4V2Al 铝高速钢**

铝高速钢是我国独创的新型高速钢种，它是在普通高速钢中加入了少量的铝，可提高高速钢的耐热性和耐磨性，具有良好的切削性能，刀具寿命比 W18Cr4V 高 1 ~ 4 倍，价格低廉，与普通高速钢的价格接近。但其磨削性差、淬火温度范围窄、氧化脱碳倾向大、热处理工艺要求较严格。

## 四、粉末冶金高速钢

粉末冶金高速钢是把高频感应炉熔炼好的高速钢钢水置于保护气罐中，用高压惰性气体（如氩气）雾化成细小的粉末，然后用高温（1100℃）、高压（100MPa）压制、烧结而成。它克服了一般熔炼方法产生的粗大共晶偏析，热处理变形小，韧性、硬度较高，耐磨性好。用它制成的刀具，可切削各种难加工材料。和熔炼高速钢比较，粉末冶金高速钢具有如下优点：

1）由于可获得细小而均匀的结晶组织，完全避免了碳化物的偏析，从而提高了钢的硬度和强度。

2）由于物理、力学性能各向同性，可减少热处理变形与应力，因此可用于制造精密刀具。

3）由于钢中的碳化物细小均匀，使磨削加工性得到显著改善。

4）粉末冶金高速钢提高了材料的利用率。

粉末冶金高速钢目前应用较少，其原因主要在于其成本较高，其价格相当于硬质合金。因此，主要用来制成各种精密刀具和形状复杂的刀具，如拉刀、切齿刀具，以及加工高强度钢、镍基合金、钛合金等难加工材料用的刨刀、钻头、铣刀等刀具。

## 五、高速钢刀具的表面涂层

高速钢刀具进行表面涂层处理的目的是为了在刀具表面形成硬度高、耐磨性好的表面层，以减少刀具磨损，提高刀具的切削性能。高速钢刀具表面涂层的方法有蒸汽处理、低温气体氮碳共渗、辉光离子渗氮等。此外还可采用真空溅射的方法在刀具表面沉积一层 TiC 或 TiN（约 10μm），使刀具表面形成一层高硬度的薄膜，以提高刀具的寿命。这种工艺要求在高真空、500℃的环境下进行。

涂层高速钢是一种复合材料，基体为强度和韧性较好的高速钢，而表层为具有高硬度、高耐磨性的其他材料。涂层高速钢刀具的切削力小，切削温度可下降约 25%，切削速度、进给量可提高一倍左右，刀具寿命可显著提高。

几种常用高速钢的牌号与物理、力学性能参见表 3-1。

**表 3-1　常用高速钢的牌号与物理、力学性能**

| 类别 | | 牌　号 | 硬度 HRC | 抗弯强度/GPa | 冲击韧度/(MJ · m$^{-2}$) | 高温硬度 HRC (600℃) | 磨削性能 |
|---|---|---|---|---|---|---|---|
| 普通高速钢 | | W18Cr4V | 62 ~ 66 | ≈3. 34 | 0. 294 | 48. 5 | 好，普通刚玉砂轮能磨 |
| | | W6Mo5CrV2 | 62 ~ 66 | ≈4. 6 | ≈0. 5 | 4748 | 较 W18Cr4V 差一些，普通刚玉砂轮能磨 |
| | | W14Cr4VMn-RE | 64 ~ 66 | ≈4 | ≈0. 25 | 48. 5 | 好，与 W18Cr4V 相似 |
| 高性能高速钢 | 高碳 | 9W18Cr4V | 67 ~ 68 | ≈3 | ≈0. 2 | 51 | 好，普通刚玉砂轮能磨 |
| | 高钒 | W12Cr4VMo | 63 ~ 66 | ≈3. 2 | ≈0. 25 | 51 | 差 |
| | 超硬 | W6Mo5Cr4V2Al | 68 ~ 69 | ≈3. 42 | ≈0. 3 | 55 | 较 W18Cr4V 差些 |
| | | W10Mo4V3Al | 68 ~ 69 | ≈3 | ≈0. 25 | 54 | 较差 |
| | | W6Mo5Cr4V5SiNbAl | 66 ~ 68 | ≈3. 6 | ≈0. 27 | 51 | 差 |
| | | W12Cr4V3Mo3Co5Si | 69 ~ 70 | ≈2. 5 | ≈0. 11 | 54 | 差 |
| | | W2Mo9Cr4VCo8(M42) | 66 ~ 70 | ≈2. 75 | ≈0. 25 | 55 | 好，普通刚玉砂轮能磨 |

# 第三节　硬 质 合 金

## 一、硬质合金的组成与性能

硬质合金是由高硬度、高熔点的金属碳化物和金属黏结剂，经过粉末冶金工艺制成的。硬质合金刀具中常用的碳化物有 WC、TiC、TaC、NbC 等，黏结剂有 Co、Mo、Ni 等。

常用的硬质合金中含有大量的 WC、TiC，因此硬度、耐磨性和耐热性均高于高速钢。常温硬度可达 89 ~ 94HRA，热硬温度高达 800 ~ 1000℃。切削钢时，切削速度可达 220m/min 左右。在合金中加入了熔点更高的 TaC、NbC 后，可使热硬温度提高到 1000 ~ 1100℃，切削钢的切削速度进一步提高到 200 ~ 300m/min。但是硬质合金的抗弯强度低、韧性差，怕冲击振动，工艺性能较差，不易做成形状复杂的整体刀具。

硬质合金的物理、力学性能取决于合金的成分、粉末颗粒的粗细以及合金的烧结工艺。在硬质合金中，金属碳化物所占比例大，则硬质合金的硬度就高，耐磨性也好；反之，若黏结剂的含量高，则硬质合金的硬度就会降低，而抗弯强度和冲击韧度有所提高。当黏结剂的含量一定时，金属碳化物的晶粒越细，则硬质合金的硬度越高。合金中加入 TaC、NbC 有利于细化晶粒，提高合金的耐热性。

## 二、普通硬质合金的分类、牌号及其使用性能

普通硬质合金按其化学成分与使用性能分为四类：即钨钴类、钨钴钛类、钨钴钛钽（铌）类和碳化钛基类。

**1. 钨钴类（YG类）硬质合金**

YG类硬质合金相当于ISO标准的K类，主要由WC和Co组成，其常温硬度为88～91HRA，切削温度可达800～900℃，常用的牌号有YG3、YG6、YG8等。YG类硬质合金的抗弯强度和冲击韧度较好，不易崩刃，适合切削脆性材料，如铸铁。YG类硬质合金的刃磨性较好，刃口可以磨得较锋利，同时导热系数较大，可以用来加工不锈钢和高温合金钢等难加工材料、非铁金属及纤维层压材料。但是，YG类硬质合金的耐热性和耐磨性较差，因此一般不用于普通碳钢的切削加工。合金中含Co量越高，韧性越好，适于粗加工；含Co量少者适合精加工。

**2. 钨钴钛类（YT类）硬质合金**

YT类硬质合金相当于ISO标准的P类，主要由WC、TiC和Co组成，其常温硬度为89～93HRA，切削温度可达800～1000℃，常用的牌号有YT5、YT15、YT30等。YT类硬质合金中加入TiC，使其硬度、耐热性、抗黏结性和抗氧化能力均有所增加，从而提高了刀具的切削速度和刀具寿命。但由于YT类硬质合金的抗弯强度和冲击韧度较差，故主要用于切削一般切屑呈带状的普通碳钢及合金钢等塑性材料。合金中含TiC量较多者，适合精加工；反之含TiC较少者，则适合粗加工。

**3. 钨钴钛钽（铌）类（YW类）硬质合金**

YW类硬质合金相当于ISO标准的M类，它是在普通硬质合金中加入了TaC或NbC等稀有难熔金属碳化物，从而提高了硬质合金的韧性和耐磨性，使其具有较好的综合切削性能。YW类硬质合金主要用于不锈钢和耐热钢的加工，也适用于普通碳钢和铸铁的切削加工。因此被称为通用型硬质合金，常用的牌号有YW1、YW2等。

**4. 碳化钛基类（YN类）硬质合金**

YN类硬质合金相当于ISO标准的P类，又称为金属陶瓷，它是以TiC为主要成分，以Ni和Mo为黏结剂的硬质合金，具有很高的硬度，与工件材料的亲和力较小，可采用较高的切削速度。因此，它适用于高速精加工普通钢、工具钢和淬火钢。但YN类硬质合金抗塑性变形能力差，抗崩刃性差，只适合连续切削。

各种硬质合金的应用范围见表3-2。

**表3-2　各种硬质合金的应用范围**

| 牌　号 | 应用范围 | |
|---|---|---|
| YG3X | 硬度、耐磨性、切削速度 ↑ ↓ 抗弯强度、韧性、进给量 | 铸铁、非铁金属及其合金的精加工、半精加工；不能承受冲击载荷 |
| YG3 | | 铸铁、非铁金属及其合金的精加工、半精加工；不能承受冲击载荷 |
| YG6X | | 普通铸铁、冷硬铸铁、高温合金的精加工、半精加工 |
| YG6 | | 铸铁、非铁金属及其合金的半精加工和粗加工 |
| YG8 | | 铸铁、非铁金属及其合金、非金属材料的粗加工，也可用于断续切削 |
| YG6A | | 冷硬铸铁、非铁金属及其合金的半精加工，亦可用于高锰钢、淬硬钢的半精加工和精加工 |

（续）

| 牌　号 | 应用范围 | |
|---|---|---|
| YT30 | 硬度、耐磨性、切削速度 ↑↓ 抗弯强度、韧性、进给量 | 碳素钢、合金钢的精加工 |
| YT15 | | 碳素钢、合金钢在连续切削时的粗加工、半精加工，亦可用于断续切削时精加工 |
| YT14 | | |
| YT5 | | 碳素钢、合金钢的粗加工，可用于断续切削 |
| YW1 | 硬度、耐磨性、切削速度 ↑↓ 抗弯强度、韧性、进给量 | 高温合金、高锰钢、不锈钢等难加工材料及普通钢料、铸铁、非铁金属及其合金的半精加工和精加工 |
| YW2 | | 高温合金、高锰钢、不锈钢等难加工材料及普通钢料、铸铁、非铁金属及其合金的粗加工和半精加工 |

## 三、其他硬质合金及其使用性能

### 1. 超细晶粒硬质合金

普通硬质合金中 WC 的粒度为几个微米；细晶粒硬质合金中 WC 的粒度在 1.5μm 左右；超细晶粒硬质合金中 WC 的粒度则在0.2～1μm 之间，其中大多数在0.5μm 以下，它是一种高硬度、高强度兼备的硬质合金，具有硬质合金的高硬度和高速钢的高强度。因此，这类合金可用于间断切削，特别是难加工材料的间断切削。加工难加工材料时，其刀具寿命可比普通硬质合金高 3～10 倍。这类合金适用于高速钢刀具寿命不够，一般硬质合金又易崩刃的场合，对于切断和端面车削这类切削速度变化范围很宽的加工也是很适宜的。由于其具有很高的切削刃强度，这类合金允许用高速钢刀具的几何角度和切削用量（$v_c < 50 \sim 60$m/min）切削，适合于做小尺寸的钻头和铣刀等；由于可磨出非常锋利的切削刃和小的表面粗糙度值，可用极小的切削深度和进给量进行精细车削和制造精密刀具。超细晶粒硬质合金性能稳定可靠，是目前用于自动车床上较理想的刀具材料。

### 2. 涂层硬质合金

涂层硬质合金采用韧性较好的基体和硬度、耐磨性极高的表层（TiC、TiN、$Al_2O_3$ 等，厚度 5～13μm），通过化学气相沉积（CVD）等方法实行表面涂层，是 20 世纪的重大技术进展，较好地解决了刀具的硬度、耐磨性与强度、韧性之间的矛盾，因而具有良好的切削性能。在相同的刀具使用寿命下，涂层硬质合金允许采用较高的切削速度；或能在相同的切削速度下大幅度地提高使用寿命。多用于普通钢材的精加工或半精加工。

涂层材料主要有 TiC、TiN、$Al_2O_3$ 及其他复合材料。TiC 涂层具有很高的硬度与耐磨性，抗氧化性也好，切削时能产生氰化钛薄膜，降低摩擦因数，减少刀具磨损。TiN 涂层在高温时能形成氧化膜，与铁基材料摩擦因数较小，抗黏结性能好，能有效地降低切削温度。TiC-TiN 复合涂层：第一层涂 TiC，与基体黏结牢固不易脱落；第二层涂 TiN，减少表面层与工件的摩擦。TiC-$Al_2O_3$ 复合涂层：第一层与基体粘牢不易脱落；第二层涂 $Al_2O_3$，使表面层具有良好的化学稳定性与抗氧化性能；这种复合涂层能像陶瓷刀具那样高速切削，刀具寿命比 TiC、TiN 涂层刀片高，且能避免崩刃。

目前，单涂层刀片已很少使用，大多采用 TiC-TiN 复合涂层或 TiC-$Al_2O_3$-TiN 三复合涂层。

**3. 钢结硬质合金**

钢结硬质合金的代号为 YE。它以 WC、TiC 作硬质相（占30% ~40%），以高速钢（或合金钢）作黏结相（占60% ~70%）。其硬度、强度与韧性介于高速钢和硬质合金之间，可以进行锻造、切削、热处理与焊接，可用于制造模具、拉刀、铣刀等形状复杂的刀具。

## 第四节 其他刀具材料

### 一、陶瓷

陶瓷具有很高的高温硬度和耐磨性，在1200℃高温时仍具有较好的切削性能，其化学稳定性好，在高温下不易氧化，与金属亲和力小，不易发生黏结和扩散。但陶瓷具有抗弯强度低、冲击韧度差、导热性能差、线膨胀系数大的缺点。因此，主要用于冷硬铸铁、淬硬钢、非铁金属等材料的精加工和半精加工。

根据化学成分，陶瓷可分为高纯氧化铝陶瓷、复合氧化铝陶瓷和复合氮化硅陶瓷等。

**1. 高纯氧化铝 $Al_2O_3$ 陶瓷**

这类陶瓷的主要成分是氧化铝 $Al_2O_3$，加入微量氧化镁 MgO（用于细化晶粒），经冷压烧结而成。其硬度为92 ~94HRA，抗弯强度为0.392 ~0.491GPa。由于其抗弯强度不及硬质合金的1/2 ~1/3，韧性更是低得多，因此目前较少使用。

**2. 复合氧化铝 $Al_2O_3$-TiC 陶瓷**

这类陶瓷是在 $Al_2O_3$ 基体中添加 TiC、Ni、W 和 Co 等合金元素，经热压烧结而成，硬度为93 ~94HRA，抗弯强度为0.586 ~0.785GPa。这类陶瓷适合在中等切削速度下切削难加工材料，如冷硬铸铁、淬硬钢等。这类陶瓷还可用于加工高强度的调质钢、镍基或钴基合金以及非金属材料。由于 TiC 有效地提高了陶瓷的强度与韧性，改善了耐磨性及抗热振性，因此这类陶瓷也可用于断续切削条件下的铣削或刨削。

**3. 复合氮化硅 $Si_3N_4$-TiC-Co 陶瓷**

这类陶瓷是将硅粉氮化、球磨后，添加助烧剂，置于模腔内热压烧结而成。$Si_3N_4$ 基陶瓷的性能特点是：

1）硬度高，达到1800 ~1900HV，耐磨性好。

2）耐热性、抗氧化性好，切削温度可达1200 ~1300℃。

3）氮化硅与碳和金属元素的化学反应小，摩擦因数低，切削钢、铜、铝时均不粘屑，不易产生积屑瘤，从而提高了加工表面质量。

氮化硅陶瓷最大的特点是能进行高速切削，车削灰铸铁、球墨铸铁、可锻铸铁等材料效果更为明显。氮化硅陶瓷适合于精车、半精车、精铣或半精铣；还可用于精车铝合金，达到以车代磨。

随着陶瓷材料制造工艺的改进，通过添加某些金属碳化物、氧化物，细化 $Al_2O_3$ 晶粒，将有利于提高抗弯强度和冲击韧度，陶瓷刀具的使用范围将进一步扩大。

## 二、金刚石

金刚石是碳的同素异构体，它的硬度极高，接近于10000HV（硬质合金仅为1300～1800HV），是目前已知的最硬材料。金刚石分为天然金刚石和人造金刚石两种，天然金刚石的质量好，但价格昂贵，资源少，用得较少；人造金刚石是在高压、高温条件下由石墨转化而成。

### 1. 天然单晶金刚石刀具

单晶金刚石结晶界面有一定的方向，不同的晶面上硬度与耐磨性有较大的差异，刃磨时需选定某一平面，否则影响刃磨与使用质量。这类刀具主要用于非铁金属及非金属的精密加工。

### 2. 人造聚晶金刚石

聚晶金刚石是将人造金刚石微晶在高温、高压下再烧结而成，可制成所需形状尺寸，镶嵌在刀杆上使用。由于其抗冲击强度提高，可选用较大切削用量。聚晶金刚石结晶界面无固定方向，可自由刃磨。聚晶金刚石主要用于刃磨硬质合金刀具、切割大理石等石材制品。

### 3. 复合金刚石刀片

这类刀片是在硬质合金基体上烧结一层约0.5mm厚的聚晶金刚石。复合金刚石刀片强度较好，允许切削断面较大，也能间断切削，可多次重磨使用。

金刚石刀具的主要优点：

1）具有极高的硬度与耐磨性，可加工硬度为65～70HRC的材料。

2）具有良好的导热性和较低的热膨胀系数，因此，切削加工时不会产生大的热变形，有利于精密加工。

3）刃面粗糙度值较小，刃口非常锋利，因此，能胜任薄层切削，用于超精密加工。

金刚石刀具主要用于非铁金属及其合金材料的精密加工、超精加工，还能切削高硬度非金属材料，如压缩木材、陶瓷、刚玉、玻璃等的精加工，以及难加工的复合材料的加工。但金刚石与铁的亲和作用大，因此不宜加工钢铁材料。金刚石的热稳定性较差，当切削温度高于800℃时，在空气中金刚石即发生碳化，刀具产生急剧磨损，丧失切削能力。

## 三、立方氮化硼（CBN）

立方氮化硼是六方氮化硼的同素异构体，是人类已知的硬度仅次于金刚石的物质。

立方氮化硼刀片可用机械夹固或焊接的方法固定在刀杆上，也可以将立方氮化硼与硬质合金压制在一起成为复合刀片。

立方氮化硼刀具的主要优点：

1）具有很高的硬度与耐磨性，硬度可达8000～9000HV，仅次于金刚石。

2）具有很高的热稳定性和良好的化学惰性，1300℃时不发生氧化和相变，与大多数金属、铁系材料都不起化学作用，因此，能高速切削高硬度的钢铁材料及耐热合金，刀具的黏结与扩散磨损较小。

3）具有较好的导热性，与钢铁的摩擦因数较小。

4）抗弯强度与断裂韧性介于陶瓷与硬质合金之间。

由于CBN材料的一系列的优点，使它能对淬硬钢、冷硬铸铁进行粗加工与半精加工。同时还能高速切削高温合金、热喷涂材料等难加工材料。

## 思考题与习题

3-1　刀具切削部分材料必须具备哪些性能？为什么？

3-2　普通高速钢的常用牌号有哪几种？其性能特点是什么？

3-3　高性能高速钢有几种？它们的特点是什么？

3-4　常用的硬质合金有哪几种？它们的性能如何？

3-5　粗、精加工钢件和铸铁件时，应选用什么牌号的硬质合金？

3-6　陶瓷、立方氮化硼、金刚石等刀具材料各有什么特点？

3-7　涂层硬质合金刀具有什么特点？

3-8　粗加工铸铁应选用哪种牌号的硬质合金？为什么？精加工45钢工件应选用什么牌号的硬质合金？为什么？

# 第四章　金属切削过程及其基本规律

金属切削过程是指通过切削运动，使刀具从工件表面切下多余金属层，形成切屑和已加工表面的过程。伴随着切屑和已加工表面的形成，会产生切削变形、积屑瘤、表面硬化、切削力、切削热和刀具磨损等现象。本章主要研究上述现象的成因、本质和变化规律。掌握这些规律，对提高加工质量和生产率，降低加工成本，将有重要意义。

## 第一节　金属切削的变形过程

### 一、切削变形

金属切削的变形过程也就是切屑的形成过程。研究金属切削过程中的变形规律，对于切削加工技术的发展和指导实际生产都非常重要。

在金属切削过程中，被切削金属层经刀具的挤压作用，将发生弹性变形、塑性变形，直至切离工件，形成切屑沿刀具前刀面排出。图 4-1 所示为金属切削过程中的滑移线和流线示意图。所谓滑移线即等切应力曲线（图中的 *OA*、*OM* 线等），流线表示被切削金属的某一点在切削过程中流动的轨迹。通常将这个过程大致分为三个变形区，如图 4-1 中所示。

（1）第一变形区　由 *OA* 线和 *OM* 线围成的区域（Ⅰ）称为第一变形区，也称剪切滑移区。这是切削过程中产生变形的主要区域，在此区域内产生塑性变形，形成切屑。

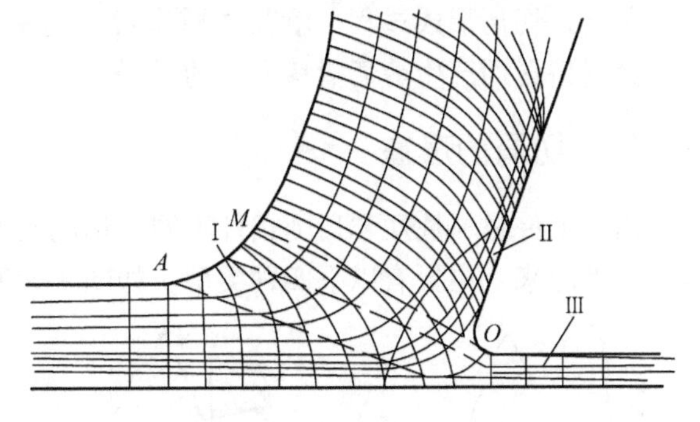

图 4-1　金属切削过程中的滑移线和流线示意图

（2）第二变形区　它是指刀-屑接触区（Ⅱ）。切屑沿刀具前面流出时进一步受到刀具前面的挤压和摩擦，切屑卷曲，靠近刀具前面处晶粒纤维化，其方向基本上和刀具前面平行。

（3）第三变形区　它是指刀-工接触区（Ⅲ）。已加工表面受到切削刃钝圆部分与刀具后面的挤压和摩擦产生变形，造成晶粒纤维化与表面加工硬化。

这三个变形区的变形是互相牵连的，切削变形是一个整体，并且是在极短的时间内完成的。

### 二、切屑的形成

切屑形成过程可以这样描述：当刀具和工件开始接触时，材料内部产生应力和弹性变形；随着切削刃和刀具前面对工件材料的挤压作用加强，工件材料内部的应力和变形逐渐增大，当切应力达到材料的屈服强度 $\tau_s$ 时，材料将沿着与进给方向成45°的剪切面滑移，即产生塑性变形。切应力随着滑移量增加而增加，如图4-2所示，当切应力超过工件材料的强度极限时，切削层金属便与工件基体分离，从而形成切屑沿刀具前面流出。由此可知，第一变形区变形的主要特征是沿滑移面的剪切变形，以及随之产生的加工硬化。

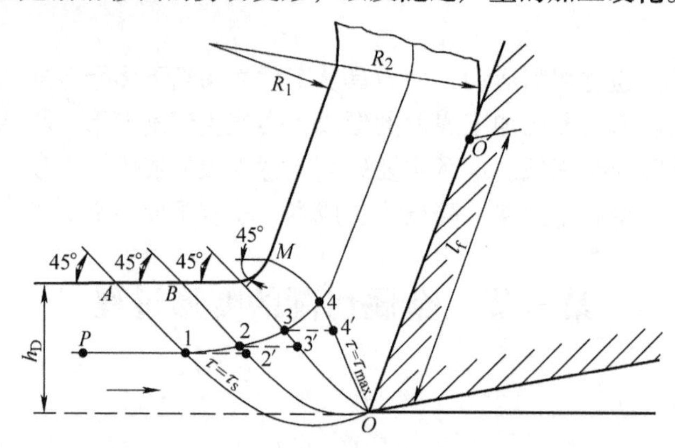


图4-2　切屑的形成过程

实验证明，在一般切削速度下，第一变形区的宽度仅为0.02～0.2mm。所以可用一个平面 $OM$ 表示第一变形区。剪切面 $OM$ 与切削速度方向的夹角称为剪切角 $\varphi$。

当切屑沿前（刀）面流出时，受到刀具前面的挤压与摩擦，使得靠近刀具前面的切屑底层金属再次产生剪切变形，晶粒再度伸长，沿着刀具前面的方向纤维化。它的变形程度比切屑上层严重几倍到几十倍。

总之，切屑形成过程，就其本质来说，是被切削层金属在刀具切削刃和刀具前面作用下，经受挤压而产生剪切滑移变形的过程。

## 三、切屑的形态

由于工件材料性质和切削条件不同，切削层变形程度也不同，因而产生的切屑也多种多样。归纳起来，主要有以下四种类型，如图4-3所示。

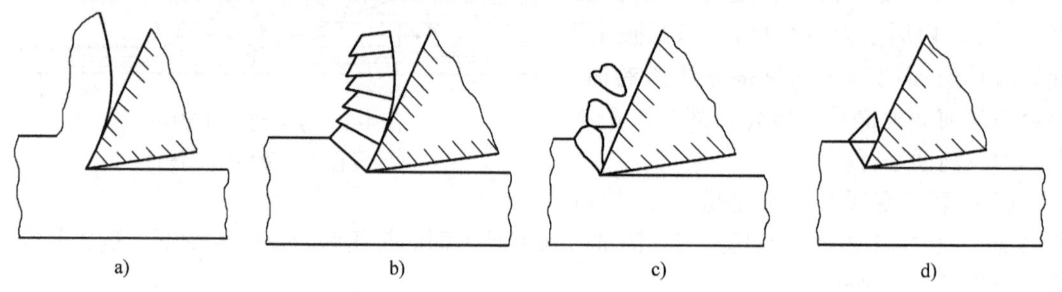


图4-3　切屑形态

a）带状切屑　b）挤裂切屑　c）单元切屑　d）崩碎切屑

（1）带状切屑　如图4-3a所示。切屑延续成较长的带状，这是一种最常见的切屑。一般切削钢材（塑性材料）时，如果切削速度较高、切削厚度较薄、刀具前角较大，则切出的切屑内表面光滑、而外表面呈毛茸状。它的切削过程较平稳，切削力波动较小，已加工表面粗糙度较小。

（2）挤裂切屑　如图4-3b所示。这类切屑的外形与带状切屑不同之处在于切屑的内表面有时有裂纹，外表面呈锯齿形。这种切屑大多在加工塑性金属材料时，如果切削速度较低、切削厚度较大、刀具前角较小，容易得到这种屑型。它的切削过程切应变较大，切削力波动大，易发生颤振，已加工表面粗糙度值较大。在使用硬质合金刀具时，易发生崩刃。

（3）单元切屑　如图4-3c所示。对于切削塑性金属材料，如果整个剪切平面上的切应力超过了材料的断裂强度，挤裂切屑便被切离成单元切屑。采用小前角或负前角，以极低的切削速度和大的切削厚度切削时，会产生这种形态的切屑，此时，切削过程更不稳定，工件表面质量也更差。

应当指出的是，对同一种工件材料，当采用不同的切削条件切削时，三种切屑形态会随切削条件的改变而相互转化。

（4）崩碎切屑　如图4-3d所示。这是属于脆性材料的切屑。这种切屑的形状是不规则的，被加工表面凹凸不平。加工铸铁等脆性材料时，由于其抗拉强度较低，刀具切入后，切削层金属只经受较小的塑性变形就被挤裂，或在拉应力状态下脆断，形成不规则的碎块状切屑。工件材料越脆、切削厚度越大、刀具前角越小，越容易产生这种切屑。

以上四种切屑中，带状切屑的切削过程最平稳，单元切屑和崩碎切屑的切削力波动最大。在生产中，最常见的是带状切屑，有时会得到挤裂切屑，单元切屑则很少见，崩碎切屑只出现在脆性材料切削过程中。

## 四、切削变形程度的衡量

为了深入分析和定量研究切削变形的变化规律，通常用切削变形系数$\Lambda_h$、切应变$\varepsilon$和剪切角$\varphi$作为衡量切削变形程度的指标。

### 1. 切应变$\varepsilon$

由前面的分析可知，切削层的金属是通过在剪切面上产生剪切滑移变形成为切屑的，因此可以用切应变$\varepsilon$来近似衡量切削中的变形。

如图4-4所示，切削层中$m'n'$线滑移至$m''n''$位置时的瞬时位移为$\Delta y$，其滑移量为$\Delta s$，实际上$\Delta y$很小，故滑移在剪切面上进行。滑移量$\Delta s$越大，说明变形越严重。切应变$\varepsilon$表示为

$$\varepsilon = \Delta s/\Delta y = (n'P + Pn'')/MP = \cot\varphi + \tan(\varphi - \gamma_o) \tag{4-1}$$

$$\varepsilon = \frac{\cos\gamma_o}{\sin\varphi\cos(\varphi - \gamma_o)} \tag{4-2}$$

由式（4-2）可知，增大前角$\gamma_o$和剪切角$\varphi$，则切应变$\varepsilon$减小，即切削变形减小。

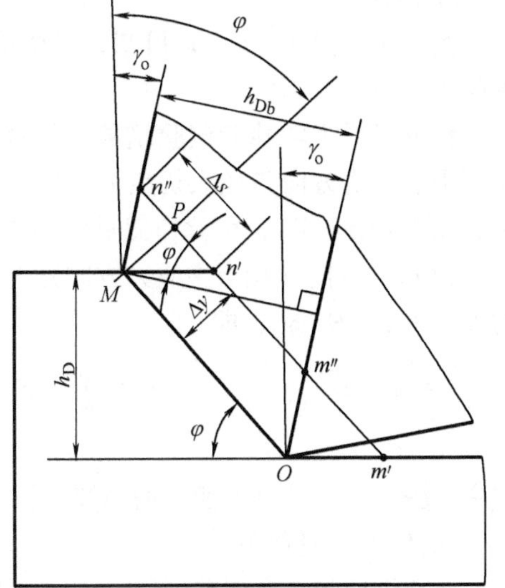


图4-4　剪切变形示意图

### 2. 切削变形系数$\Lambda_h$

如果把切削时形成的切屑与切削层尺寸进行比较，就会发现切屑长度$l_{ch}$小于切削层长度$l_c$，切屑厚度$h_{ch}$却大于工件上切削层的厚度$h_D$（宽度不变），如图4-5所示。切削变形

系数 $\Lambda_h$ 就是切屑厚度 $h_{ch}$ 与切削层的厚度 $h_D$ 的比值，或者是切削层长度 $l_c$ 和切屑长度 $l_{ch}$ 的比值，即

$$\Lambda_h = \frac{h_{ch}}{h_D} = \frac{l_c}{l_{ch}} > 1 \tag{4-3}$$

式中　$l_c$、$h_D$——切削层长度和厚度；

$l_{ch}$、$h_{ch}$——切屑长度和厚度。

由图 4-5 还可推出剪切角 $\varphi$ 与切削变形系数 $\Lambda_h$ 之间的关系

$$\Lambda_h = \frac{h_{ch}}{h_D} = \frac{OM\cos(\varphi - \gamma_o)}{OM\sin\varphi} = \frac{\cos(\varphi - \gamma_o)}{\sin\varphi} \tag{4-4}$$

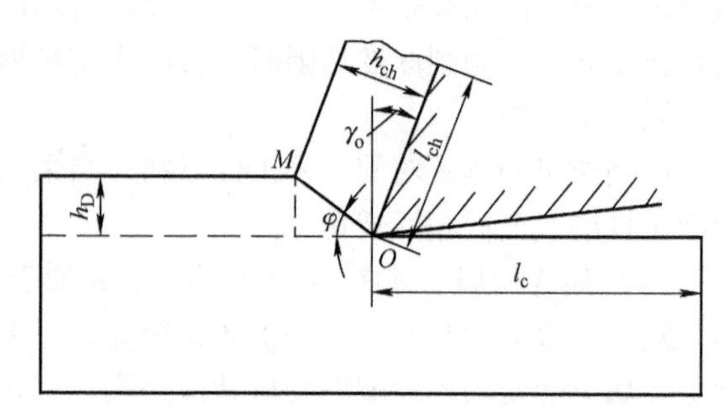


图 4-5　切削变形系数 $\Lambda_h$ 的计算参数

式（4-4）经变换后也可写成

$$\tan\varphi = \frac{\cos\gamma_o}{\Lambda_h - \sin\gamma_o} \tag{4-5}$$

将式（4-5）代入式（4-1）中，可以推出切削变形系数 $\Lambda_h$ 与切应变 $\varepsilon$ 之间的关系

$$\varepsilon = \frac{\Lambda_h^2 - 2\Lambda_h\sin\gamma_o + 1}{\Lambda_h\cos\gamma_o} \tag{4-6}$$

切削变形系数 $\Lambda_h$ 是大于 1 的数，它直观地反映了切削变形的程度，并且容易测量。$\Lambda_h$ 值越大，表示变形越大。剪切角增大，前角增大，则变形系数 $\Lambda_h$ 减小，说明切削变形减小。

**3. 剪切角 $\varphi$**

由图 4-6 及式（4-2）可知，剪切角 $\varphi$ 也可反映出切削变形程度，$\varphi$ 越大，切削变形程度越小。

根据材料力学性能试验结果，材料在外力作用下主应力方向与最大切应力方向之间的夹角为 45°（或 π/4），因此，刀具作用在切屑上的合力 $F$ 的方向（相当主应力方向）与剪切面的夹角为 $\varphi + \beta - \gamma_o$，即

$$\frac{\pi}{4} = \varphi + \beta - \gamma_o \quad 或 \quad \varphi = \frac{\pi}{4} - \beta + \gamma_o \tag{4-7}$$

式中　$\beta$——刀-屑摩擦面上的摩擦角；

$\gamma_o$——刀具前角。

此式即所谓李和谢弗（Lee and Shaffer）公式。

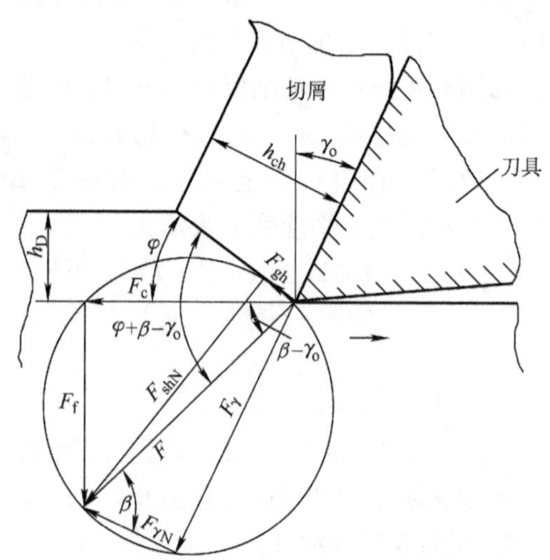


图 4-6　直角自由切削时力与角度的关系

上述分析说明，剪切角 $\varphi$ 随 $\gamma_o$ 的增大而增大，切削变形减小；随摩擦角 $\beta$ 的增大而减小，切削变形增大。此式与实验结果在定性上是一致的，在定量上则有出入，主要原因是忽

略了温度、应变速度等因素的影响，但该公式对分析认识切削变形规律有重要指导作用。

## 五、刀具前面的摩擦与积屑瘤

当切屑从刀具前面流出时，在刀具前面必然存在着刀-屑的摩擦。它影响切削变形、切削力、切削温度和刀具磨损；此外还影响积屑瘤和鳞刺的形成，从而影响已加工表面的质量。

### 1. 刀-屑接触面上的摩擦特性及摩擦因数

在塑性金属切削过程中，切屑在流经刀具的前面时，由于强烈的挤压作用和剧烈的变形，会产生几百度乃至上千度的高温和 2～3GPa 的高压，使切屑底部与刀具前面形成黏结和发生剧烈的摩擦。这种摩擦与一般金属接触面间的摩擦不同。如图 4-7 所示，刀-屑接触区分为黏结区和滑动区两部分。在黏结区内的摩擦为内摩擦，该处所受的切应力 $\tau_\gamma$ 等于材料的剪切屈服强度 $\tau_s$，即 $\tau_\gamma=\tau_s$；在滑动区内的摩擦为外摩擦，该处的切应力 $\tau_\gamma$ 由 $\tau_s$ 逐渐减小到零。图中也表示出在整个接触区上的正应力 $\sigma_\gamma$ 分布情况，在切削刃处最大，离切削刃越远，刀具前面的正应力越小，并逐渐减小到零。可见切向力和正应力在刀-屑接触面上是不等的，所以刀具前面各点的摩擦是不同的，因而摩擦因数也是变化的。由于一般材料的内摩擦因数都远远大于外摩擦因数，所以在研究刀具前面摩擦时应以内摩擦为主。

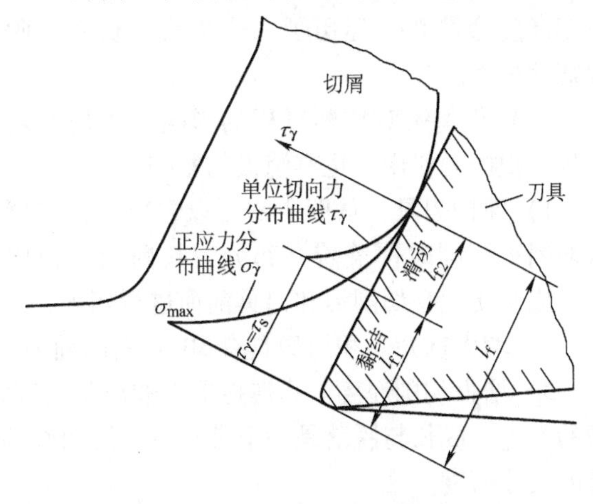


图 4-7　刀-屑接触面上的摩擦特性

$\mu$ 代表刀具前面的平均摩擦因数，则按内摩擦的规律得

$$\mu=\frac{F_f}{F_n}=\frac{A_f\tau_s}{A_f\sigma_{av}}=\frac{\tau_s}{\sigma_{av}} \tag{4-8}$$

式中　$F_f$、$F_n$——表示摩擦力和正压力；

$A_f$——表示内摩擦部分的接触面积；

$\sigma_{av}$——表示刀具前面的平均正应力，它随材料硬度、切削层厚度、切削速度以及刀具前角而变化，其变化范围较大；

$\tau_s$——表示工件材料的剪切屈服强度，它随温度升高而略有下降。

由于 $\tau_s$ 和 $\sigma_{av}$ 都是变量，因此 $\mu$ 也是一个变量，切削钢材时它的变化范围在 0.2～1.2 之间，这同样也说明了刀具前面内摩擦的摩擦因数 $\mu$ 变化规律不同于一般的外摩擦情况。

### 2. 积屑瘤

（1）积屑瘤及其形成过程　在用中等或较低的切削速度切削塑性较大的金属材料时，往往会在切削刃上黏附一个楔形硬块，称为积屑瘤。它是在第二变形区内，由摩擦和变形形成的物理现象。积屑瘤的硬度约为工件材料的 2～3 倍，可以替代切削刃进行切削。在生产中对钢、铝合金和铜等塑性材料进行中速车、钻、铰、拉削和螺纹加工时常会出现积屑瘤。

积屑瘤的成因，目前尚有不同的解释，通常认为是切屑底层材料在刀具前面黏结（亦称为冷焊）并不断层积的结果。在切削过程中，由于刀-屑间的摩擦，使刀具前面十分洁净，在一定温度和压力下，切屑底层金属与刀具前面接触处发生黏结，使与刀具前面接触的切屑底层金属流动较慢，而上层金属流动较快，这流动较慢的切屑底层称为滞流层。而滞流层金属产生的塑性变形大，晶粒纤维化程度高，纤维化的方向几乎与刀具前面平行，并发生加工硬化。如果温度和压力适当，滞流层金属与刀具前面黏结成一体，形成了积屑瘤，如图 4-8 所示。随后，新的滞流层在此基础上，逐层积聚，使积屑瘤逐渐长大，直到该处的温度和压力不足以产生黏结为止。积屑瘤在形成过程中是一层层增高的，到一定高度会脱落，经历了一个生成、长大、脱落的周期性过程。

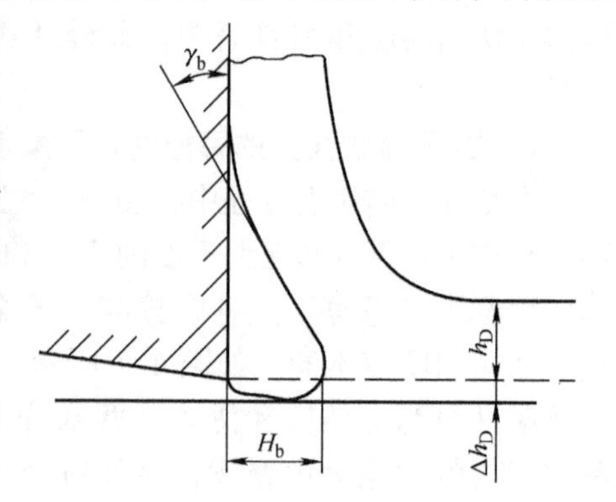

图 4-8　积屑瘤

（2）积屑瘤对切削过程的影响　积屑瘤对切削过程有积极的作用，也有消极的影响：

1）保护刀具。从图 4-8 可以看出，积屑瘤包围着切削刃，同时覆盖着一部分刀具前面。积屑瘤一旦形成，便代替切削刃和刀具前面进行切削，从而减少了刀具磨损，起到保护刀具的作用。

2）增大前角。积屑瘤具有 30°左右的前角，因而减少了切削变形，降低了切削力。

3）增大切削厚度。积屑瘤前端伸出于切削刃之外，使切削厚度增加了 $\Delta h_D$。由于积屑瘤的产生、成长与脱落是一个带有一定周期性的动态过程，$\Delta h_D$ 值是变化的，因而影响了工件的尺寸精度。

4）增大已加工表面的表面粗糙度值。积屑瘤增大已加工表面的表面粗糙度值的原因在于：积屑瘤不规则的形状和非周期性的生成与脱落会引起积屑瘤高度的非周期性变化，使切削厚度无规则变化，并且积屑瘤高度的非周期性变化使得积屑瘤很不规则地黏附在切削刃上，有时还会引起振动，导致在已加工表面上刻划出深浅和宽窄不同的沟纹，严重影响了已加工表面的表面质量；此外，脱落的积屑瘤碎片还可能残留在已加工表面上，使已加工表面粗糙不平。

人们是按照加工的种类和要求判断积屑瘤的利弊的。粗加工时，生成积屑瘤后切削力减小，从而降低能耗；还可加大切削用量，提高生产率；积屑瘤能保护刀具，减少磨损。从这方面看来，积屑瘤对粗加工是有利的。但对于精加工来说，积屑瘤会降低尺寸精度和增大表面粗糙度值，因而对精加工是不利的。

（3）影响积屑瘤形成的因素　在切削条件中影响积屑瘤形成的主要因素是：工件材料、切削速度、刀具前角及切削液等。

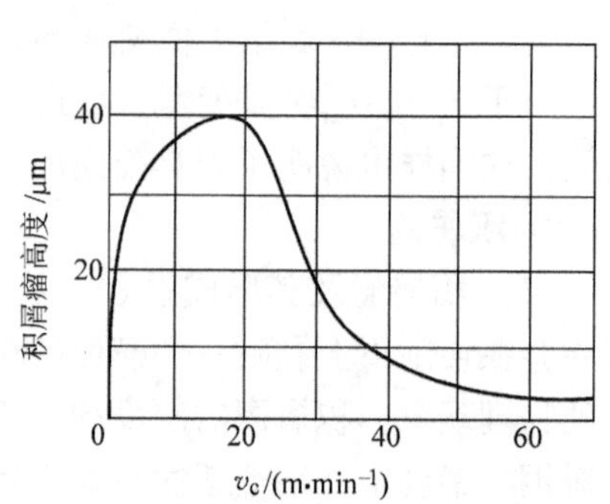

图 4-9　切削速度对积屑瘤的影响

塑性大的工件材料，刀-屑间的摩擦因数和接触长度较大，生成积屑瘤的可能性就大，而脆性材料一般不产生积屑瘤；切削速度对积屑瘤的影响最大，切削速度很低（$<3$m/min）或很高（$>80$m/min）都很少产生积屑瘤，切削速度对积屑瘤形成的影响主要是通过切削温度体现出来的。实验证明，当切削速度提高至使切削温度高于500℃时，则不会产生积屑瘤；在中等速度范围内最容易产生积屑瘤，以 $v_c \approx 20\text{m/min}$ 切削普通钢时，积屑瘤高度最大，如图4-9所示，这是因为该切削速度形成的切削温度使得摩擦因数很大造成的。刀具前角越大，则切屑变形和切削力减小，降低了切削温度，从而抑制积屑瘤的产生或减小积屑瘤的高度，因此精加工时可以采用大前角切削；使用切削液，可以降低切削温度，改善摩擦，因此可抑制积屑瘤的产生或减小积屑瘤的高度。

## 六、已加工表面变形与加工硬化

加工硬化亦称冷作硬化，它是在第Ⅲ变形区内产生的物理现象。任何刀具的切削刃口都很难磨得绝对锋利，当在钝圆弧切削刃和其邻近的狭小后面的切削、挤压和摩擦作用下，使已加工表面层的金属晶粒产生扭曲、挤紧和破碎，从图4-10中看出在已加工表面层内晶粒的变化。这种经过严重塑性变形而使表面层硬度增高的现象称为加工硬化。金属材料经硬化后提高了屈服强度，并在已加工表面上出现显微裂纹和残余应力，降低材料疲劳强度。许多金属材料，例如高锰钢、高温合金等由于冷硬严重，在切削时使刀具寿命显著下降。

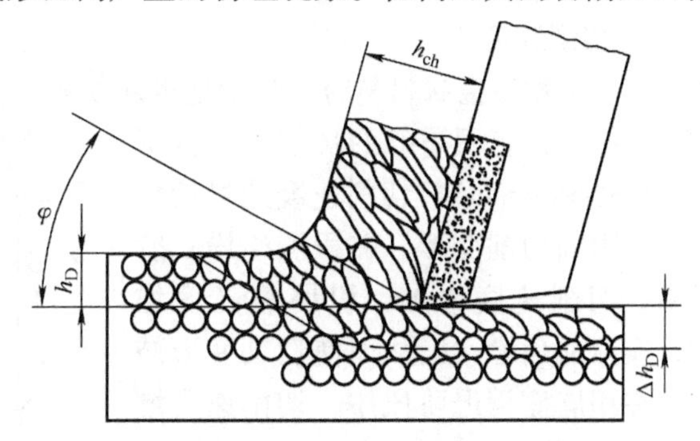

图4-10　已加工表面层内晶粒的变化

衡量加工硬化程度的指标有：加工硬化程度 $N$ 和硬化层深度 $h_y$。加工硬化程度 $N$ 是表示已加工表面显微硬度 $H_1$ 与金属材料基体显微硬度 $H$ 之间的相对变化量，即

$$N = \frac{H_1 - H}{H} \times 100\% \tag{4-9}$$

材料的塑性越大，金属晶格滑移越容易，以及滑移面越多，硬化越严重，例如，不锈钢1Cr18Ni9Ti的硬化程度为140%～220%，硬化深度 $h_y = 1/3a_p$；高锰钢的硬化程度 $N=200\%$。

生产中通常采取以下措施来减轻硬化程度：

（1）磨出锋利切削刃　在刃磨时，切削刃钝圆弧半径 $r_n$ 由0.5mm减小到0.005mm，则使硬化程度降低40%。

（2）增大前角或增大后角　前角 $\gamma_o$ 或后角 $\alpha_o$ 增大，使切削刃钝圆弧半径 $r_n$ 减小，切削变形随之减小。

（3）减小背吃刀量 $a_p$　适当减少切入深度，使切削力减小，切削变形小，故冷硬程度减轻。例如，背吃刀量 $a_p$ 由1.2mm减小到0.1mm，可降低硬化程度17%。

（4）合理选用切削液　浇注切削液能减小刀具后面与加工表面摩擦。例如，采用切削速度 $v_c = 35\text{m/min}$ 车削中碳钢，选用乳化油使硬化深度 $h_y$ 减小20%；若改用切削油，提高了润滑性，则硬化深度 $h_y$ 减小30%。

## 七、影响切削变形的主要因素

影响切削变形的主要因素有：工件材料、刀具前角、切削速度和切削厚度。

**1. 工件材料**

工件材料的强度和硬度越大，则切削变形系数越小。这是由于材料的硬度和强度增大时，切削温度增加，$\tau_s$ 降低，故刀-屑接触长度越小，摩擦因数 $\mu$ 减小，使剪切角 $\varphi$ 增大，因而切削变形系数 $\Lambda_h$ 减小。

**2. 刀具前角**

刀具前角越大，切削刃越锋利，刀具前面对切削层的挤压作用越小，并能直接增大剪切角 $\varphi$，则切削变形就越小。但前角增大，则作用在刀具前面的平均法向应力 $\sigma_{av}$ 会随之而减小，因此摩擦因数会增大。

**3. 切削速度**

在切削塑性金属材料时，切削速度对切削变形的影响比较复杂，如图 4-11 所示，需要分别讨论。在有积屑瘤的切削速度范围内（$v_c \leqslant 40\text{m/min}$），切削速度通过切积屑瘤来影响切削变形。在积屑瘤增长阶段中，切削速度增加，积屑瘤高度增大，实际前角增大，从而使切削变形减少；在积屑瘤消退阶段中，切削速度增加，积屑瘤高度减小，实际前角减小，切削变形随之增大。积屑瘤最大时，切削变形达最小值，积屑瘤消失时，切削变形达最大值。

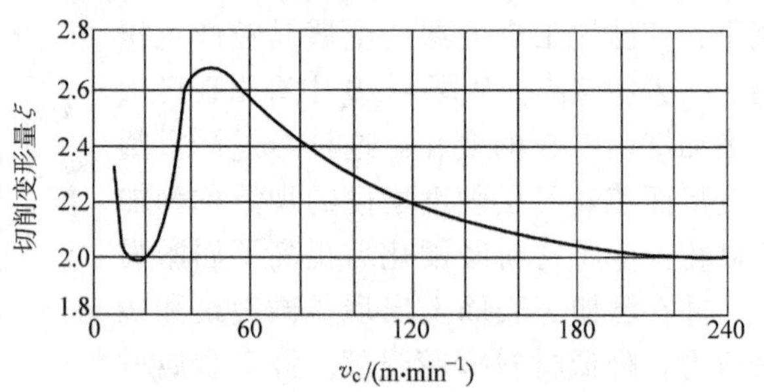


图 4-11　切削速度对切削变形的影响

在无积屑瘤的切削速度范围内，切削速度越大，则切削变形越小。这有两方面的原因：一方面是由于切削速度越高，切削温度越高，摩擦因数降低，使剪切角增大，切削变形减小；另一方面，切削速度增高时，金属流动速度大于塑性变形速度，使切削层金属尚未充分变形，就已从刀具前面流出成为切屑，从而使第一变形区后移，剪切角增大，切削变形进一步减小。

切削铸铁等脆性材料时，一般不形成积屑瘤。当切削速度增大时，切削变形相应减小。

**4. 切削厚度**

切削厚度对切削变形的影响是通过摩擦因数影响的。切削厚度增加，作用在刀具前面的平均法向应力 $\sigma_{av}$ 增大，摩擦因数 $\mu$ 减小，即摩擦角减小，剪切角 $\varphi$ 增大，因此切削变形减小。

## 第二节　切削力与切削功率

切削过程中作用在刀具与工件上的力称为切削力。它是制订机械制造工艺、设计机床、设计刀具和夹具时的主要技术参数。

### 一、切削力的来源及其分解

**1. 切削力的来源**

在刀具作用下，被切削层金属、切屑和已加工表面金属都在发生弹性变形和塑性变形。

如图 4-12 所示，有法向力分别作用于刀具前、后面。由于切屑沿刀具前面流出，故有摩擦力作用于前面；刀具和工件间有相对运动，又有摩擦力作用于刀具后面。因此，切削力的来源有两个方面：一是切削层金属、切屑和工件表面层金属的弹性变形、塑性变形所产生的抗力；二是刀具与切屑、工件表面间的摩擦阻力。

**2. 切削力的分解**

作用在刀具上的各种力的总和形成作用在刀具上的合力 $F_r$。为了便于测量和应用，可以将合力 $F_r$ 分解为三个相互垂直的分力 $F_c$、$F_p$、$F_f$，如图 4-13 所示。

（1）主切削力 $F_c$　它是主运动方向上的切削分力，切于过渡表面并与基面垂直，消耗功率最多，它是计算刀具强度、设计机床零件、确定机床功率的主要依据。

（2）进给力 $F_f$　它是作用在进给方向上的切削分力，处于基面内并与工件轴线平行的力。它是设计进给机构、计算刀具进给功率的依据。

（3）背向力 $F_p$　它是作用在吃刀方向上的切削分力，处于基面内并与工件轴线垂直的力。它是确定与工件加工精度有关的工件挠度、切削过程的振动的力。

$$F_r = \sqrt{F_c^2 + F_n^2} = \sqrt{F_c^2 + F_p^2 + F_f^2} \tag{4-10}$$

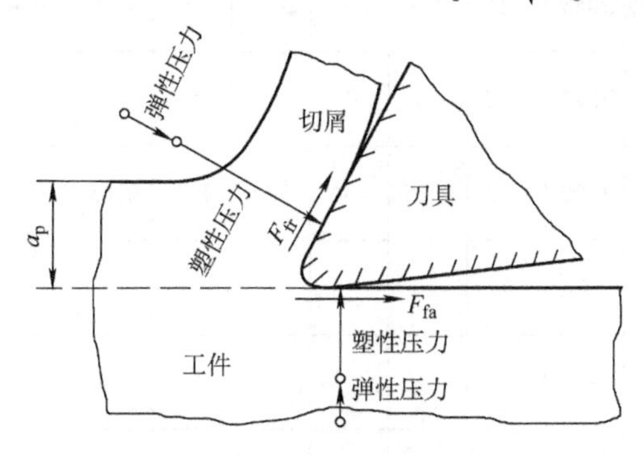


图 4-12　切削力的来源

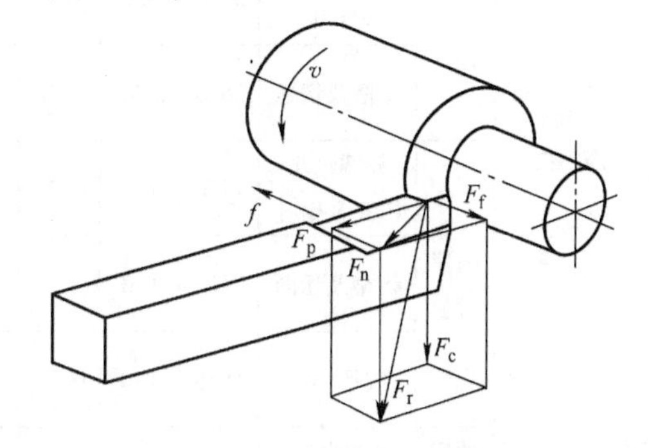


图 4-13　切削力的分解

根据实验，当 $\kappa_r = 45°$ 和 $\gamma_o = 15°$ 时，$F_c$、$F_f$、$F_p$ 之间有以下近似关系：

$F_p =（0.4 \sim 0.5）F_c$；$F_f =（0.3 \sim 0.4）F_c$；$F_r =（1.12 \sim 1.18）F_c$。

随着切削加工时的条件不同，$F_c$、$F_f$、$F_p$ 之间的比例可在较大范围内变化。

## 二、切削力的计算

利用测力仪测出切削力，再将实验数据加以适当处理，可以得到计算切削力的经验公式。实际应用中计算切削力的问题分为两类：一类是应用经验公式计算切削力，另一类是计算单位切削力。

**1. 切削力的经验公式**

常用的切削力的经验公式形式如下

$$\begin{aligned} F_c &= C_{F_c} a_p^{x_{F_c}} f^{y_{F_c}} v_c^{n_{F_c}} K_{F_c} \\ F_p &= C_{F_p} a_p^{x_{F_p}} f^{y_{F_p}} v_c^{n_{F_p}} K_{F_p} \\ F_f &= C_{F_f} a_p^{x_{F_f}} f^{y_{F_f}} v_c^{n_{F_f}} K_{F_f} \end{aligned} \tag{4-11}$$

式中　$F_c$、$F_p$、$F_f$——分别为主切削力、背向力、进给力，单位为 N；

$C_{F_c}$、$C_{F_p}$、$C_{F_f}$——决定于被加工材料、切削条件的参数；

$x_{F_c}$、$y_{F_c}$、$n_{F_c}$，$x_{F_p}$、$y_{F_p}$、$n_{F_p}$，$x_{F_f}$、$y_{F_f}$、$n_{F_f}$——表明各参数对切削力的影响程度的指数值；

$K_{F_c}$、$K_{F_p}$、$K_{F_f}$——当实际加工条件与实验条件不符时，各因素对切削力的修正系数之积。

以上各系数和指数的具体数值可查阅有关手册。

表4-1是在用硬质合金刀具，$\gamma_o=10°$、$\kappa_r=45°$、$\lambda_s=0°$、$r_\varepsilon=2\text{mm}$ 等条件下，实验求得的切削力 $F_c$、$F_p$ 和 $F_f$ 公式中各指数和系数值。

**表4-1　外圆纵车、端面车 $F_c$ 公式中系数 $C_F$ 和指数 $x_F$、$y_F$、$n_F$ 值**

| 加工材料 | 刀具材料 | 加工形式 | 切削力 $F_c$<br>$F_c=C_{F_c}a_p^{x_{F_c}}f^{y_{F_c}}v^{n_{F_c}}$ | | | | 背向力 $F_p$<br>$F_p=C_{F_p}a_p^{x_{F_p}}f^{y_{F_p}}v^{n_{F_p}}$ | | | | 进给力 $F_f$<br>$F_f=C_{F_f}a_p^{x_{F_f}}f^{y_{F_f}}v^{n_{F_f}}$ | | | |
|---|---|---|---|---|---|---|---|---|---|---|---|---|---|---|
| | | | $C_{F_c}$ | $x_{F_c}$ | $y_{F_c}$ | $n_{F_c}$ | $C_{F_p}$ | $x_{F_p}$ | $y_{F_p}$ | $n_{F_p}$ | $C_{F_f}$ | $x_{F_f}$ | $y_{F_f}$ | $n_{F_f}$ |
| 结构钢、铸钢 $R_m=650\text{MPa}$ | 硬质合金 | 外圆纵车、横车及镗孔 | 2795 | 1.0 | 0.75 | -0.15 | 1940 | 0.90 | 0.6 | -0.3 | 2880 | 1.0 | 0.5 | -0.4 |
| | | 外圆纵车（$\kappa_r'=0°$） | 3570 | 0.9 | 0.9 | -0.15 | 2845 | 0.60 | 0.3 | -0.3 | 2050 | 1.05 | 0.2 | -0.4 |
| | | 切槽及切断 | 3600 | 0.72 | 0.8 | 0 | 1390 | 0.73 | 0.67 | 0 | — | — | — | — |
| | 高速钢 | 外圆纵车横车及镗孔 | 1770 | 1.0 | 0.75 | 0 | 1100 | 0.9 | 0.75 | 0 | 590 | 1.2 | 0.65 | 0 |
| | | 切槽及切断 | 2160 | 1.0 | 1.0 | 0 | — | — | — | — | — | — | — | — |
| | | 成形车削 | 1855 | 1.0 | 0.75 | 0 | — | — | — | — | — | — | — | — |
| 不锈钢1Cr18Ni9Ti 硬度141HBW | 硬质合金 | 外圆纵车、横车、镗孔 | 2000 | 1.0 | 0.75 | 0 | — | — | — | — | — | — | — | — |
| 灰铸铁硬度190HBW | 硬质合金 | 外圆纵车、横车、镗孔 | 900 | 1.0 | 0.75 | 0 | 530 | 0.9 | 0.75 | 0 | 450 | 1.0 | 0.4 | 0 |
| | | 外圆纵车（$\kappa_r'=0°$） | 1205 | 1.0 | 0.85 | 0 | 600 | 0.6 | 0.5 | 0 | 235 | 1.05 | 0.2 | 0 |
| | 高速钢 | 外圆纵车、横车、镗孔 | 1120 | 1.0 | 0.75 | 0 | 1165 | 0.9 | 0.75 | 0 | 500 | 1.2 | 0.65 | 0 |
| | | 切槽、切断 | 1550 | 1.0 | 1.0 | 0 | — | — | — | — | — | — | — | — |
| 可锻铸铁硬度150HBW | 硬质合金 | 外圆纵车、横车、镗孔 | 795 | 1.0 | 0.75 | 0 | 420 | 0.9 | 0.75 | 0 | 375 | 1.0 | 0.4 | 0 |
| | 高速钢 | 外圆纵车、横车、镗孔 | 980 | 1.0 | 0.75 | 0 | 865 | 0.9 | 0.75 | 0 | 390 | 1.2 | 0.65 | 0 |
| | | 切槽、切断 | 1375 | 1.0 | 1.0 | 0 | — | — | — | — | — | — | — | — |

**2. 单位切削力的计算**

单位切削力 $f_c$ 是指单位切削层面积上的主切削力，单位为 $\text{N/mm}^2$。

$$f_c = \frac{F_c}{A_D} = \frac{F_c}{a_p f} \tag{4-12}$$

式中　$F_c$——主切削力；

$A_D$——切削层面积，单位为 $mm^2$；

$f$——进给量，单位为 mm/s；

$a_p$——背吃刀量，单位为 mm。

## 三、切削功率与单位切削功率

### 1. 切削功率

切削过程中消耗的功率，称为切削功率。它是主切削力 $F_c$ 与进给力 $F_f$ 所消耗的功率之和。由于 $F_f$ 消耗的功率所占的比例很小，约为1% ~5%，故常略去不计。于是，当 $F_c$ 及 $v_c$ 已知时，切削功率 $P_c$ 即可由下式求出

$$P_c = \frac{F_c v_c \times 10^{-3}}{60} \tag{4-13}$$

式中　$P_c$——切削功率，单位为 kW；

$F_c$——主切削力，单位为 N；

$v_c$——切削速度，单位为 m/min。

机床电动机所需的功率 $P_E$ 应为

$$P_E = \frac{P_c}{\eta_m} \tag{4-14}$$

式中　$\eta_m$——机床的传动效率，一般取 $\eta_m = 0.80 \sim 0.85$。

### 2. 单位切削功率

单位时间内切下单位体积金属所需的功率称为单位功率，用 $p_c$（$kW/mm^3$）表示，即

$$p_c = \frac{P_c}{Q} = \frac{P_c}{1000 v_c a_p f} \tag{4-15}$$

式中　$Q$——单位时间内的金属切除量，单位为 $mm^3/s$。

## 四、影响切削力的因素

切削过程中，影响切削力的因素很多，凡影响切削变形和摩擦因数的因素，都会影响切削力。从切削条件方面分析，主要有工件材料、切削用量、刀具几何参数等。

### 1. 工件材料

一般来说，材料的强度越高、硬度越大，切削力越大；这是因为强度、硬度高的材料，切削时产生的变形抗力大，虽然它们的切削变形系数 $\Lambda_h$ 相对较小，但总体来说，切削力还是随材料强度、硬度的增大而增大。

在强度、硬度相近的材料中，塑性、韧性大的，或加工硬化严重的，切削力大。例如，不锈钢 1Cr18Ni9Ti 与正火处理的 45 钢强度和硬度基本相同，但不锈钢的塑性、韧性较大，其切削力比正火 45 钢约高 25% 左右。加工铸铁等脆性材料时，切削层的塑性变形很小，加工硬化小，形成崩碎切屑，与刀具前面的接触面积小，摩擦力也小，故切削力就比加工钢小。

同一材料，热处理状态不同，金相组织不同，硬度就不同，也影响切削力的大小。

**2. 切削用量的影响**

切削用量中 $a_p$ 和 $f$ 对切削力的影响较明显。当 $a_p$ 或 $f$ 增大时，分别会使 $b_D$、$h_D$ 增大，即切削面积 $A_D$ 增大，从而使变形力、摩擦力增大，引起切削力增大，但两者对切削力影响程度不一。背吃刀量 $a_p$ 增加一倍时，切削厚度 $h_D$ 不变，切削宽度 $b_D$ 增加一倍，因此，刀具上的负荷也增加一倍，即切削力增加约一倍，但当进给量 $f$ 增加一倍时，切削宽度 $b_D$ 保持不变，而切削厚度 $h_D$ 增加一倍，在切削刃钝圆半径的作用下，切削力只增加 68% ~ 86%，即实验公式中 $f$ 的指数近似于 0.75。可见在同样切削面积下，采用大的 $f$ 较采用大的 $a_p$ 省力和节能。切削速度 $v_c$ 对切削力的影响不大，当 $v_c>50\text{m/min}$，切削塑性材料时，$v_c$ 增大，$\mu$ 减小，切削温度增高，使材料硬度、强度降低，剪切角 $\varphi$ 增大，切削变形系数 $\Lambda_h$ 减小，使得切削力减小。

**3. 刀具几何参数的影响**

刀具几何参数中前角 $\gamma_o$ 和主偏角 $\kappa_r$ 对切削力的影响比较明显，前角 $\gamma_o$ 对切削力的影响最大。加工钢料时，$\gamma_o$ 增大，切削变形系数 $\Lambda_h$ 明显减小，切削力减小的多些。主偏角 $\kappa_r$ 适当增大，使切削厚度 $h_D$ 增加，单位切削面积上的切削力 $f_c$ 减小。在切削力不变的情况下，主偏角大小将影响背向力和进给力的分配比例，当主偏角 $\kappa_r$ 增大，背向力 $F_p$ 减小，进给力 $F_f$ 增加；当主偏角 $\kappa_r=90°$时，背向力 $F_f=0$，对车细长轴类零件时减少弯曲变形和振动十分有利。

**4. 其他影响因素**

刀具材料与被加工材料的摩擦因数直接影响摩擦力，进而影响切削力。在相同切削条件下，陶瓷刀具的切削力最小，硬质合金刀具次之，高速钢刀具的切削力最大。

此外，合理选择切削液可降低切削力；刀具后面磨损量增大，摩擦加剧，切削力也增大。

## 第三节　切削热与切削温度

切削热与切削温度是切削过程中的又一重要物理现象。由于切削热引起切削温度的升高，使工件产生热变形，并影响积屑瘤的产生，直接影响工件的加工精度和表面质量。切削温度是影响刀具寿命的主要因素。因此，研究切削热与切削温度的产生和变化规律，有十分重要的实用意义。

### 一、切削热的产生和传出

在刀具的切削作用下，切削层金属发生弹性变形和塑性变形，这是切削热的一个来源。同时，在切屑与刀具前面、工件与刀具后面间消耗的摩擦功也将转化为热能，这是切削热的又一个来源，如图 4-14 所示。

切削热由切屑、工件、刀具以及周围的介质传导出去。

根据热力学平衡原理，产生的热量和传散的热量相等，即

$$Q_s + Q_r = Q_c + Q_t + Q_w + Q_m \tag{4-16}$$

式中　$Q_s$——工件材料弹、塑性变形产生的热量；

$Q_r$——切屑与刀具前面、加工表面与刀具后面摩擦产生的热量；

$Q_c$——切屑带走的热量；

$Q_t$——刀具传散的热量；

$Q_w$——工件传散的热量；

$Q_m$——周围介质带走的热量。

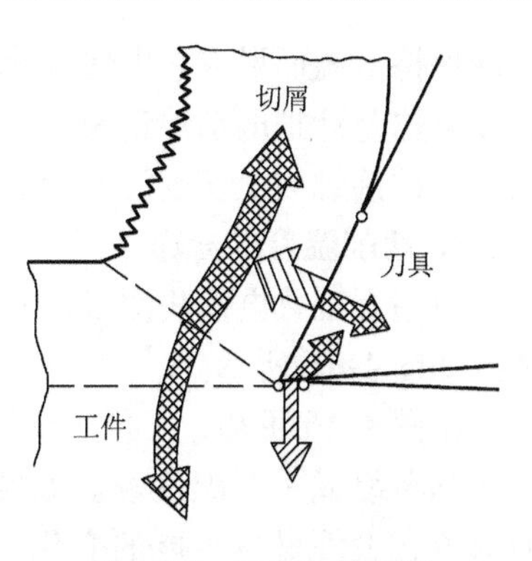


图4-14　切削热的来源

影响热传导的主要因素是工件和刀具材料的导热系数以及周围介质的状况。如果工件材料的导热系数较高，由切屑和工件传导出去的热量就多，切削区温度就较低。如果刀具材料的导热系数较高，则切削区的热量容易从刀具传导出去，也能降低切削区的温度。采用冷却性能好的水溶剂切削液能有效地降低切削温度。

切削热是由切屑、工件、刀具和周围介质按一定比例传散的。据有关资料介绍，车削加工钢料时，这四种热传导形式所占的大致比例为：切削热被切屑带走约50%～86%，传入刀具的约占10%～40%，传入工件的为3%～9%，传入周围介质的约为1%。钻削时，切屑带走切削热占28%，传入刀具的切削热占14.5%，传入工件的切削热占52.5%，传入周围介质的切削热占5%。

## 二、切削温度及其测定方法

### 1. 切削温度的概念

在生产中，切削热对切削过程的影响是通过切削温度体现出来的。切削温度是指切削过程中切削区域的温度。

### 2. 切削温度的测定

切削温度的确定以及切削温度在切屑-工件-刀具中的分布可利用热传导和温度场的理论计算确定，常用的是通过实验方法测定。

切削温度的测量方法很多，如自然热电偶法、人工热电偶法、热敏涂色法、热辐射法和远红外法等。生产实验中最方便、最简单、最常采用的是自然热电偶法。在车床上利用自然热电偶法测量切削温度的装置如图4-15所示。

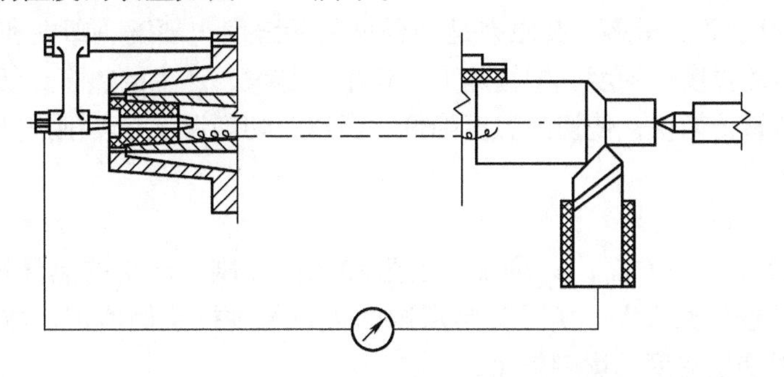

图4-15　自然热电偶法测量切削温度的装置

自然热电偶法的工作原理是：利用工件材料与刀具材料化学成分不同而组成热电偶的两极。工件与刀具接触区内因切削热的作用使温度升高而形成热端，而刀具的尾端与工件的引出端保持室温而形成热电偶的冷端。这样在刀具与工件的回路中便有热电动势产生。用毫伏表或电位差计把电动势记录下来，根据预先标定的刀具-工件热电偶标定曲线，便可测得刀具与工件接触面上切削温度的平均值。

**3. 切削温度的分布**

应用人工热电偶法测温，并辅以传热学计算所得到的刀具、切屑和工件的切削温度分布情况如图 4-16 所示。

由图 4-16 可知，工件、切屑、刀具的切削温度分布组成一个温度场。温度场对刀具磨损的部位、工件材料性能的变化、已加工表面质量等都有影响。切削温度分布体现出如下规律：

1）剪切面上各点温度几乎相同。

2）刀具前、后面上的最高温度都不在切削刃上，而是在离切削刃有一定距离的地方（摩擦热沿刀面不断增加之故）。

3）剪切区中，垂直剪切面方向的温度梯度很大。

4）切屑底层上的温度梯度很大。

5）刀具后面接触长度较小；加工表面受到的是一次热冲击。

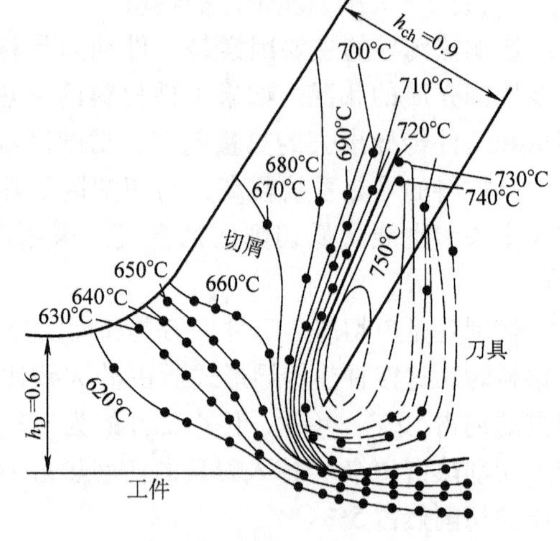


图 4-16　刀具、切屑和工件的切削温度分布

6）工件材料塑性越大，切削温度分布越均匀；材料脆性越大，最高温度点离切削刃越近。

7）材料导热系数越低，刀具前、后面温度越高。

## 三、影响切削温度的主要因素

工件材料、切削用量、刀具的几何参数、刀具的磨损、切削液等是影响切削温度的主要因素。

**1. 工件材料**

被加工工件材料不同，切削温度相差很大。例如，在相同的切削条件下，切削钛合金比切削 45 钢的切削温度要高得多。其原因是各种材料的强度、硬度、塑性和导热系数不同而形成的。工件材料的强度、硬度、塑性越大，切削力越大，产生的热多，切削温度升高。导热系数大时，则热量传散快，使切削温度降低。所以，切削温度是切削热产生与传散的综合结果。

**2. 切削用量**

（1）背吃刀量 $a_p$　一方面，$a_p$ 增加，变形和摩擦加剧，产生的热量增加；另一方面，$a_p$ 增加，切削宽度按比例增大，实际参与切削的刃口长度按比例增加，散热条件同时得到改善。因此，$a_p$ 对切削温度的影响较小。

（2）进给量 $f$　$f$ 增大，产生的热量增加。虽然 $f$ 增大，切削厚度增大，切屑的热容量大，带走的热量多，但切削宽度不变，刀具的散热条件没有得到改善，因此切削温度有所上升。

（3）切削速度 $v_c$　$v_c$ 增大，单位时间内金属切除量按比例增加，产生的热量增大，而刀具的传热能力没有任何改变，切削温度将明显上升，因而切削速度对切削温度的影响最为显著。

切削温度是对刀具磨损和刀具使用寿命影响最大的因素，在金属切除率相同的条件下，为了有效地控制切削温度以延长刀具使用寿命，在机床条件允许时，选用较大的背吃刀量和进给量比选用高的切削速度有利。

**3. 刀具几何参数**

刀具几何参数中前角 $r_o$ 和主偏角 $\kappa_r$ 对切削温度的影响比较明显。

（1）前角 $r_o$　$r_o$ 增大，剪切角随之增大，切削变形、摩擦均减小，产生的切削热减小，使切削温度降低。但是前角进一步增大，则楔角 $\beta_o$ 减小，使刀具的传热能力降低，切削温度反而逐渐升高，且刀尖强度下降。

（2）主偏角 $\kappa_r$　在 $a_p$ 相同的情况下，$\kappa_r$ 增大，刀具切削刃的实际工作长度缩短，刀尖角减小，传热能力下降，因而切削温度会上升。反之，若 $\kappa_r$ 减小，则切削温度下降。

（3）刀尖圆弧半径 $r_\varepsilon$　$r_\varepsilon$ 增大，刀具切削刃的平均主偏角 $\kappa_r$ 减小，切削宽度按比例增大，刀具的传热能力增大，切削温度下降。

**4. 切削液**

合理使用切削液对降低切削温度、减小刀具磨损、提高已加工表面质量有明显的效果。切削液的导热率、比热容和流量越大，浇注方式越合理，则切削温度越低，冷却效果越好。

**5. 刀具磨损**

刀具的磨损达到一定数值后，磨损对切削温度的影响会增大，随着切削速度的提高，影响就越显著，实验表明，$VB \geqslant 0.4$mm 时，切削温度会显著增高。

## 第四节　刀具磨损与刀具寿命

刀具在切削过程中，在高温、高压条件下，刀具前、后面分别与切屑、工件产生强烈的摩擦，刀具材料会逐渐被磨损消耗或出现其他形式的损坏，如图 4-17 所示。刀具过早、过多的磨损将对切削过程和生产效率带来很大的影响。

### 一、刀具磨损方式

刀具磨损可分为正常磨损和非正常磨损两种形式。正常磨损是指刀具材料的微粒被工件或切屑带走的现象。非正常磨损是指由于冲击、振动、热效应等原因，致使刀具崩刃、碎裂而损坏，这一现象也称为破损。

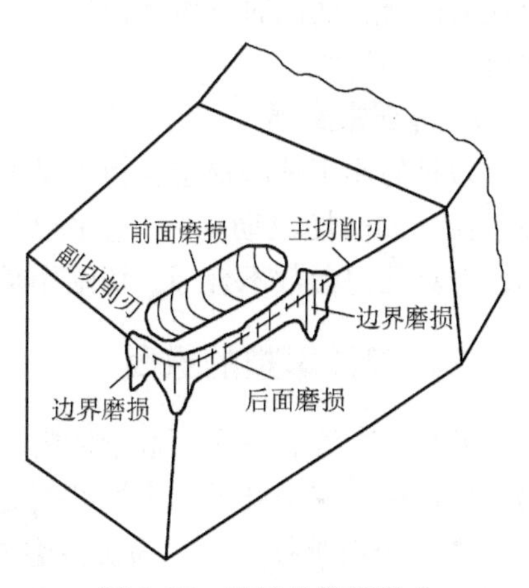

图 4-17　刀具的磨损形式

**1. 正常磨损**

刀具的正常磨损方式一般有下列三种：

（1）后面磨损　由于加工表面与刀具后面之间存在着强烈的摩擦，在后面切削刃附近很快就磨出一段后角为零的小棱面，这种磨损形式称为后面磨损，如图 4-18a 所示。后面磨损一般发生在以较小的切削厚度、较低的切削速度切削脆性材料或塑性金属材料的情况下。在切削刃实际工作范围内，后面磨损是不均匀的，刀尖部分由于强度和散热条件差，磨损严重；切削刃靠近待加工表面部分，由于上道工序的加工硬化或毛坯表面的缺陷，磨损也比较严重。因为一般刀具的后面都会发生磨损，而且测量比较方便，因此常以刀具后面的磨损量的平均值 $VB$ 表示刀具的磨损程度。

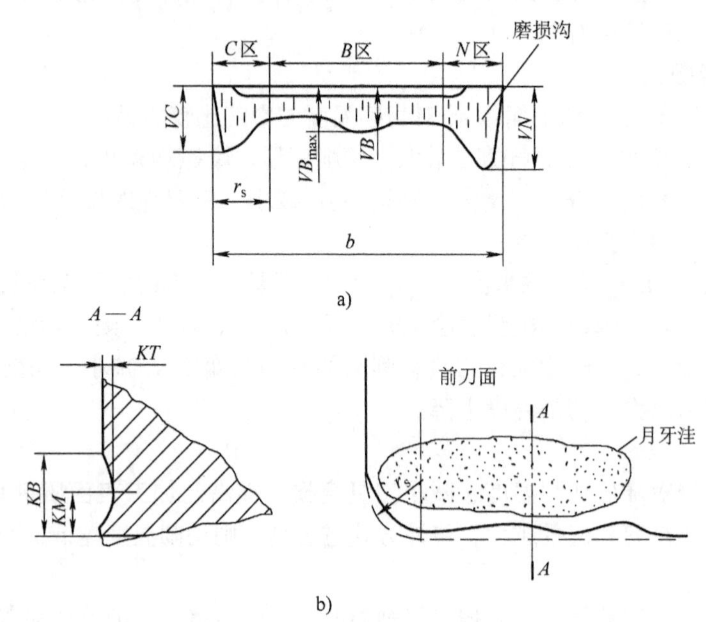


图4-18　刀具磨损的测量位置

a）后面磨损　b）月牙洼磨损

（2）前面磨损　在切削塑性材料时，若切削速度和切削厚度都较大时，因刀具前面的摩擦大，温度高，当刀具的耐热性和耐磨性稍有不足时，在前面主切削刃附近就会磨出一段月牙洼形的凹坑，如图4-18b所示。在磨损过程中，月牙洼逐渐变深、变宽，使切削刃强度逐渐下降。前面磨损量一般用月牙洼磨损深度 $KT$ 表示。

（3）前、后面同时磨损　在切削塑性材料、切削厚度与前两者比较属居中时，经常会出现前面与后面同时发生磨损的形式，常在主切削刃靠近工件外皮处及副切削刃靠近刀尖处磨出较深的沟纹。

**2. 非正常磨损**

刀具的非正常磨损主要指刀具的脆性破损（如崩刃、碎断、剥落、裂纹破损等）和塑性破损（如塑性流动等）。它主要是由于刀具材料选择不合理，刀具结构、制造工艺不合理，刀具几何参数不合理，切削用量选择不当，刀具刃磨或使用时操作不当等原因所致。

## 二、刀具磨损的原因

刀具在高温、高压下进行切削，正常磨损是不可避免的，经常是机械的、热力的、化学的三种作用的综合结果。产生磨损的原因很复杂，主要原因有以下几种：

（1）磨料磨损　又称为机械磨损。工件材料中含有一些硬度极高的硬质点，如碳化物、积屑瘤碎片、已加工表面的硬化层等，工件或切屑上的硬质点在刀具表面上划出沟纹而形成的磨损称为磨料磨损。它在各种切削速度下都存在，但对低速切削的刀具，磨料磨损是刀具磨损的主要原因。

因此，作为刀具材料，必须具有更高的硬度，较多、较细而且分布均匀的碳化物硬质点，才能提高其抗磨料磨损能力。

（2）黏结磨损　又称为冷焊磨损。切削塑性材料时，切削区存在着很大的压力和强烈的摩擦，切削温度也较高，在切屑、工件与刀具前、后面之间的吸附膜被挤破，形成新的表面紧密接触，因而发生黏结（冷焊）现象。使刀具表面局部强度较低的微粒被切屑或工件带走，这样形成的磨损称为黏结（冷焊）磨损。黏结磨损一般在中等偏低的切削速度下较严重。黏结磨损的程度主要与刀具材料、刀具表面形状与组织、切削时的压力、温度、材料间的亲和程度，刀具、工件材料间的硬度比，切削条件及工艺系统刚度等有关。

（3）扩散磨损　切削时，在高温下刀具与工件、切屑接触的摩擦面使其化学元素 C、Co、W、Ti、Fe 等互相扩散到对方去。当刀具中的一些元素扩散后，改变了原来刀具材料中化学成分的比值，使其性能下降，加快了刀具的磨损。

影响扩散磨损的主要因素除刀具、工件材料的化学成分外，主要是切削温度。切削温度较低，扩散磨损较轻，随着切削温度升高，扩散磨损加剧。

（4）化学磨损　又称为氧化磨损。在一定温度下，刀具材料与周围介质起化学作用，在刀具表面形成一层硬度较低的化合物而被切屑带走；或因刀具材料被某种介质腐蚀，造成刀具的化学磨损。

（5）相变磨损　用高速钢刀具切削时，当切削温度超过其相变温度（550～600℃）时，刀具材料的金相组织就会发生变化，由回火马氏体转变为奥氏体，使硬度降低，磨损加快。故相变磨损是高速钢磨损的主要原因之一。

此外，还有热电磨损，即在切削区高温作用下，刀具与工件材料形成热电偶，使刀具与切屑及工件间有热电流通过，可加快刀具表面层的组织变得脆弱而磨损加剧。试验表明，在刀具、工件的电路中加以绝缘，可明显减轻刀具磨损。

刀具磨损的原因是错综复杂的，且各类磨损因素是相互影响的，通过上述分析可知，对于一定的刀具、工件材料，切削温度和机械摩擦对刀具磨损具有决定性影响。

## 三、刀具的磨损过程和磨钝标准

### 1. 刀具的磨损过程

在一定的切削条件下，刀具磨损将随着切削时间的延长而增加。图 4-19 所示为硬质合金车刀的典型磨损曲线。由图可知，刀具的磨损分三个阶段。

（1）初期磨损阶段　因刀具新刃磨的表面粗糙不平，残留砂轮痕迹，开始切削时磨损较快，一般所耗时间比曲线表示的还要短些。初期磨损量的大小，与刀具刃磨质量直接相关。一般经研磨过的刀具，初期磨损量较小。

（2）正常磨损阶段　经初期磨损后，刀面上的粗糙表面已被磨平，压强减小，磨损比较均匀缓慢。刀具后面的磨损量将随切削时间的延长而近似地成正比例增加，此阶段时间较长。它是刀具工作的有效阶段。

（3）急剧磨损阶段　当刀具磨损达到一定限度后，已加工表面粗糙度变差，摩擦加剧，切削力、切削温度猛增，磨损速度增加很快，往往产生振动、噪声等，致使刀具失去切

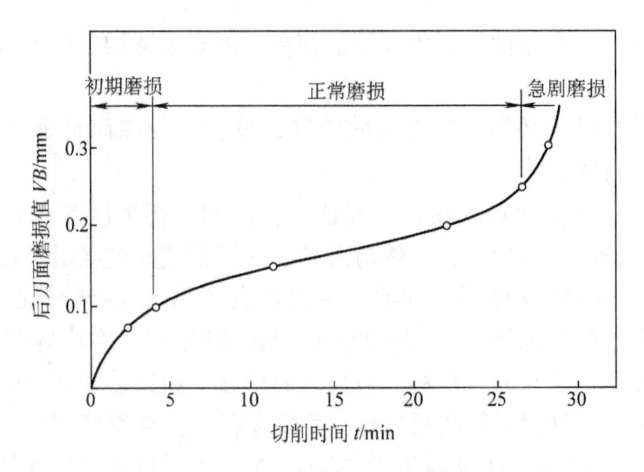


图 4-19　硬质合金车刀的典型磨损曲线

削力。

因此，刀具应避免达到急剧磨损阶段，在这个阶段到来之前，就应更换新刀或新刃。

**2. 刀具的磨钝标准**

刀具磨损到一定限度就不能继续使用，这个磨损限度称为磨钝标准。国际标准 ISO 规定以 1/2 背吃刀量处刀具后面上测定的磨损带宽度 *VB* 值作为刀具磨钝标准。

根据加工条件的不同，磨钝标准应有所变化。粗加工应取大值，工件刚性较好或加工大件时应取大值，反之则取小值。

自动化生产中的精加工刀具，常以沿工件径向的刀具磨损量作为刀具的磨钝标准，称为刀具径向磨损量 *NB* 值。

目前，在实际生产中，常根据切削时突然发生的现象，如振动产生、已加工表面质量变差、切屑颜色改变、切削噪声明显增加等来决定是否更换刀具或切削刃。

## 四、刀具寿命

**1. 刀具寿命的基本概念**

刀具寿命是指一把新刀从开始切削一直到磨损量达到磨钝标准为止所经过的总切削时间，单位为 min，以 $T$ 来表示。而刀具的总寿命，应等于刀具寿命乘以重磨次数。

**2. 切削用量对刀具寿命的影响**

对于同一种材料的切削加工，当刀具材料、几何参数确定之后，则对刀具寿命的影响就是切削用量了。由于用理论分析法导出的它们之间的数量关系与实际情况不符，因此目前是以实验方法来建立它们之间的关系——经验公式。20 世纪初美国工程师泰勒（F. W. Taglor）花了 26 年时间，通过近万次根据不同的切削速度 $v$ 进行刀具寿命 $T$ 的实验，得出一组相应的磨损曲线，经过双对数坐标的处理，推出刀具寿命的三因素一般公式

$$T = \frac{C_{\mathrm{T}}}{v^{\frac{1}{m}} f^{\frac{1}{n}} a_{\mathrm{p}}^{\frac{1}{p}}} \tag{4-17}$$

式中　$C_{\mathrm{T}}$——与刀具、工件材料、切削条件有关的系数；

$\frac{1}{m}$、$\frac{1}{n}$、$\frac{1}{p}$——寿命指数。

当用硬质合金车刀切削碳素钢（$R_m = 0.736\text{GPa}$）时，车削用量三要素（$v$，$f$，$a_p$）与刀具寿命 $T$ 之间存在以下关系

$$T = \frac{7.17 \times 10^{11}}{v^5 f^{2.25} a_p^{0.75}} \tag{4-18}$$

上式也称为刀具寿命经验公式。分析式（4-18）可知：

1）当其他条件不变时，切削速度提高一倍，刀具寿命 $T$ 将降低到原来的3.125%。

2）若进给量提高一倍，而其他条件不变时，刀具寿命则降低到原来的21%。

3）当其他切削条件不变时，若切削深度提高一倍，则刀具寿命仅降低到原来的78%。

由此可知，切削用量三要素对刀具寿命的影响相差悬殊，$v$ 对 $T$ 的影响最大，其次是 $f$，$a_p$ 影响最小。因此，实际使用中，在使刀具寿命降低较少而又不影响生产率的前提下，应尽量选取较大的背吃刀量和较小的切削速度，使进给量大小适中。

**3. 影响刀具寿命的主要因素**

影响刀具寿命的因素主要有以下几方面：

1）刀具材料：刀具材料的抗弯强度和硬度越高，耐磨性和耐热性越好，则刀具抗磨损的能力就越强，寿命也越高。

2）刀具的几何参数：前角 $\gamma_o$ 增大，可使切削时的摩擦、切削力减小，使切削温度降低，刀具寿命提高；但前角太大，刀具强度低，散热差，刀具寿命反而会降低。主偏角 $\kappa_r$ 和副偏角 $\kappa_r'$ 减小、刀尖圆弧半径 $r_\varepsilon$ 增大，都会使切削刃工作长度增加，改善散热条件，切削温度降低，并使刀尖强度提高，因而使刀具寿命提高。

3）切削用量：切削用量对刀具寿命的影响较为明显，由式（4-17）和式（4-18）可知，其中切削速度影响最大，进给量次之，而背吃刀时影响最小。

4）工件材料的强度、硬度越高，导热性越差，则切削力大，切削温度高，故刀具磨损越快，刀具寿命就越低。同时工件材料材质的纯度和均匀性，会对刀具的非正常磨损带来很大的影响。

**4. 合理选择刀具寿命**

刀具寿命对切削加工的生产率和生产成本有较大的影响。如果刀具寿命定得过高，虽然可以减少换刀次数，但必须减小切削用量，从而使生产率降低，成本提高。反之，若将刀具寿命定得过低，虽可采用较大的切削用量，但势必会增加换刀和磨刀的次数与时间，同样会降低生产率，增加成本。因此，应该根据具体的切削条件和生产技术条件制定合理的刀具寿命数值。

确定刀具合理寿命的方法有两种：最高生产率寿命 $T_p$ 和最低生产成本寿命 $T_c$。一般 $T_p$ 略低于 $T_c$。

## 【视野拓展】掌握知识和技能必先从原理着手

学习知识，只有知其然又知其所以然才能真正掌握。

本章所阐述的是金属切削加工的基本原理及其应用。开展科学研究必须先掌握科学原理。要想获得金属切削加工的知识和技能，一定要学习和掌握金属切削加工的基本原理，然后分析研究切削加工过程中发生的物理现象及其基本规律，以便对切削过程进行控制，从而保证产品质量，提高生产效率。

例如，金属切削加工过程中出现的积屑瘤和鳞刺是两个最常见又最令人头痛的问题，它既影响产品表面质量，又影响生产效率。通过学习金属切削加工原理就能了解解决这些问题有很多途径，如通过对金属材料进行调质处理，或者选择适当的刀具角度，或者选择适当的切削速度，或者选择合适的切削液，或者采用其他辅助手段（如导电加热切削、宽刃低速切削）进行切削加工，或者综合采用上述某两三种手段等。

## 思考题与习题

4-1　怎样划分金属切削变形区？各变形区有何特点？

4-2　怎样衡量金属切削变形程度？

4-3　积屑瘤对切削过程有哪些影响？若要避免产生积屑瘤应采取哪些措施？

4-4　影响切削变形的主要因素有哪些？试说明它们的影响规律。

4-5　试概述刀-屑摩擦的特点。为什么刀-屑摩擦不服从古典摩擦法则？

4-6　试分析切削力的来源。车削时切削力如何分解？

4-7　影响切削力的主要因素有哪些？试说明它们的影响规律。

4-8　切削热是如何产生与传散的？

4-9　影响切削温度的主要因素有哪些？试说明它们是如何影响切削温度的。

4-10　试述刀具的正常磨损形式及刀具磨损的原因。高速钢刀具、硬质合金刀具在中速、高速切削时产生磨损是什么原因？

4-11　什么是刀具寿命？刀具寿命与磨钝标准有何关系？影响刀具寿命的主要因素有哪些？

# 第五章　金属切削基本理论的应用

本章是本课程的应用性内容之一，主要介绍如何将切削原理的基本理论用于解决切屑的控制、改善难加工材料的切削加工性、切削液的选用、合理选择刀具几何参数和切削用量等方面的生产实际问题。为分析解决生产中与切削加工中有关的工艺技术问题打下必要的基础。

## 第一节　切 屑 控 制

在切削过程中，尤其是在自动化机床的切削过程中，切屑的失控将会严重影响操纵者的安全及机床的正常工作，并导致刀具损坏和划伤已加工表面。因此，切屑的控制是切削加工中一个十分重要的技术问题。

### 一、切屑形状的分类

生产中由于加工条件不同，形成的切屑形状多种多样。根据 ISO 规定，并由我国生产工程学会切削专业委员会推荐的国标 GB/T16461—2016 的规定，切屑的形状与分类见表 5-1。

**表 5-1　切屑的形状与分类**

| | | | |
|---|---|---|---|
| 1. 带状切屑 | 1-1 长  | 1-2 短  | 1-3 缠乱  |
| 2. 管状切屑 | 2-1 长 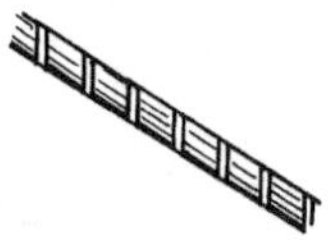 | 2-2 短 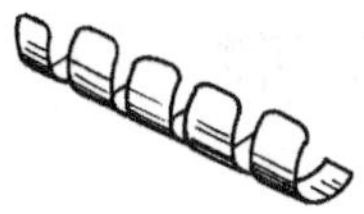 | 2-3 缠乱  |
| 3. 盘旋状切屑 | 3-1 平 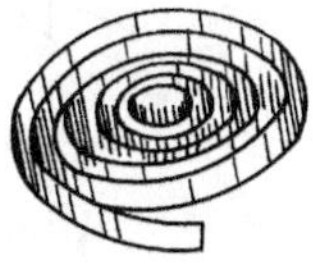 | 3-2 锥 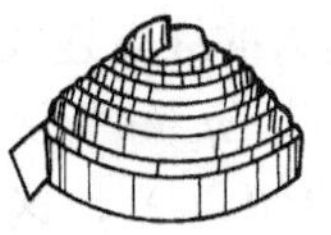 | |

（续）

| | | | |
|---|---|---|---|
| 4. 环形螺旋切屑 | 4-1 长 | 4-2 短 | 4-3 缠乱 |
| 5. 锥形螺旋切屑 | 5-1 长 | 5-2 短 | 5-3 缠乱 |
| 6. 弧形切屑 | 6-1 连接 | 6-2 松散 | |
| 7. 单元切屑 | | | |
| 8. 针形切屑 | | | |

比较理想的切屑形状是：短管状切屑（2-2）、平盘旋状切屑（3-1）、锥盘旋状切屑（3-2）、短环形螺旋切屑（4-2）和短锥形螺旋切屑（5-2），以及带防护罩的数控机床和自动机床上得到单元切屑（7）和针形切屑（8）。其中最安全、散热效果较好的切屑形状是短屑中的“*C*”“6”字形和100mm左右长度的螺旋切屑。

## 二、切屑的流向、卷曲和折断

### 1. 切屑的流向

为了不损伤已加工表面和方便处理切屑，必须有效地控制切屑的流向。如图5-1所示，车刀除主切削刃起主要切削作用外，倒角刀尖和副切削刃处也有非常少的部分参加切削，由于切屑流向是垂直于各切削刃的方向，因此最终切屑的流向是垂直于主副切削刃的终点连线方向，通常该流出方向与正交平面夹角为 $\eta_c$，$\eta_c$ 称为流屑角。刀具上影响流屑方向的主要参数是刃倾角 $\lambda_s$，这是因为 $+\lambda_s$ 与 $-\lambda_s$ 对切屑作用力方向不同造成的。如图5-2a所示，$-\lambda_s$ 使切屑流向已加工表面；在图5-2b中，$+\lambda_s$ 使切屑

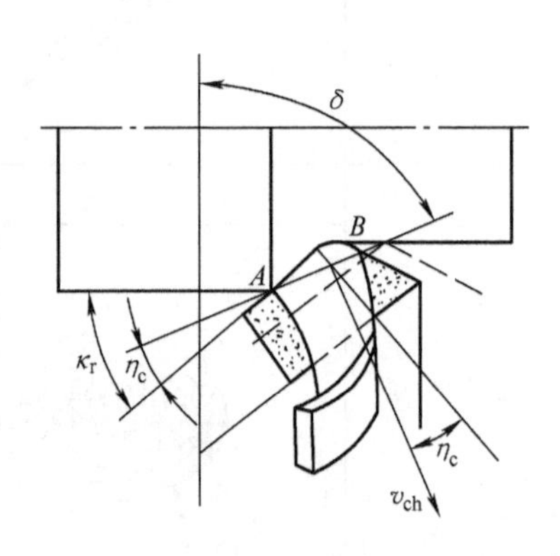

图5-1　流屑角

流向待加工表面。

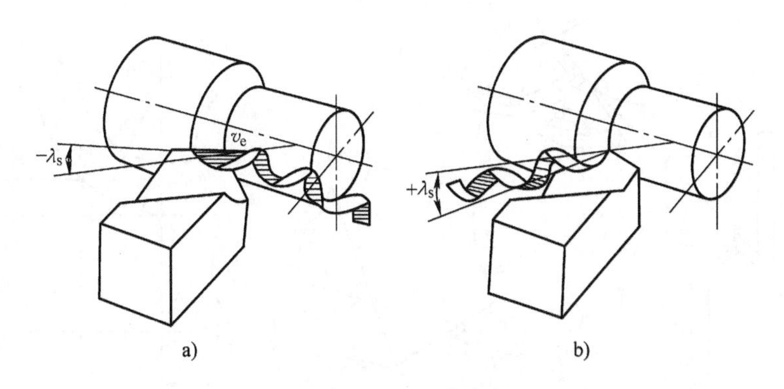


图 5-2　刃倾角对切屑流向的影响

a) $-\lambda_s$　b) $+\lambda_s$

**2. 切屑的卷曲机理**

切屑的卷曲是由于切屑内部变形或碰到断屑槽等障碍物造成的，如图 5-3～图 5-5 所示。

当用刀具平前面切削时，只要 $v_c$ 不很高，切屑常会自行卷曲，其原因是切削时形成积屑瘤，积屑瘤有一定的高度，切屑沿积屑瘤顶面流出，离开积屑瘤后一段距离即与刀具前面相切，便发生了弯曲。

生产上常用的是强迫卷屑法，即在刀具前面上磨出适当的卷屑槽，或附加卷屑台，当切屑流过时，使它卷曲。

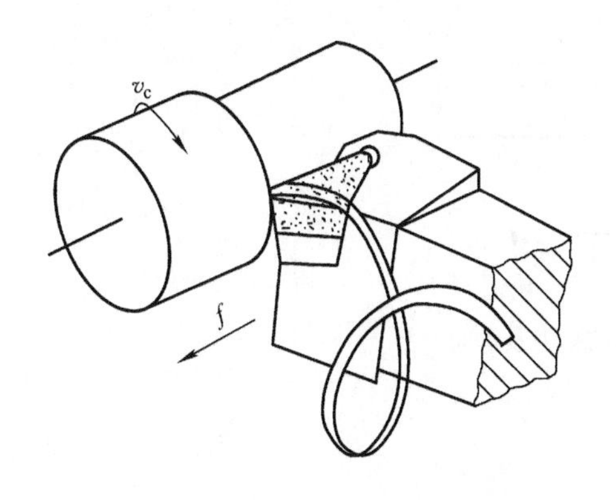


图 5-3　切屑未遇阻碍形成长的带状切屑

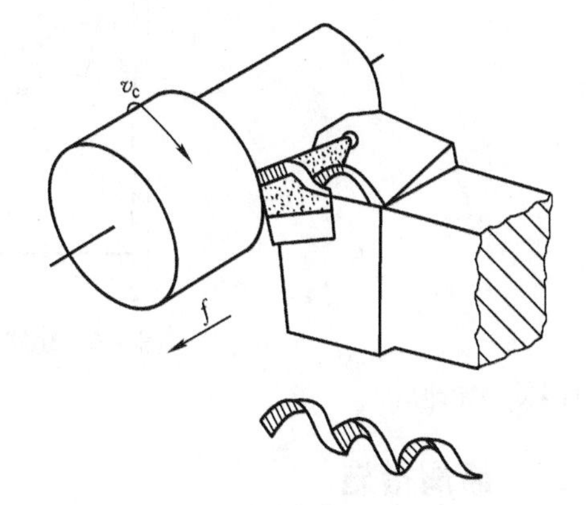


图 5-4　切屑在卷屑槽内形成螺旋状切屑

**3. 切屑的折断机理**

切屑经第Ⅰ、第Ⅱ变形区的严重变形后，硬度增加，塑性降低，性能变脆。当切屑经变形自然卷曲或经断屑槽等障碍物强制卷曲产生的拉应变超过切屑材料的极限应变值时，切屑即会折断，如图 5-6 所示。

长螺卷屑的折断则是因为长螺卷屑达到一定长度后，由于重力的作用而下垂，并在离卷屑槽不远处弯曲，在弯曲的地方产生弯曲应力，当弯曲应力达到一定值之后，加上切屑的甩

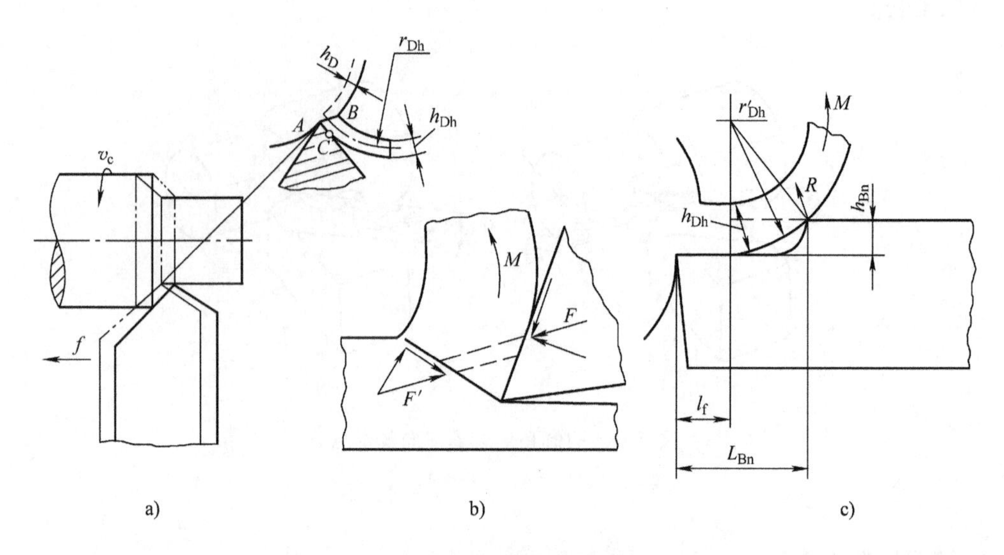


图 5-5　切屑卷曲机理

a）变形差引起卷曲　b）力矩引起卷曲　c）断屑器作用引起卷曲

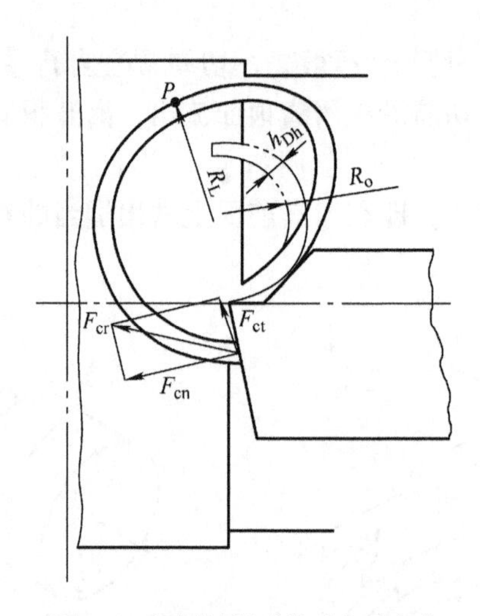


图 5-6　切屑折断时的受力及弯曲

动而促使它折断。

## 三、断屑措施

为了保护机床和人身安全、保护已加工表面和刀具不遭损伤，在生产实际中除了有效地控制切屑流向外，常常要人为地采取断屑措施。常用的断屑措施有以下几种。

**1. 磨制断屑槽**

对于焊接硬质合金车刀，在前面上可磨制如图 5-7 所示的折线型、直线圆弧型和全圆弧型三种断屑槽。折线型和圆弧型适用于加工碳钢、合金钢、工具钢和不锈钢；全圆弧型的槽底前角 $\gamma_n$ 大，适用于加工塑性大的金属材料和重型刀具。

在使用断屑槽时，影响断屑效果的主要参数是：槽宽 $L_{Bn}$、槽深 $h_{Bn}$（$r_{Bn}$）。槽宽 $L_{Bn}$ 的

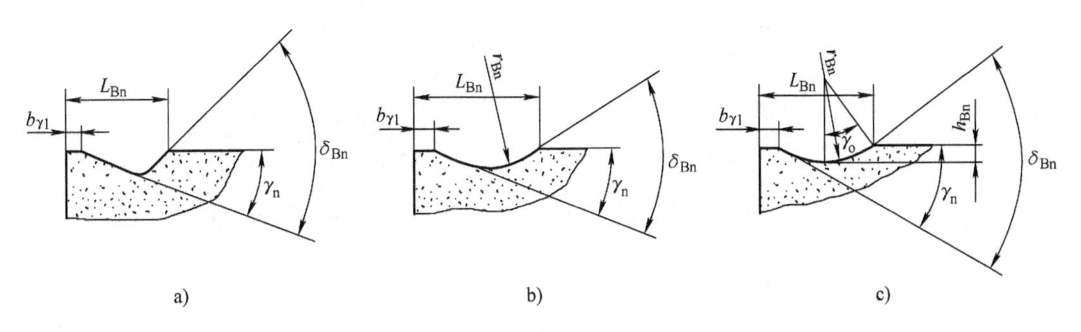


图 5-7　断屑槽的形式

大小应确保一定厚度的切屑在流出时碰到断屑台。

断屑槽在刀具前面上的位置有三种形式，如图 5-8 所示，即外倾式、平行式（适用于粗加工）和内斜式（适用于半精加工和精加工）。

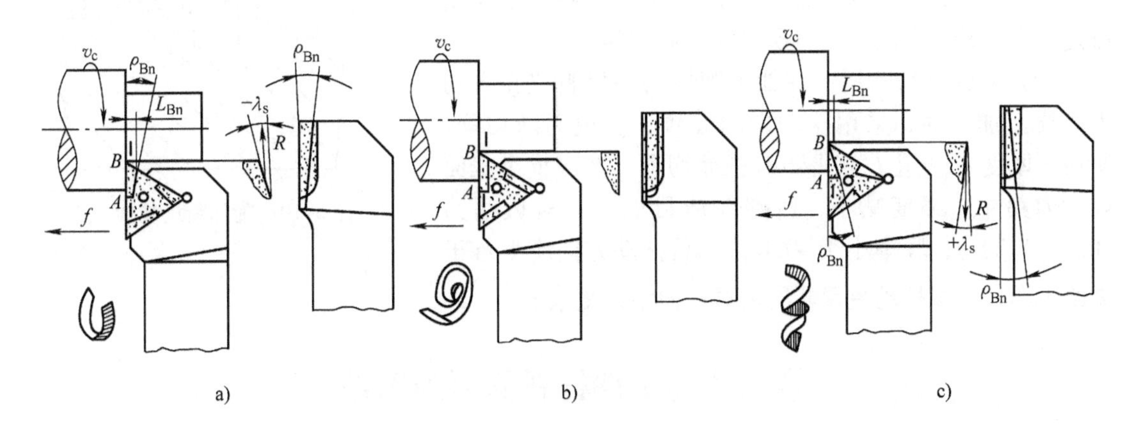


图 5-8　断屑槽的位置

**2. 改变切削用量**

在切削用量参数中，对断屑影响最大的是进给量$f$，其次是背吃刀量 $a_p$，最小的为切削速度 $v_c$。进给量增大，使切屑厚度 $h_{ch}$增大，当受到碰撞后切屑容易折断。背吃刀量增大时对断屑影响不明显，只有当同时增加进给量时，才能有效地断屑。

**3. 改变刀具角度**

主偏角 $\kappa_r$ 是影响断屑的主要因素。主偏角 $\kappa_r$ 增大，切屑厚度 $h_{ch}$增大，容易断屑。所以生产中断屑良好的车刀，均选取较大的主偏角，通常取 $h_{ch}=60°\sim90°$。

刃倾角 $\lambda_s$ 使切屑流向改变后，使切屑碰到加工表面上或刀具后面上造成断屑，如图5-9 所示。$-\lambda_s$ 使切屑流出碰撞待加工表面形成“$C$”“6”形切屑；$+\lambda_s$ 使切屑流出碰撞后刀面形成“$C$”形或形成短螺旋切屑自行甩断。

**4. 其他断屑方法**

（1）附加断屑装置　为了使切屑流出时可靠断屑，可在刀具前面上固定附加断屑挡块，使流出切屑碰撞挡块而折断，如图 5-10 所示。附加挡块利用螺钉固定在前面上，挡块的工

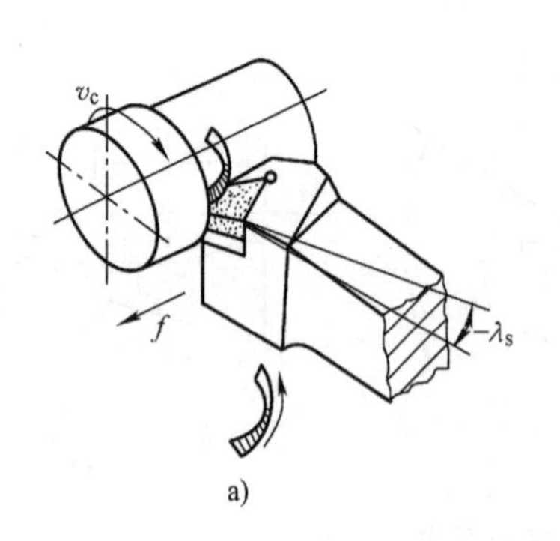


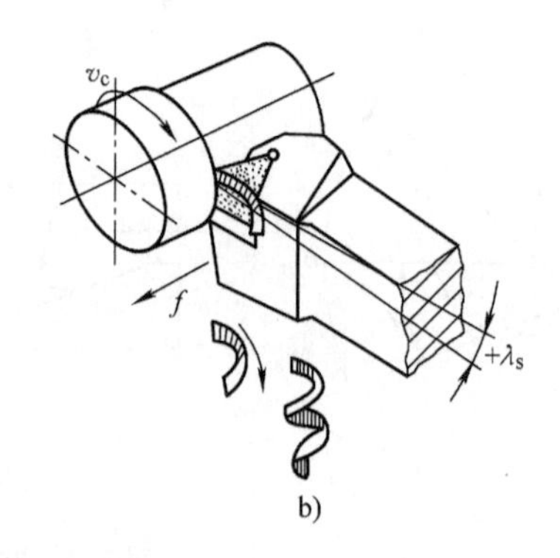


图 5-9　刃倾角 $\lambda_s$ 对断屑的影响

作面可焊接耐磨的硬质合金等材料，工作面可调节成外倾式、平行式和内斜式。挡块对切削刃的位置应根据加工条件调整，以达到稳定断屑。使用断屑挡块的主要缺点是：占用较大空间、切屑易阻塞排屑空间。

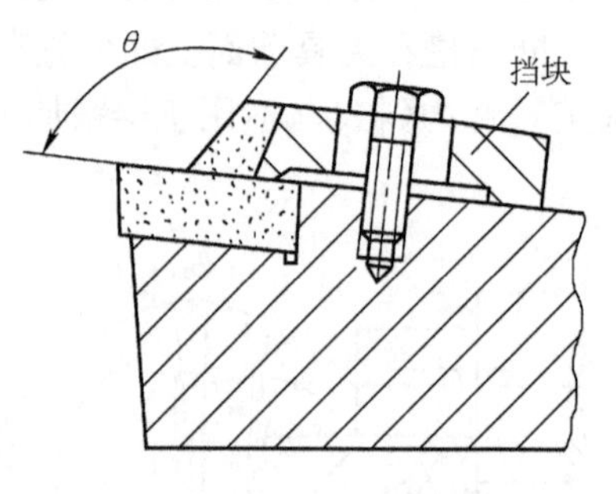


图 5-10　附加断屑装置

（2）间断进给断屑　在加工塑性高的材料或在自动生产线上加工时，采用振动切削装置，实现间断切削，使切屑厚度 $h_{ch}$ 变化，获得不等截面切屑，造成狭小截面处应力集中、强度减小，达到断屑目的。一般振幅为（0.7～1.2）$f$，频率小于 40Hz，刀具振动方向应平行于进给方向。采取振动装置断屑可靠，但结构复杂。

# 第二节　工件材料的可加工性

## 一、可加工性的概念及评定指标

工件材料的可加工性是指工件材料被切削加工的难易程度。目前，机械产品对工程材料的使用性能要求越来越高，而高性能材料的切削加工难度更大。研究材料切削加工性的目的，是为了找出改善难加工材料的可加工性的途径。

可加工性是一个相对性概念。它的标志方法也很多，主要有以下几个方面：

（1）考虑生产率和刀具寿命的标志方法　在保证高生产率的条件下，加工某种材料时，刀具寿命越高，则表明该材料的切削加工性越好。在保证相同刀具寿命的条件下，加工某种材料所允许的最大切削速度越高，则表明该材料的可加工性越好。在相同的切削条件下，以达到刀具磨钝标准时所能切除的金属体积越大，则表明该材料的可加工性越好。

（2）考虑已加工表面质量的标志方法　在一定的切削条件下，以加工某种材料是否容易达到所要求的加工表面质量的各项指标来衡量。切削加工中，表面质量主要是对工件表面所获得的表面粗糙度值而言的。在合理选择加工方法的前提下，容易获得较小表面粗糙度值的材料，其可加工性为好。

（3）考虑安全生产和工作稳定性的标志方法　在相同的切削条件下，单位切削力较小的材料，其可加工性较好。在重型机床或刚性不足的机床上，考虑到人身和设备的安全，切削力的大小是衡量材料可加工性的一个重要标志。在自动化生产或深孔加工中，工件材料在切削加工中越容易断屑，其可加工性越好。

由此可知，某材料被切削时，刀具的寿命长，允许的切削速度高，表面质量易保证，切削力小，易断屑，则这种材料的可加工性好；反之，可加工性差。但同一种材料很难在各项加工性的指标中同时获得良好评价，很难找到一个简单的物理量来精确地规定和测量它。因此，在实际生产中，常常只取某一项指标，来反映材料可加工性的某一侧面。

常用的衡量材料可加工性的指标为 $v_T$，其含义是：当刀具寿命为 $T$ 时，切削某种材料所允许的切削速度，单位是 min 或 s。$v_T$ 越高，可加工性越好。通常取 $T=60\text{min}$，$v_T$ 写作 $v_{60}$；对于一些难加工材料，可取 $T=30\text{min}$ 或 15min，则 $v_T$ 写作 $v_{30}$ 或 $v_{15}$。

通常以抗拉强度 $R_m=0.637\text{GPa}$ 的 45 钢的 $v_{60}$ 作为基准，写作 $(v_{60})_j$；而把其他各种材料的 $v_{60}$ 同它相比，这个比值 $K_v$ 称为相对可加工性，即

$$K_v = v_{60}/(v_{60})_j$$

当 $K_v>1$ 时，表示该材料比 45 钢更易切削。

当 $K_v<1$ 时，表示该材料比 45 钢更难切削。

各种材料的相对可加工性 $K_v$ 乘以 45 钢的切削速度，即可得出切削各种材料的可用切削速度。

目前，常用的工件材料的可加工性见表 5-2。

**表 5-2　常用的工件材料的可加工性**

| 加工性等级 | 名称及种类 | | 相对可加工性 $K_v$ | 代表性材料 |
|---|---|---|---|---|
| 1 | 很容易切削材料 | 一般非铁金属 | >3.0 | 铜铝合金、铝镁合金 |
| 2 | 容易切削材料 | 易削钢 | 2.5～3.0 | 退火 15Cr　$R_m=0.372\sim0.441\text{GPa}$<br>自动机钢　$R_m=0.392\sim0.490\text{GPa}$ |
| 3 | | 较易削钢 | 1.6～2.5 | 正火 30 钢　$R_m=0.441\sim0.549\text{GPa}$ |
| 4 | 普通材料 | 一般钢及铸铁 | 1.0～1.6 | 45 钢、灰铸铁、结构钢 |
| 5 | | 稍难切削材料 | 0.65～1.0 | 2Cr13 调质　$R_m=0.8288\text{GPa}$<br>85 钢轧制　$R_m=0.8829\text{GPa}$ |
| 6 | 难切削材料 | 较难切削材料 | 0.5～0.65 | 45Cr 调质　$R_m=1.03\text{GPa}$<br>60Mn 调质　$R_m=0.9319\sim0.981\text{GPa}$ |
| 7 | | 难切削材料 | 0.15～0.5 | 50CrV 调质、1Cr18Ni9Ti 未淬火<br>$\alpha$ 相钛合金 |
| 8 | | 很难切削材料 | <0.15 | $\beta$ 相钛合金、镍基高温合金 |

## 二、影响材料可加工性的因素

工件材料可加工性的好坏，主要决定于工件材料的物理性能、力学性能、化学成分、热处理状态和表层质量等。因此影响材料可加工性的主要因素有：

**1. 材料的硬度和强度**

工件材料在常温和高温下的硬度和强度越高，则在加工中的切削力越大，切削温度越高，刀具寿命越短，故可加工性差。有些材料的硬度和强度在常温时并不高，但随着切削温度增加，其硬度和强度提高，可加工性变差，例如 20CrMo 钢便是如此。

**2. 材料的塑性和韧性**

工件材料的塑性越大，其切削变形越大；韧性越强，则切削消耗的能量越多，这都使切削温度升高。塑性和韧性高的材料，刀具表面冷焊现象严重，刀具容易磨损，且切屑不易折断，因此切削加工性变差。而材料的塑性及韧性过低时，则使切屑与刀具前面接触面过小，切削力和切削热集中在切削刃附近，将导致刀具切削刃破损加剧和工件已加工表面质量下降。因此，材料的塑性和韧性过大或过小，都将使其可加工性能下降。

**3. 材料的导热性**

工件材料的导热性越差，则切削热在切削区域内越难传散，刀具表面的温度越高，会使刀具磨损严重，刀具寿命降低，故可加工性差。

**4. 材料的化学成分**

工件材料中所含的各种合金元素会影响材料的性能，造成可加工性的差异。例如，材料含碳、锰、硅、铬、钼的份量多，则会使材料的硬度提高，可加工性变差；含镍量增多，韧性提高，导热性降低，故可加工性变差。工件材料中含铅、磷、硫，会使材料的塑性降低，切屑易于折断，有利于改善可加工性。在工件材料中含氧和氮，易形成氧化物、氧化物的硬质点，会加速刀具磨损，因而使可加工性变差。

此外，金属材料的各种金相组织及采用不同的热处理方法，都会影响材料的性能，而形成不同的可加工性。

## 三、改善难加工材料的可加工性的途径

目前，在高性能结构的机械设备中都需要使用许多难加工材料，其中以高强度合金结构钢、高锰钢、不锈钢、高温合金、钛合金、冷硬铸铁以及各种非金属材料（如陶瓷、玻璃钢等）最为普遍。为了改善这些材料的可加工性，许多科学工作者进行了大量的实验研究，找到了一些改善材料可加工性的基本途径。

**1. 合理选择刀具材料**

根据工件材料的性能和加工要求，选择与之相适应的刀具材料，如切削含钛元素的不锈钢、高温合金和钛合金，宜用 YG 类硬质合金刀具，其中选用 YG 类中细颗粒牌号，能明显提高刀具寿命。加工工程塑料和石材等非金属材料，也应选择 YG 类刀具。切削钢和铸铁，尤其是冷硬铸铁，则选用 $Al_2O_3$ 基陶瓷刀具好。高速切削淬硬钢和镍基合金，则可选用 $Si_3N_4$ 基陶瓷。铣削 60HRC 模具钢则可选用 CBN 刀具，其高速铣削的效率要比电加工高近 10 倍。

**2. 适当选择热处理**

材料的可加工性并不是一成不变的。生产中通常采用热处理方法来改变材料的金相组织，以达到改善可加工性能的目的。例如，对低碳钢进行正火处理，能适当地降低其塑性和韧性，使可加工性能提高；对高碳钢或工具钢进行球化退火，使其金相组织中片状和网状渗碳体转变为球状渗碳体，从而降低其硬度，改善可加工性能。

**3. 适当调剂化学元素**

调剂材料的化学成分也是改善其可加工性的重要途径。例如，在钢中加入少量硫、铅、钙、磷等元素，可略微降低其强度和韧性，提高其可加工性能；在铸铁中加入少量硅、铝等元素，可促进碳元素的石墨化，使其硬度降低，可加工性能得到改善。在不锈钢中加入硒元素，可改善其硬化程度。

**4. 采用新的切削加工技术**

随着切削加工的发展，一些新的切削加工方法也相继问世，例如，加热切削、低温切削、振动切削、在真空中切削和绝缘切削等，都可有效地解决难加工材料的切削问题。

此外，还可通过选择加工性好的材料状态以及选择合理的刀具几何参数、制订合理的切削用量、选用合适的切削液等措施来改善难切材料的可加工性。

## 第三节　切削液及其选用

在切削过程中，合理使用切削液可以减小切削力和降低切削温度，改善刀具与工件、刀具与切屑之间的摩擦状况，从而改善已加工表面质量，延长刀具寿命，降低动力消耗。此外，选用高性能的切削液，也是改善某些难加工材料可加工性的有效途径之一。

### 一、切削液的作用

**1. 冷却作用**

切削液浇注在切削区后，通过切削液的热传导、对流和汽化等方式，把切屑、工件和刀具上的热量带走，降低了切削温度，起到冷却作用，从而有效地减小了工艺系统的热变形，减少了刀具磨损。

切削液冷却性能的好坏，取决于它的导热系数、比热容、汽化热、汽化速度、流量和流速等。一般来说，水基切削液冷却性能好，而油基切削液冷却性能差。

**2. 润滑作用**

切削液渗透到刀具、切屑与加工表面之间，其中带油脂的极性分子吸附在刀具新鲜的前、后面上，形成物理性吸附膜。若与添加在切削液中的化学物质产生化学反应，则形成化学吸附膜，从而在高温时减小切屑、工件与刀具之间的摩擦，减少黏结，减少刀具磨损，提高已加工表面质量。

**3. 清洗作用**

在金属切削中，为了防止碎屑、铁锈及磨料细粉黏附在工件、刀具和机床上，影响工件已加工表面质量和机床加工精度，要求切削液具有良好的清洗作用。清洗性能的好坏与切削液的渗透性、流动性和使用压力有关。为了改善切削液的渗透性、流动性，一般常加入剂量较大的表面活性剂和少量矿物油，配制成高水基合成液、半合成液或乳化液，可提高清洗能力。

**4. 防锈作用**

为了防止工件、机床受周围介质腐蚀，要求切削液具有一定的防锈作用。防锈作用的强弱取决于切削液本身的性能和加入防锈添加剂的性质。防锈添加剂的加入可在金属表面吸附或化合形成保护膜，防止与腐蚀介质接触而起到防锈作用。

切削液对于改善切削条件、减少刀具磨损、提高切削速度、提高已加工表面质量、改善材料的可加工性等，都有一定的积极意义。

切削液应具有抗泡性、抗霉菌变质能力，应达到排放时不污染环境、对人体无害，并应考虑其使用经济性。

## 二、切削液的种类及应用

**1. 切削液的种类**

金属切削加工中，常用的切削液可分为三大类：水溶液、乳化液和切削油。

（1）水溶液　水溶液是以水为主要成分的切削液。由于天然水虽有很好的冷却作用，但其润滑性能较差，又易使金属材料生锈，因此不能直接作为切削液在切削加工中使用。为此，常在水中加入一定含量的油性、防锈等添加剂制成水溶液，改善水的润滑、防锈性能，使水溶液在保持良好冷却性能的同时，还具有一定的润滑和防锈性能。水溶液是一种透明液体，对操作者观察切削进行情况十分有利。

（2）乳化液　乳化液是将乳化油用水稀释而成。乳化油主要是由矿物油、乳化剂、防锈剂、油性剂、极压剂和防腐剂等组成。稀释液不透明，呈乳白色。乳化液的冷却、润滑性能较好，成本较低，废液处理较容易，但其稳定性差，夏天易腐败变质，并且稀释液不透明，很难看到工作区。

（3）切削油　切削油的主要成分是矿物油，少数采用矿物油和动、植物油的复合油。切削油中也可以根据需要再加入一定量的油性、极压和防锈添加剂，以提高其润滑和防锈性能。纯矿物油不能在摩擦界面上形成坚固的润滑膜，在实际使用中常加入硫、氯等添加剂可制成极压切削油。切削油适用于精加工和加工复杂形状工件（如成形面、齿轮、螺纹等），润滑和防锈效果较好。

**2. 切削液中的常用添加剂**

为了改善切削液的性能所加入的化学物质，称为添加剂。常用的添加剂有：

（1）油性添加剂　油性添加剂含有极性分子，能降低油与金属表面的界面张力，使切削液很快渗透到切削区，形成物理吸附膜，减少刀具与切屑、工件界面的摩擦。但这种吸附膜只能在较低温度（$<200℃$）下起到较好的润滑作用，所以它主要用于低速精加工。常用的油性添加剂有动植物油、脂肪酸、胺类、醇类及脂类等。

（2）极压添加剂　极压添加剂是含硫、磷、氯、硼的化合物，这些化合物在高温下与金属表面发生化学反应生成化学反应膜，在切削中起极压润滑作用。因此，在高温、高压条件下使用的切削液中必须添加极压添加剂，能显著提高极压状态下切削液的润滑效果。常用的极压添加剂多为含硫、磷、氯、碘等的有机化合物，如氯化石蜡、二烷基二硫代磷酸锌等。

（3）乳化剂　乳化剂是使矿物油和水乳化形成稳定乳化液的物质。具有亲水、亲油的性质，能起乳化、增溶、润湿、洗涤、润滑等一系列作用，乳化剂的分子是由极性基团与非极性基团两部分组成。极性基团是亲水的称作亲水基团，可溶于水；非极性基团是亲油的，叫亲油基团，可溶于油。油水本来是互不相溶的，加入乳化剂后，它能定向地排列并吸附在油水两极界面上，极性端向水，非极性端向油，把油和水连接起来，降低油-水的界面张力，使油以微小的颗粒稳定地分散在水中，形成稳定的“水包油”型乳化液。乳化剂在水基切削液中还能吸附在金属表面上形成润滑膜，起油性剂的润滑作用。

目前生产上常用的乳化剂种类很多，在水基切削液中，应用最广泛的是阴离子乳化剂和非离子乳化剂。前者如石油磺酸钠、油酸钠皂等，它价格便宜，且有碱性，同时具有防锈和润滑性能。后者如聚氧乙烯脂肪醇醚、聚氧乙烯烷基酚醚等，它不怕硬水，也不受 pH 值的限制，清洗能力好，而且分子中的亲水、亲油基可以根据需要加以调节。

有时为了提高乳化液的稳定性，在乳化液中加入适量的乳化稳定剂如乙醇、乙二醇等。

除上述添加剂外，还有防锈添加剂（如石油磺酸钡、亚硝酸钠）、消泡剂（如二甲硅油等）和防霉剂（如苯酚等）。

在配制切削液时，根据具体情况添加几种添加剂，可得到效果良好的切削液。

**3. 切削液的合理使用**

（1）切削液的合理选择　切削液应根据刀具材料、加工要求、工件材料和加工方法的具体情况选用，以便得到良好的效果。

粗加工时，切削用量大，产生大量的切削热，为降低切削区的温度，应选用以冷却为主的切削液。高速钢刀具耐热性差，故高速钢刀具切削时必须使用切削液，如使用 3% ~5% 的乳化液和水溶液。硬质合金、陶瓷刀具耐热性好，一般不用切削液。但在数控机床上进行高速切削时，也必须使用切削液，如选用水溶液或低浓度的乳化液，但应连续、充分地浇注，以免高温下刀片冷热不匀，产生热应力而导致裂纹。精加工时，切削液的主要作用是减小工件表面粗糙度值和提高加工精度，所以应选用润滑性能好的极压切削油或高浓度的水溶液及乳化液。

从加工材料考虑，切削钢料等塑性金属材料时，需使用切削液。切削铸铁、青铜等脆性材料，一般不用切削液。对于高强度钢、高温合金等难加工材料的切削加工，应选用极压切削液。加工铜及其合金时不宜用含硫的切削液；切削铝合金时不能用含氯的切削液；加工镁及其合金时不能用水溶液；加工铝及其合金时也不用水溶液，应选用中性或 pH 值不太高的切削液。

从加工方法考虑，磨削时的温度高，而且会产生大量的细屑和砂末等，影响加工质量。因而磨削液应有较好的冷却性能和清洗性能，并应有一定的润滑性和防锈性。一般磨削加工常用普通乳化液和水溶液。对于钻孔、攻螺纹、铰孔、拉削等，宜用极压切削液。齿轮刀具切削时，应采用极压切削油。对于数控机床、加工中心，应选用使用寿命长的高浓度水溶液及乳化液，而且要求切削液应适应于多种材料和多种加工方式。

此外，值得注意的是，在精密机床上加工工件时不宜使用含硫的切削液。

（2）切削液的使用方法　普遍使用的方法是浇注法。它使用方便，但流速慢，压力低，难于直接渗透入切削区的高温处，影响切削液的效果。切削时，应尽量直接浇注到切削区。车削和铣削时，切削液流量约为 10 ~ 20L/min，如图 5-11 所示。深孔加工时，应采用高压冷却法，把切削液直接喷射到切削区，并带出碎屑。工作压力约为 1 ~ 10MPa，流量为 50 ~ 150L/min。

喷雾冷却法是一种较好的使用切削液的方法。压缩空气以 0.3 ~ 0.6MPa 的压力通过喷雾装置，把切削液从 $\phi$1.5 ~ $\phi$3mm 的喷口中喷出，形成雾状，高速喷至切削区，如图 5-12 所示。由于雾状液滴的汽化和渗透作用，吸收了大量的热量，并取得良好的润滑效果。

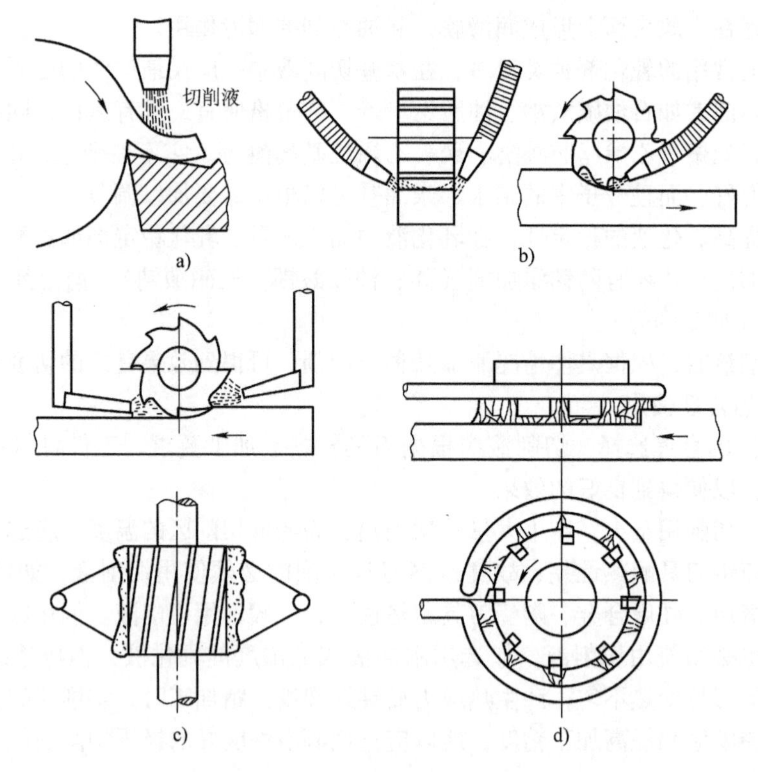


图 5-11　切削液的浇注方法

a）车削时的浇注方法　b）、c）、d）铣削时的浇注方法

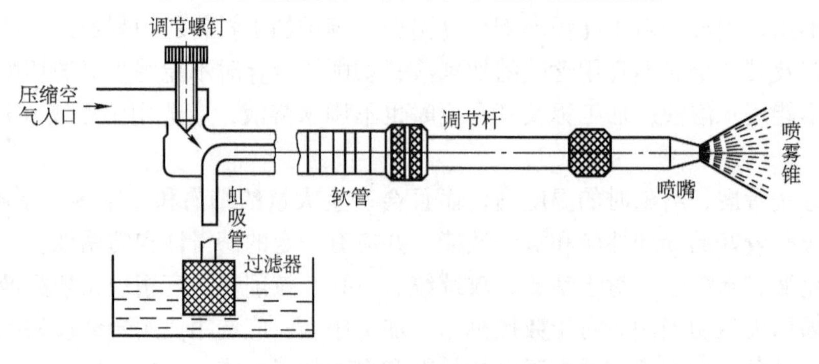


图 5-12　喷雾浇注装置原理图

## 第四节　刀具几何参数的合理选择

刀具几何参数包括刀具的几何角度、前面形式和切削刃形状等参数。刀具的合理几何参数是指在保证加工质量的前提下，能够获得最高的刀具寿命，从而能够达到提高生产率、降低生产成本的刀具几何参数。

### 一、前角的选择

#### 1. 前角的功用

前角是刀具上重要的几何参数之一，其主要作用如下：

（1）影响切削变形程度　前角增大，切削变形将减小，从而减小切削力、切削功率、切削热。

（2）影响已加工表面的质量　增大前角，能减少切削层的塑性变形和加工硬化程度，抑制积屑瘤和鳞刺的产生，减小切削时的振动，从而提高加工表面质量。

（3）影响切削刃强度及散热状况　增大前角，会使楔角减小，使切削刃强度降低、散热体积减小。前角过大，可能导致切削刃处应力过大而造成崩刃。

（4）影响切屑形态与断屑效果　减小前角，可以使切屑变形增大，从而使切屑容易卷曲和折断。

由此可见，前角的大小、正负不可随意而定，它对切削变形、切削力、切削功率和切削温度均有很大影响，同时也决定着切削刃的锋利程度和坚固强度，也影响着刀具寿命和生产效率。

**2. 前角的选择原则**

（1）根据工件材料选择　加工塑性材料前角宜大，而加工脆性材料前角宜小；材料强度和硬度越高，前角越小，甚至取负值。

（2）根据刀具材料选择　高速钢强度、韧性好，可选较大的前角；硬质合金强度低、脆性大，应选用较小的前角；陶瓷刀具强度、韧性更低，脆性更大，故前角宜更小些。

（3）根据加工要求选择　粗加工和断续切削，切削力和冲击较大，应选用较小的前角；精加工时，为使刀具锋利，提高表面加工质量，应选用较大的前角；当机床功率不足或工艺系统刚性较差时，可取较大的前角，以减小切削力和切削功率，减轻振动。

**3. 前面及其选用**

常用的前面形式有四种，如图5-13所示。

（1）正前角平面型（见图5-13a）　这种形式的特点是结构简单、切削刃锋利，但刀尖强度低、传热能力差。多用于加工易切削材料、精加工用刀具、成形刀具或多刃刀具（如铣刀）。

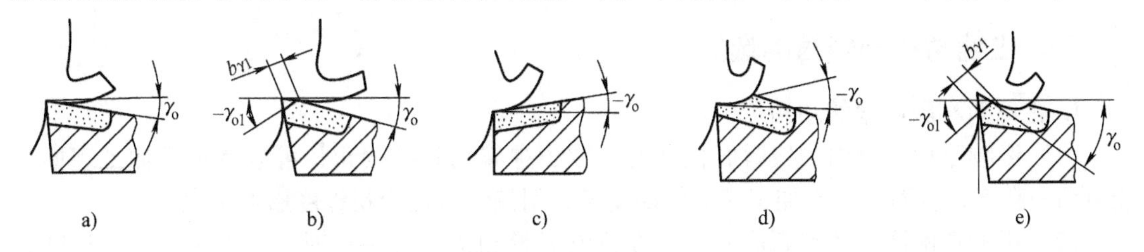


图5-13　前面的形式

（2）正前角平面带倒棱型（见图5-13b）　这种形式是在刃口上磨出很窄的负前角倒棱面，称为负倒棱。它对提高刀具刃口强度，改善散热条件，增加刀具寿命有很明显的效果。这种形式多用于粗加工铸锻件或断续切削。

（3）负前角单面型（见图5-13c）和负前角双面型（见图5-13d）　切削高强度、高硬度材料时，为使脆性较大的硬质合金刀片承受压应力，而采用负前角。当刀具磨损主要产生于后面时，可采用负前角单面型。当刀具前面有磨损，刃磨前面会使刀具材料损失过大，应采用负前角双面型。这时负前角的棱面应具有足够的宽度，以确保切屑沿该面流出。

（4）正前角曲面带倒棱型（见图5-13e）　这种形式是在平面带倒棱的基础上，前面上又磨出一个曲面，称为卷屑槽或月牙槽。它可以增大前角，并能起到卷屑的作用。这种形式多用于粗加工和半精加工。

## 二、后角的选择

**1. 后角的功用**

后角的主要功用是减小后面与加工表面间的摩擦，具体表现如下：

1）增大后角，可减小加工表面上的弹性恢复层与后面的接触长度，从而减小后面的摩擦与磨损，提高刀具寿命。

2）增大后角，楔角则减小，使切削刃刃口钝圆半径减小，刃口越锋利。

3）刀具后面磨钝标准 *VB* 相同时，后角大的刀具达到磨钝标准，磨去的金属体积大，从而加大刀具的磨损值 *NB*，影响工件尺寸。

增大后角，刃口锋利，可提高加工表面质量。但后角过大，会降低刃口强度和散热能力，使刀具磨损加剧。

**2. 后角的选择原则**

1）根据加工要求选择。精加工时，切削用量较小，为了减小摩擦，保证加工表面质量要求，宜选择较大的后角；粗加工、强力切削或断续切削时，为保证刀具刃口强度，应选较小的后角。

2）根据工件材料选择。加工高强度、高硬度钢时，为保证刃口强度，应选择较小的后角；加工塑性材料时，宜选较大的后角；加工脆性材料时，则宜选较小的后角。

3）工艺系统刚性较差，容易发生振动时，应选较小的后角，以增加刀具后面与工件的接触面积，增强刀具的阻尼作用；对尺寸精度要求较高的刀具，宜选较小的后角。

**3. 副后角的选择**

副后角的作用是减少刀具副后面与已加工表面的摩擦。副后角一般取得较小，通常为1°~3°。

## 三、主偏角和副偏角的选择

**1. 主偏角和副偏角的功用**

（1）影响已加工表面的残留面积高度　减小主偏角和副偏角，可以减小已加工表面的残留面积高度，从而减小已加工表面粗糙度值，副偏角对理论粗糙度影响更大。

（2）影响切削层尺寸和断屑效果　在背吃刀量和进给量一定时，增大主偏角，切削宽度减小，切削厚度增大，有利于断屑。

（3）影响刀尖强度　主偏角直接影响切削刃工作长度和单位长度切削刃上的切削负荷。在背吃刀量和进给量一定的情况下，增大主偏角和副偏角，刀尖强度降低，散热面积和容热体积减小，切削宽度减小，切削刃单位长度上的负荷随之增大，因而刀具寿命会下降。

（4）影响切削分力的比例关系　增大主偏角可减小背向分力 $F_p$，但增大了进给分力 $F_f$。$F_p$ 的减小有利于减小工艺系统的弹性变形和振动。

**2. 主偏角的选择**

（1）根据加工工艺系统的刚性选择　粗加工、半精加工和工艺系统刚性较差时，为了减小振动，提高刀具寿命，宜选择较大的主偏角。

（2）根据工件材料选择　加工很硬的材料，为减轻单位长度切削刃上的负荷，改善刀尖散热条件，提高刀具寿命，宜选择较小的主偏角。

（3）根据工件已加工表面形状选择　加工阶梯轴时，选 $\kappa_r=92°$；需用一把刀车外圆、端面和倒45°倒角时，选 $\kappa_r=45°$等。

**3. 副偏角的选择**

副偏角是影响表面质量的主要角度，它的大小还影响刀尖强度。

副偏角的选择原则是：在不影响摩擦和振动的条件下，应尽可能选取较小的副偏角。

## 四、刃倾角的选择

**1. 刃倾角的功用**

（1）影响切屑流向　刃倾角 $\lambda_s$ 的大小和正负，直接影响流屑角，即直接影响切屑的卷曲和流出方向，如图5-2、图5-9所示。

（2）影响刀尖强度及断续切削时切削刃上受冲击的位置　当 $\lambda_s=0$ 时，切削刃全长同时接触工件，因而冲击较大；当 $\lambda_s>0$ 时，刀尖首先接触工件，容易崩刃；当 $\lambda_s<0$ 时，远离刀尖的切削刃的其余部分首先接触工件，从而保护了刀尖，切削过程也比较平稳。

（3）影响切削刃的锋利程度　刃倾角只要不等于零，都将增大前角，具有斜角切削的特点，因此可以使切削刃变得锋利。

（4）影响切削刃的实际工作长度　刃倾角的绝对值越大，斜角切削时的切削刃工作长度越大，切削刃上单位长度的负荷越小，有利于提高刀具的寿命。

（5）影响切削分力的比例　$\lambda_s$ 由0°变化到 −45°时，$F_p$ 约增大1倍，$F_f$ 下降1/3，$F_c$ 基本不变。$F_p$ 的增大，将导致工件变形甚至引起振动，从而影响加工精度和表面质量。

**2. 刃倾角的选择**

选择刃倾角时，根据具体加工条件进行具体分析。

（1）根据加工要求选择　一般精加工时，为防止切屑划伤已加工表面，选择 $\lambda_s=0°\sim+5°$；粗加工时，为提高刀具强度，通常取 $\lambda_s=-5°\sim0°$；微量精车、精镗、精刨时，采用 $\lambda_s=45°\sim75°$的大刃倾角。

（2）根据工件材料选择　车削淬硬钢等高硬度、高强度材料时，常取较大的负刃倾角。车削铸铁件时，常取刃倾角≥0°。

（3）根据加工条件选择　加工断续表面、加工余量不均匀表面或在其他产生冲击振动的切削条件下，通常取负刃倾角。

（4）根据刀具材料选择　金刚石和立方氮化硼车刀，通常取 $\lambda_s=-5°\sim0°$。

刀具切削部分的各构造要素中，最关键的地方是切削刃，它完成切除余量与形成加工表面的任务，而刀尖则是工作条件最恶劣的部位。为提高刀具寿命，必须设法保护切削刃和刀尖。为此，可以采用负倒棱、过度刃、修光刃等形式。

切削刀具的各角度间是互相联系、互相影响的，而任何一个合理的刀具几何参数，都应在多因素的相互联系中确定。

# 第五节　切削用量的合理选择

当确定了刀具几何参数之后，还需要选定切削用量参数才能进行切削加工。切削用量的合理确定，对加工质量、生产率、刀具寿命和加工成本都有重要影响。“合理”的切削用量，是指充分发挥刀具和机床的性能，保证加工质量、高的生产率及低的加工成本下的切削用量。我们应根据具体条件和要求，考虑约束条件，正确选择切削用量。

## 一、切削用量的选择原则

选择切削用量必须遵循以下原则：

1）根据零件加工余量和粗、精加工要求，选定背吃刀量 $a_p$。

2）根据加工工艺系统允许的切削力，其中包括机床进给系统、工件刚度以及精加工时表面粗糙度要求，确定进给量。

3）根据刀具寿命，确定切削速度 $v_c$。

4）所选定的切削用量应该是机床功率允许的。

因此，一组切削用量必须考虑到加工余量、刀具寿命、机床功率、表面粗糙度和工艺系统的刚度等因素。

## 二、切削用量的合理选择

### 1. 背吃刀量 $a_p$ 的合理选择

背吃刀量 $a_p$ 一般是根据加工余量来确定。

粗加工（$Ra=50\sim12.5\mu m$）时，尽可能一次进给即切除全部余量，在中等功率的机床上，取 $a_p=8\sim10mm$；如果余量太大或不均匀、工艺系统刚性不足或者断续切削时，可分几次进给。

半精加工（$Ra=6.3\sim3.2\mu m$）时，取 $a_p=0.5\sim2mm$。

精加工（$Ra=1.6\sim0.8\mu m$）时，取 $a_p=0.1\sim0.4mm$。

### 2. 进给量 $f$ 的合理选择

粗加工时，对表面质量没有太高的要求，而切削力往往较大，合理的 $f$ 应是工艺系统刚度（包括机床进给机构强度、刀杆强度和刚度、刀片的强度、工件装夹刚度等）所能承受的最大进给量。生产中 $f$ 常根据工件材料材质、形状尺寸，刀杆截面尺寸，已定的 $a_p$，从切削用量手册中查得。一般情况当刀杆尺寸、工件直径增大，$f$ 可较大；$a_p$ 增大，因切削力增大，$f$ 就选择较小的；加工铸铁时的切削力较小，所以 $f$ 可大些。

精加工时，进给量主要受加工表面粗糙度限制，一般取较小值。但进给量过小，切削深度过薄，刀尖处应力集中，散热不良，使刀具磨损加快，反而使表面粗糙度加大。所以，进给量也不宜过小。

### 3. 切削速度 $v$ 的合理选择

由已定的 $a_p$、$f$ 及 $T$，根据式（4-17），再结合查阅有关的切削用量手册，获得相关的切削用量系数和修正系数，即可计算 $v$。

选择切削速度的一般原则是：

1）粗车时，$a_p$、$f$ 均较大，故 $v$ 宜取较小值；精车时 $a_p$、$f$ 均较小，所以 $v$ 宜取较大值。

2）工件材料强度、硬度较高时，应选较小的 $v$ 值；反之，宜选较大的 $v$ 值。材料加工性较差时，选较小的 $v$ 值；反之，选较大的 $v$ 值。在同等条件下，易切钢的切削速度高于普通碳钢的切削速度；加工灰铸铁的切削速度低于碳钢的切削速度；加工铝合金、铜合金的切削速度高于加工钢的切削速度。

3）刀具材料的性能越好，$v$ 也选得越高。

此外，在选择 $v$ 时，还应注意以下几点：

1）精加工时，应尽量避开容易产生积屑瘤和鳞刺的速度值域。

2）断续切削时，为减小冲击和热应力，应适当降低 $v$。

3）在易发生振动的工艺状况下，$v$ 应避开自激振动的临界速度。

4）加工大件、细长件、薄壁件及带硬皮的工件时，应选用较低的 $v$。

5）$v$ 被确定之后，还应校验切削功率和机床功率。

总之，选择切削用量时，可参照有关手册的推荐数据，也可凭经验根据选择原则确定。

## 三、切削用量的优化及切削数据库

### 1. 切削用量的优化

切削用量的优化，是指在一定的预定目标及约束条件下，选择最佳的切削用量。在切削用量三要素中，背吃刀量 $a_p$ 主要取决于加工余量，没有多少选择余地，一般都可事先给定，而不参与优化。所以切削用量的优化主要是指切削速度 $v$ 与进给量 $f$ 的优化组合。因此作为常用的优化目标函数有：

1）利用单件生产时间表示的，最高生产率目标函数：$t_m = f(v_c, f)$。

2）利用单件生产所需成本表示的，最低生产成本目标函数：$C_t = f(v_c, f)$。

3）利用单位时间或单件生产获得利润表示的，最大利润目标函数：$P = f(v_c, f)$。

生产中 $v$ 和 $f$ 的数值是不能任意选择的，它们要受到机床、工件、刀具及切削条件等方面的限制：

（1）机床方面　机床功率、机床运动参数（$n$，$f$）和机床薄弱机构的强度和刚性等。

（2）刀具方面　刀具寿命、刀杆强度和刚性、刀片的强度等。

（3）工件方面　工件强度和刚性、加工表面粗糙度等。

根据这些约束条件，可建立一系列约束条件不等式。

对所建立的目标函数及约束方程求解，便可很快获得 $v$ 和 $f$ 的最优解。

一般来说，求解方法不止一种，计算工作量也相当大，目前，随着电子计算技术、特别是微型计算机技术的不断发展，可以代替人工计算，可用科学的方法来寻求最佳切削用量。这种做法业已逐步进入实用阶段。

### 2. 切削数据库简介

金属切削数据库，就是存储着像“切削用量手册”所搜集的许多切削加工数据的计算机管理系统，它具有对切削数据实现采集、查询、评定、优化、校验、维护、制表和输出等功能。它储存有经过优化的各种加工方法和加工各种工程材料的切削数据。使用它，可明显地提高产品的加工质量，降低成本，提高企业的经济效益。它还可为数控机床、加工中心以及 CAD、CAM、FMS、CIMS 等提供所需的各种数据。

金属切削数据库的服务对象主要是机械制造工厂，只要接通电话或传真都可向数据库咨询或索取所需数据。如装有计算机终端机，还可通过电话线与数据库接通，用户可自行查找所需数据。这样，工厂不必做切削试验来获取切削数据，就可对新材料切削所需参数从数据库中获得，可使工厂获得更好的经济效益。

在科学技术飞速发展的今天，新的工程材料不断涌现，切削数据库所起的作用尤其显著。

# 第六节　超高速切削与超精密切削简介

## 一、超高速切削

### 1. 超高速切削的基本概念

超高速加工技术是指采用比常规切削速度高很多的高生产率先进切削方法。

超高速加工的切削速度范围取决于工件材料、加工方法。

1）就加工材料而言，目前一般认为超高速切削的切削速度是：切削铜、铝及其合金为 $v_c > 3000\text{m/min}$，切削钢和铸铁为 $v_c > 1000\text{m/min}$，切削高合金钢、镍基耐热合金为 $v_c = 300\text{m/min}$，切削钛合金为 $v_c = 200\text{m/min}$，切削纤维增强塑料为 $v_c = 2000 \sim 9000\text{m/min}$。

2）就加工方法而言，超高速切削的速度为：车削 $v_c = 700 \sim 7000\text{m/min}$，铣削 $v_c = 300 \sim 6000\text{m/min}$，钻削 $v_c = 200 \sim 1100\text{m/min}$，磨削 $v_c = 80 \sim 160\text{m/s}$ 等。

### 2. 超高速切削的特点

与常规切削加工相比，超高速切削具有如下特点：

（1）切削力小　超高速切削时，由于切削温度使加工材料受到一定程度的软化，因此切削力减小。例如，车削铸铝合金的切削速度达到800m/min后，切削力比常规切削至少降低50%。

（2）切削变形小　超高速切削时，剪切角 $\varphi$ 随切削速度提高而迅速增大，因而使切削变形减小的幅度较大。

（3）切削温度低　超高速切削时，切削产生的热量大部分被切屑带走，因此工件上温度不高；此外，资料表明，当超高速增加到一定值时，切削温度会随之下降。

（4）加工精度高　超高速切削时，刀具激振频率远离工艺系统固有频率，不易产生振动；又由于切削力小、热变形小、残余应力小，易于保证加工精度和表面质量；切削热传入工件的比率减小，加工表面可保持良好的物理力学性能。

（5）刀具寿命相对有所提高　常规切削时，切削速度 $v_c$ 提高，刀具寿命急剧下降；但超高速切削时，指数 $m$ 增大，使刀具寿命下降的速率较小。

（6）加工效率高　超高速切削时，主轴转速和进给的高速化，使机动时间和辅助时间大幅度减少，加工自动化程度提高，加工效率得到大幅度提高。

（7）加工能耗低　超高速切削时，单位功率的金属切除率显著增大，从而降低了能耗，提高了能源和设备的利用率。

### 3. 超高速切削的关键技术

尽管超高速加工具有众多的优点，但由于技术复杂，且对于相关技术要求较高，使其应用受到一定的限制。与超高速加工密切相关的关键技术主要有：

（1）超高速切削刀具　超高速切削用的刀具材料要求强度高、耐热性能好。常用的刀具材料有：添加TaC、NbC的含TiC高的硬质合金、涂层硬质合金、金属陶瓷、立方氮化硼（CBN）或聚晶金刚石（PCD）刀具。选用刀具角度推荐为：加工铝合金，$\gamma_0 = 12° \sim 15°$，$\alpha = 13° \sim 15°$；加工钢，$\gamma_0 = 0° \sim 5°$，$\alpha = 12° \sim 15°$；加工铸铁，$\gamma_0 = 0°$，$\alpha = 12°$。

（2）超高速主轴和进给机构　超高速主轴机构是超高速切削机床必备的条件。电磁主轴是超高速主轴单元的理想结构，轴承可采用高速陶瓷滚动轴承或磁浮轴承。进给机构则采用快速反应的数控伺服系统，采用多线螺纹行星滚柱丝杠代替目前的滚珠丝杠，或采用直线伺服电动机。

此外，机床还必须配备超高速加工在线自动检测装置、高效的切屑处理装置、高压冷却喷射系统和安全防护装置。超高速切削还必须紧密结合控制技术、毛坯制造技术、干切技术等。

## 二、精密加工和超精密加工

精密加工及超精密加工对尖端技术的发展起着十分重要的作用。当今各主要工业化国家都投入了巨大的人力、物力来发展精密加工及超精密加工技术，精密加工及超精密加工技术已经成为现代制造技术的重要发展方向之一。

### 1. 精密加工和超精密加工的概念

精密加工和超精密加工主要是根据加工精度和表面质量两项指标来划分的。精密加工是指加工精度为0.1～10μm（IT5或IT5以上）、表面粗糙度 $Ra$ 值为0.1μm以下的加工方法，如金刚车、高精密磨削、研磨、珩磨、冷压加工等，主要用于精密机床、精密测量仪器等制造业中的关键零件如精密丝杠、精密齿轮、精密导轨、微型精密轴承、宝石等的加工。超精密加工一般是指加工精度为0.01～0.1μm、表面粗糙度 $Ra$ 值为0.001μm以下的加工方法，如金刚石精密切削、超精密磨料加工、电子束加工、离子束加工等，主要用于精密组件、大规模和超大规模集成电路及计量标准组件等的加工。这种划分只是相对的，随着生产技术的不断发展，其划分界限也将逐渐向前推移。

### 2. 实现精密加工和超精密加工的条件

精密加工和超精密加工形成了内容极为广泛的制造系统工程，它涉及超微量切除技术、高稳定性和高净化的工作环境、设备系统、工具条件、工件状况、计量技术、工况检测及质量控制等。其中的任一因素对精密加工和超精密加工的加工精度和表面质量都将产生直接或间接的不同程度的影响。

（1）加工环境　精密加工和超精密加工必须在超稳定的加工环境中进行，因为加工环境的极微小变化都可能影响加工精度。超稳定的加工环境主要是指环境必须满足恒温、防振、超净三方面要求。

1）恒温。温度增加1℃时，100mm长的钢件会产生1μm的伸长，精密加工和超精密加工的加工精度一般都是微米级、亚微米级或更高级。因此，为了保证加工区极高的热稳定性，精密加工和超精密加工必须在严密的多层恒温条件下进行，即不仅放置机床的房间应保持恒温，还要对机床采取特殊的恒温措施。例如，美国LLL实验室的一台双轴超精密车床安装在恒温车间内，机床外部罩有透明塑料罩，罩内设有油管，对整个机床喷射恒温油流，加工区温度可保持在（20±0.06）℃的范围内。

2）防振。机床振动对精密加工和超精密加工有很大的危害，为了提高加工系统的动态稳定性，除了在机床设计和制造上采取各种措施外，还必须用隔振系统来保证机床不受或少受外界振动的影响。例如，某精密刻线机安装在工字钢和混凝土防振床上，再用四个气垫支承约7.5t的机床和防振床，气垫由气泵供给恒定压力的氮气。这种隔振方法能有效地隔离频率为6～9Hz、振幅为0.1～0.2μm的外来振动。

3）超净。在未经净化的一般环境下，尘埃数量极大，绝大部分尘埃的直径小于1μm，也有不少直径在1μm以上甚至超过10μm的尘埃。这些尘埃如果落在加工表面上，可能会将表面拉伤；如果落在量具测量表面上，就会造成操作者或质检员的错误判断。因此，精密加工和超精密加工必须有与加工相适应的超净工作环境。

（2）工具切（磨）削性能　精密加工和超精密加工必须能均匀地去除不大于工件加工精度要求的极薄的金属层。当精密切削（或磨削）的背吃刀量 $a_p$ 在1μm以下时，背吃刀量可能小于工件材料晶粒的尺寸，切削在晶粒内进行，切削力要超过晶粒内部非常大的原子结合力才能切除切屑，因此作用在刀具上的切应力非常大。刀具的切削刃必须能够承受这个巨大的切应力和由此而产生的很大的热量。一般的刀具或磨粒材料是无法承受的，因为普通材料的刀具其切削刃的刃口不可能刃磨得非常锋利，平刃性也不可能足够好，这样会在高应力、高温下快速磨损。一般磨粒经受高应力、高温时，也会快速磨损。这就需要对精密切削刀具的微切削性能进行认真地研究，找到满足加工精度要求的刀具材料及结构。此外，刀具、磨具等工具必须具有很高的硬度和耐磨性，以保持加工的一致性，一般可采用金刚石、CBN超硬材料刀具。

（3）机床设备　精密加工和超精密加工必须依靠高精密加工设备。高精密加工机床应具备以下条件：

1）机床主轴有极高的回转精度及很高的刚性和热稳定性。

2）机床进给系统有超精确的匀速直线性，保证在超低速条件下进给均匀，不发生爬行。

3）为了在超精密加工时实现微量进给，机床必须配备位移精度极高的微量进给机构。

4）必须采用微机控制系统、自适应控制系统，避免手工操作引起的随机误差。

（4）工件材料　精密加工和超精密加工对工件的材质也有很高的要求。选择材料时，不仅要从强度、刚度方面考虑，更要注重材料的加工工艺性。为了满足加工要求，工件材料本身必须均匀一致，不允许存在微观缺陷，有些零件甚至对材料组织的纤维化都有一定要求，如精密硬磁盘的铝合金盘基就不允许存在组织纤维化。

（5）测控技术　精密测量与控制是精密加工和超精密加工的必要条件，加工中常常采用在线检测、在位检测、在线补偿、预测预报及适应控制等手段，如果不具备与加工精度相适应的测量技术，就不能判断加工精度是否达到要求，也就无法为加工精度的进一步提高指明方向。测量仪器的精度一般总是要比机床的加工精度高一个数量级，目前超精密加工所用测量仪器多为激光干涉仪和高灵敏度的电气测量仪。

对于精密测量与控制来说，灵敏的误差补偿系统也是必不可少的。误差补偿系统一般由测量装置、控制装置及补偿装置三部分组成。测量装置向补偿装置发出脉冲信号，后者接收信号后进行脉冲补偿。每次补偿量的大小，取决于加工精度及刀具磨损情况。每次补偿量越小，补偿精度越高，工件尺寸分散范围越小，对补偿机构的灵敏度要求也就越高。

**3. 精密加工和超精密加工的特点**

精密加工和超精密加工目前正处于不断发展之中，从加工条件可知，其特点主要体现在以下几个方面：

（1）加工对象　精密加工和超精密加工都以精密元件、零件为加工对象。精密加工的方法、设备和对象是紧密联系的，例如，金刚石刀具切削机床多用来加工天文仪器、激光仪器中的一些曲面等。

(2) 多学科综合技术　精密加工和超精密加工光凭孤立的加工方法是不可能得到满意效果的，还必须考虑到整个制造工艺系统和综合技术，在研究超精密切削理论和表面形成机理时，还要研究与其有关的其他技术。

(3) 加工、检测一体化　超精密加工的在线检测和在位检测极为重要，因为加工精度很高，表面粗糙度参数值很低，如果工件加工完毕后卸下再检测，发现问题就难再进行加工。

(4) 生产自动化技术　采用计算机控制、误差补偿、自适应控制和工艺过程优化等生产自动化技术，可以进一步提高加工精度和表面质量，避免手工操作人为引起的误差，保证加工质量及其稳定性。

**4. 常用的精密加工和超精密加工方法**

精密加工和超精密加工方法主要可分为两类：一类是采用金刚石刀具对工件进行超精密的微细切削和应用磨料磨具对工件进行珩磨、研磨、抛光、精密和超精密磨削等；另一类是采用电化学加工、三束加工、微波加工、超声波加工等特种加工方法及复合加工方法。

(1) 金刚石刀具的超精密切削

1) 切削机理。金刚石刀具的超精密切削主要是应用天然单晶金刚石车刀对铜、铝等软金属及其合金进行切削加工，以获得极高的精度和极小的表面粗糙度值的一种超精密加工方法。

金刚石刀具的超精密切削属于一种原子、分子级加工单位去除工件材料的加工方法，因此其机理与一般切削机理有很大的不同。金刚石刀具在切削时，其背吃刀量 $a_p$ 在 1μm 以下，刀具可能处于工件晶粒内部切削状态，这样，切削力就要超过分子或原子间巨大的结合力，从而使切削刃承受很大的切应力，并产生很大的热量，造成切削刃高应力、高温的工作状态。金刚石精密切削的关键问题是如何均匀、稳定地切除如此微薄的金属层。

一般来讲，超精密车削加工余量只有几微米，切屑非常薄，常在 0.1μm 以下，能否切除如此微薄的金属层，主要取决于刀具的锋利程度。锋利程度一般是以切削刃的刃口圆角半径 $\rho$ 的大小来表示。$\rho$ 越小，切削刃越锋利，切除微小余量越顺利，如图 5-14 所示。背吃刀量 $a_p$ 很小时，若 $\rho < a_p$，切屑排出顺利，切屑变形小，厚度均匀；若 $\rho > a_p$，刀具就会在工件表面上产生“滑擦”和“耕犁”，不能实现切削。因此，当 $a_p$ 只有几微米，甚至小于 1μm 时，$\rho$ 也应精研至微米级的尺寸，并要求刀具有足够的寿命，以维持其锋利程度。

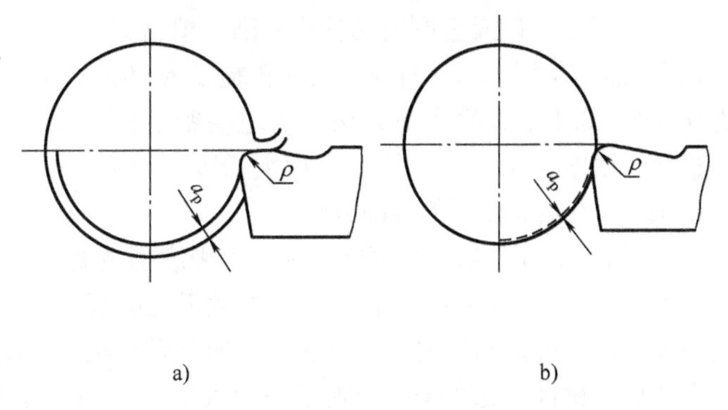


图 5-14　刀具刃口圆角半径 $\rho$ 对背吃刀量 $a_p$ 的影响

a) $\rho < a_p$ 时　b) $\rho > a_p$ 时

金刚石刀具不仅具有很好的高温强度和高温硬度，而且其材料本身质地细密，经过仔细修研后，可获得几何形状很好的切削刃和极小的切削刃钝圆半径。

在金刚石超精密切削过程中，虽然切削刃处于高应力、高温环境，但由于其速度很高、进给量和背吃刀量极小，故工件的温升并不高，塑性变形小，可以获得高精度、小表面粗糙度值的加工表面。目前，金刚石刀具的切削机理仍在进一步研究之中。

2）金刚石刀具的刃磨及切削参数。金刚石刀具是将金刚石刀头用机械夹持或粘接方式固定在刀体上。金刚石刀具的研磨是一个关键技术，如图5-15所示，刀具的刃口圆角半径$\rho$与刀片材料的晶体微观结构有关，硬质合金即使经过仔细研磨也难达到$\rho=1\mu m$，单晶体金刚石车刀的刃口圆角半径$\rho$则可达0.02μm；此外，金刚石与非铁金属的亲和力极低，摩擦因数小，切削时不产生积屑瘤，因此，金刚石刀具的超精密切削是当前软金属材料最主要的超精密加工方法，对于铜和铝可直接加工出具有高精度和小表面粗糙度值的镜面效果。金刚石刀具精密切削高密度硬磁盘的铝合金基片，表面粗糙度$Ra$值可达0.003μm，平面度公差可达0.2μm。但用它切削铁碳合金材料时，由于高温环境下刀具上的碳原子会向工件材料扩散，即亲和作用，切削刃会很快磨损（即扩散磨损），所以一般不用金刚石刀具来加工钢铁材料。钢铁材料的工件常用立方氮化硼（CBN）等超硬刀具材料进行切削，或用超精密磨削的方法来得到高精度的表面。

金刚石精密切削时，通常选用很小的背吃刀量$a_p$、很小的进给量$f$和很高的切削速度$v$。切削铜和铝时，切削速度$v=200\sim500m/min$，背吃刀量$a_p=0.002\sim0.003mm$，进给量$f=0.01\sim0.04mm/r$。

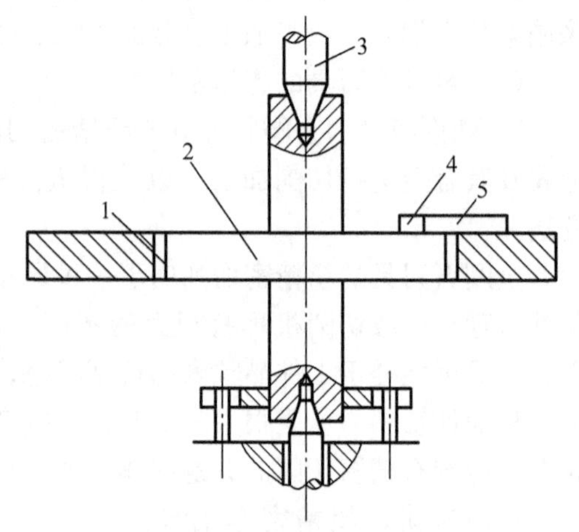


图5-15 金刚石刀具的研磨
1—工作台 2—研磨盘 3—红木顶针 4—金刚石刀具 5—刀夹

金刚石超精密切削时，必须防止切屑擦伤已加工表面，为此常采用吸尘器及时吸走切屑，用煤油或橄榄油对切削区进行润滑和冲洗，或采用净化压缩空气喷射雾化的润滑剂，使刀具冷却、润滑并清除切屑。

（2）精密磨削及金刚石超精密磨削 精密磨削是指加工精度为0.1～1μm，表面粗糙度$Ra$值为0.006～0.16μm的磨削方法；而超精密磨削是指加工精度在0.1μm以下，表面粗糙度$Ra$值为0.02～0.04μm以下的磨削方法。

1）精密磨削及超精密磨削机理。精密磨削主要是靠对普通磨料砂轮的精细修整，使磨粒具有较高的微刃性和等高性，等高的微刃在磨削时能切除极薄的金属，从而获得具有极细微磨痕、极小残留高度的加工表面，再加上无火花阶段微刃的滑擦、抛光作用，使工件得到很高的加工精度。超精密磨削则是采用人造金刚石、立方氮化硼（CBN）等超硬磨料砂轮对工件进行磨削加工。磨粒去除的金属比精密磨削时还要薄，有可能是在晶粒内进行切削，因此磨粒将承受很高的应力，使切削刃受到高温、高压的作用。

超精密磨削与普通磨削最大的区别在于，超精密磨削径向进给量极小，是超微量切除，可能还伴有塑性流动和弹性变形等作用，其磨削机理目前仍处于探索研究之中。

精密磨削砂轮的选用以易产生和保持微刃为原则。粗粒度砂轮经精细修整，微粒的切削作用是主要的；而细粒度砂轮经修整，呈半钝态的微刃在适当压力下与工件表面的摩擦抛光作用比较显著，工件磨削表面粗糙度值比粗粒度砂轮所加工的要小。

2）金刚石砂轮的修整。粗粒度金刚石砂轮的修整常常采用金刚笔车削法和碳化硅砂轮磨削法，形成等高的微刃；这些方法都需工件停止加工并让开位置才能操作，修整器磨损较快，辅助加工时间增多，生产率低。细粒度金刚石砂轮磨削高硬度、高脆性材料时，常常采用与特种加工工艺方法相结合的在线修整方法（in-process dressing），如高压磨料水射流喷射修整法、电解修锐法（见图5-16）、电火花修整法和超声振动修整法等，这些方法都可以在磨削工件的同时进行修整工作，因而生产率较高，加工质量也较好，但设备更为复杂。

3）超精密磨床的技术要求。为适应和达到精密、超精密加工的条件，对于金刚石精密及超精密磨削，其磨床设备应满足以下特殊要求：

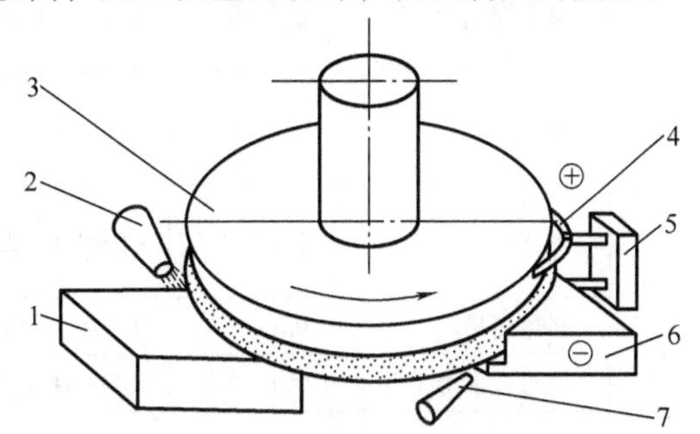

图5-16　电解超硬砂轮修锐方法
1—工件　2—切削液　3—超硬磨料砂轮
4—电刷　5—支架　6—阴极　7—电解液

① 应具有很高的主轴回转精度和很高的导轨直线度，以保证工件的几何形状精度，通常采用大理石导轨以增加其热稳定性。

② 应配备微进给机构，以保证工件的尺寸精度以及砂轮修整时的微刃性和等高性。

③ 工作台导轨低速运动的平稳性要好，不产生爬行、振动，以保证砂轮修整质量和稳定的磨削过程。

4）精密及超精密磨削的应用。精密及超精密磨削主要用于钢铁材料的精密及超精密加工。如果采用金刚石砂轮和立方氮化硼砂轮，还可对各种高硬度、高脆性材料（如硬质合金、陶瓷、玻璃等）和高温合金材料进行精密及超精加工。因此，精密及超精密磨削加工的应用范围十分广泛。

## 三、细微加工技术

微型机械是科技发展的重要方向，如未来的微型机器人可以进入到人体血管里去清除“垃圾”、排除“故障”等，而细微加工则是微型机械、微电子技术发展之根本，为此世界各国都投入巨资对此项工作进行研究与开发，例如，目前正在蓬勃开展的“纳米加工技术”的研究。

细微加工技术是指制造微小尺寸零件、部件和装置的加工和装配技术，它属于精密、超精密加工的范畴。因而，其工艺技术包括精密与超精密的切削及磨削方法、绝大多数的特种加工方法和与特种加工有机结合的复合加工方法等三类。常用的细微加工方法见表5-3。

**表5-3　常用的细微加工方法**

| 类别 | | 加工方法 | 加工精度/μm | 表面粗糙度 $Ra$/μm | 加工材料 | 应用场合 |
|---|---|---|---|---|---|---|
| 分离加工 | 切削加工 | 等离子体切割 | | | 各种材料 | 熔断钨、钼等高熔点材料、合金钢、硬质合金 |
| | | 细微切削 | 0.1～1 | 0.008～0.05 | 非铁金属及合金 | 球体、磁盘、反射镜、多面棱体 |
| | | 细微钻削 | 10～20 | 0.2 | 低碳钢、铜、铝 | 钟表盘、油泵喷嘴、化纤喷丝头、印制线路板 |

（续）

| 类别 | | 加工方法 | 加工精度/μm | 表面粗糙度 Ra/μm | 加工材料 | 应用场合 |
|---|---|---|---|---|---|---|
| 分离加工 | 磨料加工 | 微细磨削 | 0.5～5 | 0.008～0.05 | 脆硬材料、钢铁材料 | 集成电路基片切割，外圆、平面磨削 |
| | | 研磨 | 0.1～1 | 0.008～0.025 | 金属、半导体、玻璃 | 平面、孔、外圆加工，硅片基片 |
| | | 抛光 | 0.1～1 | 0.008～0.025 | 金属、半导体、玻璃 | 平面、孔、外圆加工，硅片基片 |
| | | 砂带研抛 | 0.1～1 | 0.008～0.01 | 金属、非金属 | 平面、外圆、内孔、曲面 |
| | | 弹性发射加工 | 0.001～0.1 | 0.008～0.025 | 金属、非金属 | 硅片基片 |
| | | 喷射加工 | 5 | 0.02～0.01 | 金属、玻璃、石英、橡胶 | 刻槽、切断、图案成形、破碎 |
| | 特种加工 | 电火花成形加工 | 1～50 | 0.2～2.5 | 导电金属、非金属 | 孔、沟槽、窄缝、方孔、型腔 |
| | | 电火花线切割 | 3～20 | 0.16～2.5 | 导电金属 | 切断、切槽 |
| | | 电解加工 | 3～100 | 0.06～1.25 | 金属、非金属 | 模具型腔、打孔、套孔、切槽、成形、去毛刺 |
| | | 超声加工 | 5～30 | 0.04～2.5 | 脆硬金属、非金属 | 刻模、落料、切片、打孔、刻槽 |
| | | 微波加工 | 10 | 0.12～6.3 | 绝缘材料、半导体 | 各种脆硬材料上打孔 |
| | | 电子束加工 | 1～10 | 0.12～6.3 | 各种材料 | 打孔、切割、光刻 |
| | | 离子束去除加工 | 0.001～0.01 | 0.01～0.02 | 各种材料 | 成形表面、刃磨、刻蚀 |
| | | 激光去除加工 | 1～10 | 0.12～6.3 | 各种材料 | 打孔、切断、划线 |
| | | 光刻加工 | 0.1 | 0.2～2.5 | 金属、非金属半导体 | 刻线、图案成形 |
| | 复合加工 | 电解磨削 | 1～20 | 0.01～0.08 | 各种材料 | 刃磨、成形、平面、内圆 |
| | | 电解抛光 | 1～10 | 0.008～0.05 | 金属、半导体 | 平面、外圆、内孔、型面、细金属丝、槽 |
| | | 化学抛光 | 0.01 | 0.01 | 金属、半导体 | 平面 |
| 结合加工 | 附着加工 | 蒸镀 | | | 金属 | 镀膜、半导体器件 |
| | | 分子束镀膜 | | | 金属 | 镀膜、半导体器件 |
| | | 分子束外延生长 | | | 金属 | 半导体器件 |
| | | 离子束镀膜 | | | 金属、非金属 | 干式镀膜、半导体件、刀具、工具、表壳 |
| | | 电镀（电化学镀） | | | 金属 | 电铸、图案成形、印制线路板 |
| | | 电铸 | | | 金属 | 喷丝板、网刃、栅网、钟表零件 |
| | | 喷镀 | | | 金属、非金属 | 图案成形、表面改性 |

（续）

| 类别 | | 加工方法 | 加工精度/μm | 表面粗糙度 $Ra$/μm | 加工材料 | 应用场合 |
|---|---|---|---|---|---|---|
| 结合加工 | 注入加工 | 离子束注入 | | | 金属、非金属 | 半导体掺杂 |
| | | 氧化、阳极氧化 | | | 金属 | 绝缘层 |
| | | 扩散 | | | 金属、非金属 | 渗碳、掺杂、表面改性 |
| | | 激光表面处理 | | | 金属 | 表面改性、表面热处理 |
| | 焊接加工 | 电子束焊接 | | | 金属 | 难熔材料、活泼金属 |
| | | 超声波焊接 | | | 金属 | 集成电路引线 |
| | | 激光焊接 | | | 金属、非金属 | 钟表零件、电子零件 |
| 变形加工 | | 压力加工 | | | 金属 | 板、丝的压延，精冲，挤压，波导管，衍射光栅 |
| | | 精铸、压铸 | | | 金属、非金属 | 集成电路封装、引线 |

## 【视野拓展】辩证地认识、合理地选择刀具几何参数

常言道，工欲善其事，必先利其器。一语道破刀具在切削加工中是何等重要。

学习切削加工刀具这部分内容时，必须运用辩证法分析刀具的各个组成要素。金属切削刀具和家用菜刀、斧头的作用效果都是去除原材料上的多余部分，但作用原理是完全不同的。菜刀依靠夹角极小的锋利刀刃切开物体，斧头则依靠10°～15°夹角的刀刃配合斧头的重力楔开物体；金属切削刀具两个刀面的夹角很大，有的几乎接近90°，它切开金属是依靠强烈的挤压作用力。因此，金属切削刀具要承受极大的压力和摩擦力，还要承受冲击和振动。为了顺利地去除多余材料，通常也要求刀具锋利，这时就要辩证地认识“锋利”这一概念。要根据工件的材料特性，综合考虑并合理选择刀具材料、刀具几何参数以及切削用量，保持刀具的“锋利”，以顺利地切除多余的金属材料。注意：片面地追求“锋利”会使刀具强度不够，容易损坏；过分强调强度会使刀具不够“锋利”，影响切削加工的效率。在学习过程中，学生一定要注意相关参数、相关要素之间的相互联系。

## 思考题与习题

5-1　切屑形状有哪些种类？各类切屑有什么特征？各类切屑是在什么情况下形成的？

5-2　为什么要研究卷屑与断屑？试述卷屑和断屑的机理。

5-3　什么是工件材料的可加工性？影响材料可加工性的主要因素有哪些？如何改善工件材料的可加工性能？

5-4　切削液有哪些作用？分为哪几类？加工中如何选用？

5-5　刀具的前角、后角、主偏角、副偏角、刃倾角有何作用？如何选用合理的刀具切削角度？

5-6　选择切削用量应遵循哪些原则？为什么？

5-7　何谓高速切削？超高速切削的特点是什么？

5-8　何谓超精密切削？超精密切削的难点是什么？实现超精密切削应具备哪些条件？

5-9　试简要说明金刚石超精密切削的机理以及影响金刚石超精密切削的因素。

5-10　举例说明金刚石超精密切削的应用。试分析金刚石超精密切削的应用前景。

# 第六章　典型金属切削加工方法及刀具

## 第一节　车削加工及车刀

### 一、车削加工

车削加工是指工件旋转做主运动、刀具移动做进给运动的切削加工方法。车削加工应用十分广泛，车床一般占机械加工车间机床总数的 25% ~50%，甚至更多。车削加工可以在卧式车床、立式车床、转塔车床、仿形车床、自动车床、数控车床以及各种专用车床上进行，主要用来加工各种回转表面：外圆、内圆、端面、锥面、螺纹、回转成形面、回转沟槽以及钻孔、扩孔、铰孔、滚花等，如图 6-1 所示。

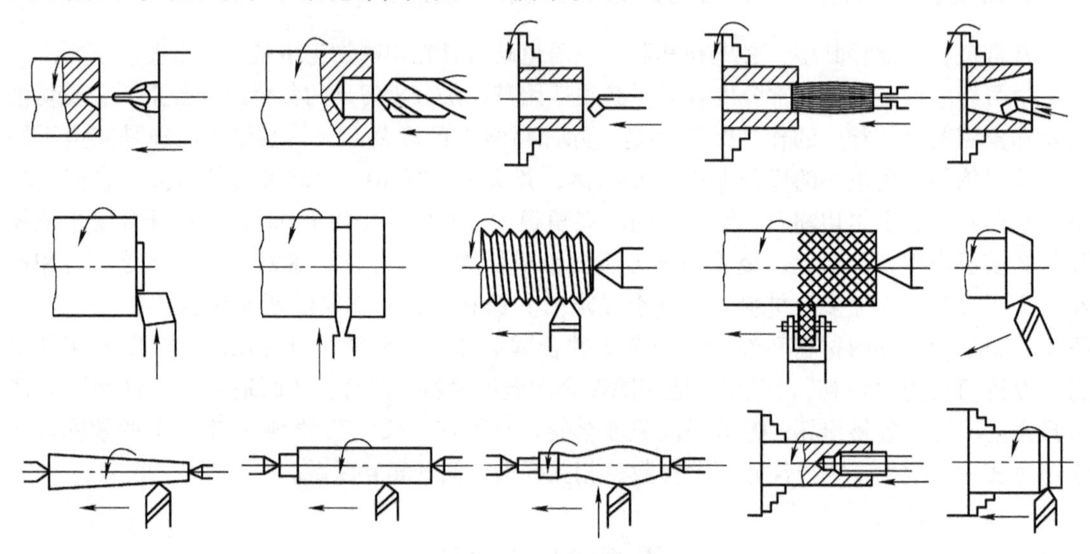

图 6-1　车削工作

工件在车床上的装夹方法如图 6-2 所示，其中，图 6-2a 为自定心卡盘装夹；图 6-2b 为单动卡盘装夹；图 6-2c 为花盘装夹；图 6-2d 为花盘-弯板装夹；图 6-2e 双顶尖装夹；图 6-2f、g 为中心架、跟刀架辅助支承，以减小弯曲变形；图 6-2h 为心轴装夹。

根据所选用的车刀角度和切削用量的不同，车削可分为荒车、粗车、半精车、精车和精细车。各种车削所能达到的加工精度和表面粗糙度值各不相同，必须按加工对象、生产类型、生产率和加工经济性等方面的要求合理选择。

（1）荒车　毛坯为自由锻件或大型铸件时，其加工余量很大且不均匀，荒车可切除其大部分余量，减少其形状和位置偏差。荒车工件的尺寸公差等级为 IT15 ~ IT18，表面粗糙度值 $Ra > 80\mu m$。

（2）粗车　中小型锻件和铸件可直接进行粗车。粗车后工件的尺寸公差等级为 IT11 ~

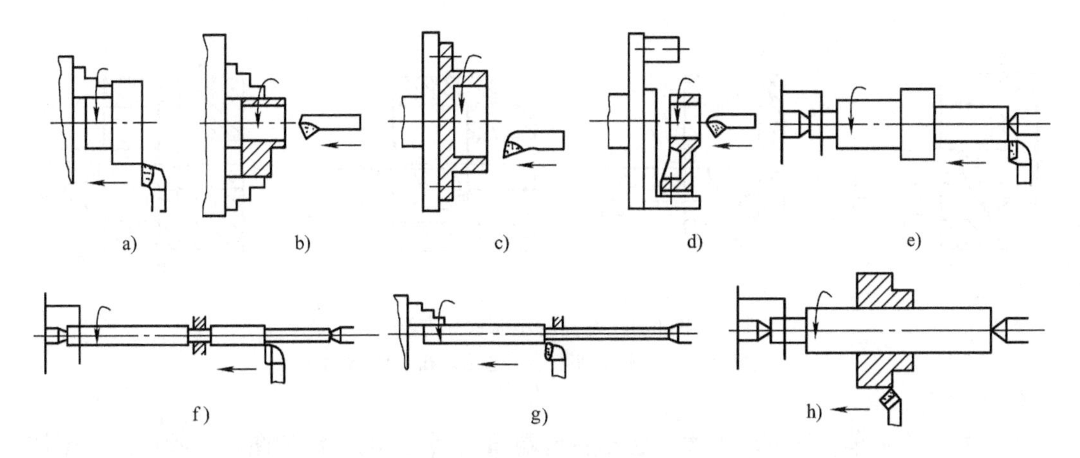


图6-2　工件在车床上的装夹方法

IT13，表面粗糙度值 $Ra=12.5\sim25\mu m$。低精度表面可以以粗车作为其最终加工工序。

（3）半精车　尺寸精度要求不高的工件或精加工工序之前可安排半精车。半精车后工件的尺寸公差等级为IT8~IT10，表面粗糙度值 $Ra=3.2\sim6.3\mu m$。

（4）精车　一般指最终加工，也可作为光整加工的预加工工序。精车后工件的尺寸公差等级为IT7~IT8，表面粗糙度值 $Ra=0.8\sim1.6\mu m$。对于精度较高的毛坯，可不经过粗车而直接进行半精车或精车。

（5）精细车　主要用于非铁金属加工或要求很高的钢制工件的最终加工。精细车后工件的尺寸公差等级为IT6~IT7，表面粗糙度值 $Ra=0.025\sim0.4\mu m$。

以下分别介绍车削所能从事的几项主要工作。

**1. 车外圆**

车外圆是最常见、最基本的车削方法。各种车刀车削中小型零件外圆（包括车外回转槽）的方法如图6-3所示。

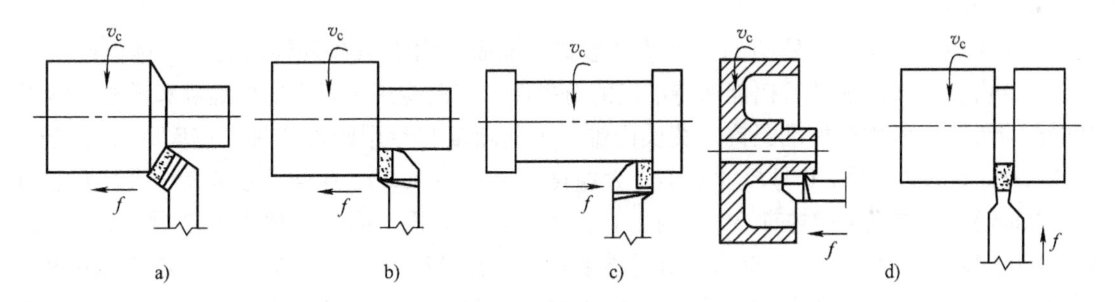


图6-3　车外圆的方法

a）45°弯头刀车外圆　b）右偏刀车外圆　c）左偏刀车外圆　d）车外槽

**2. 车床镗孔**

车床镗孔是用车刀对工件上已经钻出、铸出或锻出的孔进一步加工，扩大工件内表面的常用加工方法之一。常见的车床镗孔方法如图6-4所示。车不通孔和台阶孔时，车刀先纵向进给，当车到孔的根部时，再横向由外向中心进给车端面或台阶端面。车床镗孔时，由于刀杆细长，刚性差，加工过程中容易产生“让刀”现象，使孔出现“喇叭口”，必须注意采取措施克服。

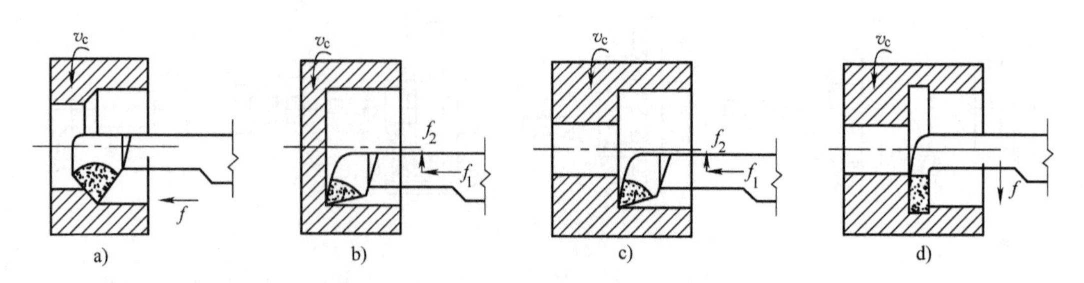


图 6-4　常见的车床镗孔方法

a）镗通孔　b）镗不通孔　c）镗台阶孔　d）镗内槽

**3. 车平面**

车平面主要是车工件的端平面（包括台肩端面），常见的方法如图 6-5 所示。车床加工平面的平面度与车床的精度和切削用量的选择有关。

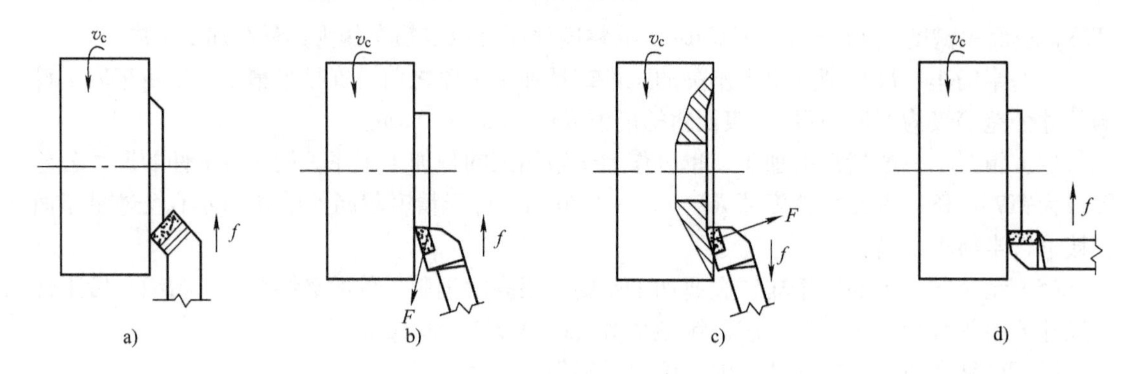


图 6-5　车平面的方法

a）弯头刀车平面　b）右偏刀车平面（从外向中心进给）

c）右偏刀车平面（从中心向外进给）　d）左偏刀车平面

**4. 车锥面**

锥面可以看作是内、外圆的一种特殊形式。锥面有内锥面和外锥面之分。锥面配合紧密，拆卸方便，多次拆卸后仍能保持准确的对中性，广泛应用于要求对中准确和需要经常拆卸的配合件上。常用的标准圆锥有莫氏圆锥、米制圆锥和专用圆锥三种。莫氏圆锥分成 0、1、2、…、6 共 7 个号，0 号尺寸最小（大端直径为 9.045mm），6 号尺寸最大（大端直径为 63.384mm）。其锥角 $\alpha/2$ 在 1°30′左右，且每个号均不相同。米制圆锥有 8 个号，即 4、6、80、100、120、140、160、200 号，其号数系指大端直径尺寸（单位为 mm），各号锥度固定不变，均为 1∶20。专用圆锥有 1∶4、1∶12、1∶50、7∶24 等，多用于机器零件或某些刀具的特殊部位。例如，1∶50 圆锥用于圆锥定位销和锥铰刀；7∶24 用于铣床主轴锥孔及铣刀杆的锥柄。

车锥面的方法有小刀架转位法、尾座偏移法、靠模法和宽刀法等。

**5. 车回转成形面**

机械设备上常常要应用一些具有回转成形面的零件，如圆球、手柄等。车削回转成形面常用的方法除双手控制法外，还有靠模法和用切削刃形状与成形面母线形状相吻合的成形刀进行车削的成形刀法。这些方法车削出来的成形面往往表面粗糙度值较大。

**6. 车螺纹**

螺纹种类很多，常见的有三角螺纹、梯形螺纹、矩形螺纹和模数螺纹。各种螺纹按旋向可分为右旋螺纹和左旋螺纹；按螺旋线数可分为单线螺纹和多线螺纹。车削螺纹通常在卧式车床上用螺纹车刀进行加工，不同种类的螺纹，车削方法略有不同，但有几个值得注意的共同点：

1）保证牙型。为了获得正确的牙型，必须正确地刃磨和安装车刀。

2）保证螺距 $P$ 或导程 $P_h$。为了获得准确的螺距，必须保证工件每转 1 转，车刀准确地移动 1 个螺距（多线螺纹为 1 个导程），因此必须保证车床主轴和丝杠之间的传动比固定、准确。

3）保证中径 $D_2$（$d_2$）。为了获得准确的中径尺寸，必须控制车削过程中总背吃刀量 $\Sigma a_p$。不同螺距的同种螺纹，其总背吃刀量 $\Sigma a_p$ 亦不同；螺距相同的不同种类螺纹，其总背吃刀量 $\Sigma a_p$ 也不同。

4）保证线数。车削多线螺纹时，每条螺纹槽的车削方法与车削单线螺纹完全相同，唯一不同的是不按螺距 $P$ 而按该螺纹的导程 $P_h$ 计算和调整交换齿轮。车削多线螺纹必须进行分线，常用的分线方法有车完 1 条螺纹槽后，将小刀架轴向移动 1 个螺距的移动小刀架法和每车完 1 条螺纹槽后将工件相对主轴转动 $360°/n$ 的旋转工件法。

5）保证旋向。通过调整主轴与丝杠之间的换向机构，使得在主轴旋向不变的情况下，正确改变丝杠的转向。

## 二、车削加工的特点

车削加工的工艺范围很宽。归纳起来，车削加工有如下特点：

1）适用范围广泛。车削是轴类、盘类、套类等回转体零件不可缺少的加工工序。

2）容易保证零件加工表面的位置精度。因为通常各加工表面都具有同一回转轴线。

3）适宜非铁金属零件的精加工。当非铁金属零件精度高、表面粗糙度值小时，若采用磨削，则容易堵塞砂轮，这时可采用金刚石车刀精车完成。

4）生产效率较高。车削过程大多是连续的，切削过程比刨削和铣削平稳，同时可采用高速切削和强力切削，使生产率大幅度提高。

5）生产成本较低。车削用的车刀是刀具中最简单的一种，制造、刃磨和安装都很方便；而且车床附件较多，可满足一般零件的装夹，生产准备时间较短。

## 三、车刀

车削加工使用的刀具主要是各种车刀，还可采用各类钻头、铰刀及螺纹刀具等。

**1. 车刀的种类**

车刀是金属切削加工中最常用的刀具之一，也是研究铣刀、刨刀、钻头等其他切削刀具的基础。车刀通常是只有一条连续切削刃的单刃刀具，可以适应外圆、内孔、端面、螺纹以及其他成形回转表面等不同的车削要求。

（1）按加工表面的特征分类　按加工表面的特征可分为外圆车刀、内孔车刀、端面车刀、切槽车刀、螺纹车刀和成形车刀等。图 6-6 所示为常用车刀的形式，图注括号内的数字表示形式的代号。

（2）按车刀的结构分类　按车刀的结构可分为整体车刀、焊接车刀、焊接装配式车刀、机夹车刀和可转位车刀等，如图6-7所示。

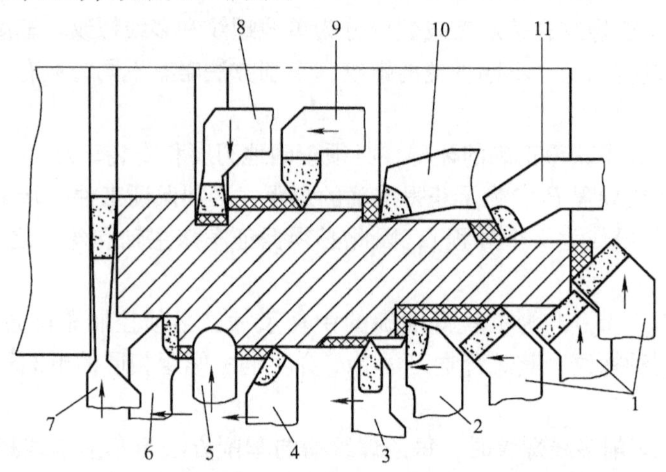


图6-6　车刀的形式与用途

1—45°端面车刀（02）　2—90°外圆车刀（06）　3—外螺纹车刀（16）　4—70°外圆车刀（14）　5—成形车刀　6—90°左切外圆车刀（06L）　7—切断车刀（07）车槽车刀（04）　8—内孔车槽车刀（13）　9—内螺纹车刀（12）　10—95°内孔车刀（09）　11—75°内孔车刀（08）

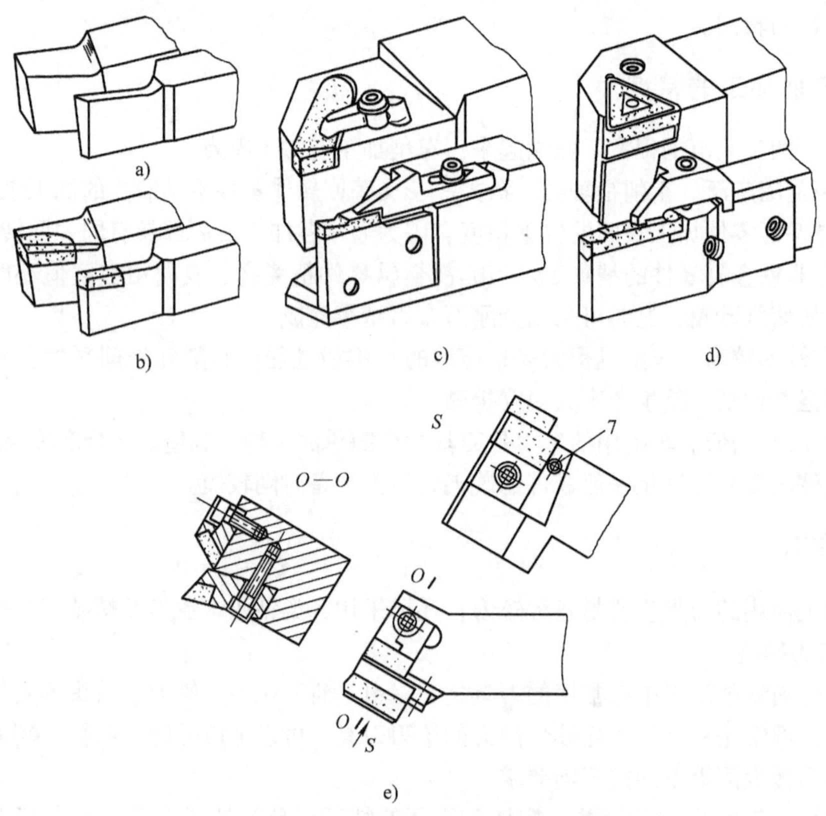


图6-7　车刀的结构类型

a）整体式　b）焊接式　c）机夹式　d）可转位式　e）焊接装配式

**2. 成形车刀**

成形车刀又称样板刀，其刃形是根据工件的轴向截形设计的，是加工回转成形表面的专用高效刀具。它主要用于大批大量生产，在半自动车床或自动车床上加工内、外回转成形表面。成形车刀具有加工质量稳定、生产效率高、刀具使用寿命长等特点。

成形车刀的分类方法很多，下面只介绍两种常用的分类方法。一是按结构和形状可以分为平体成形车刀、棱体成形车刀和圆体成形车刀，如图6-8所示。二是按进给方式可以分为径向成形车刀（见图6-8）、切向成形车刀（见图6-9）。

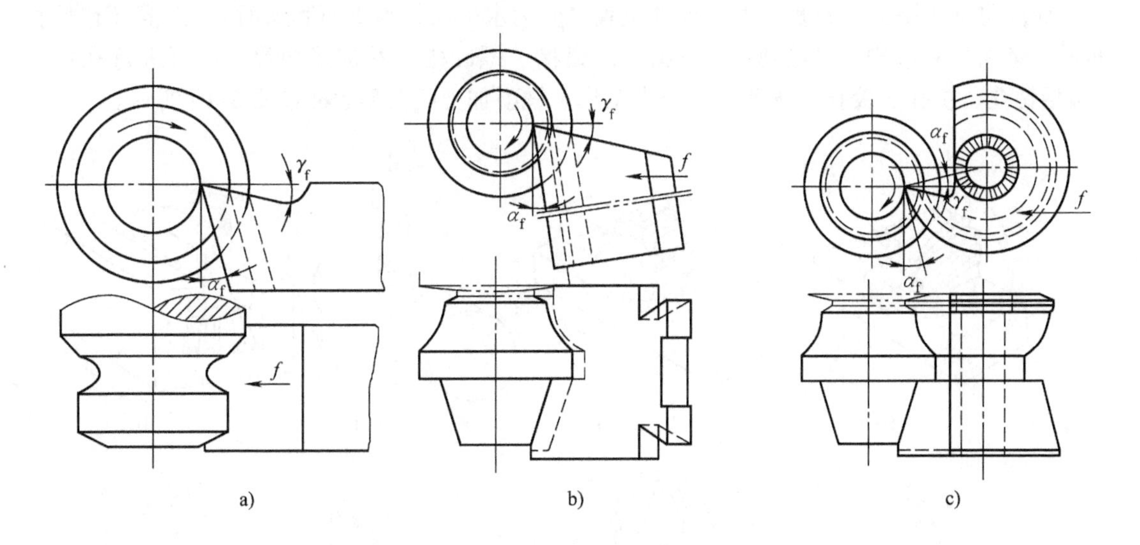


图6-8　成形车刀的种类

a）平体成形车刀　b）棱体成形车刀　c）圆体成形车刀

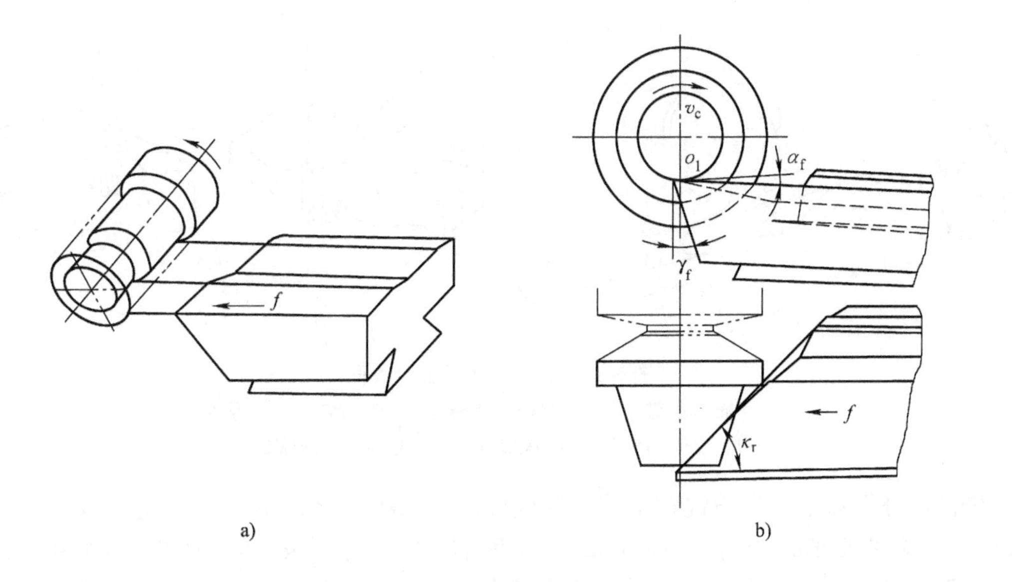


图6-9　切向成形车刀

# 第二节 铣削加工及铣刀

## 一、铣削工艺

铣削加工是指铣刀旋转做主运动、工件移动做进给运动的切削加工方法。铣削加工可以在卧式铣床、立式铣床、龙门铣床、工具铣床以及各种专用铣床上进行。

铣削可加工平面（按加工时所处的位置又分为水平面、垂直面和斜面）、沟槽（包括直角槽、键槽、V 形槽、燕尾槽、T 形槽、圆弧槽、螺旋槽）和成形面等，还可进行孔加工（包括钻孔、扩孔、铰孔、铣孔）和分度工作。铣削加工的典型表面如图 6-10 所示。

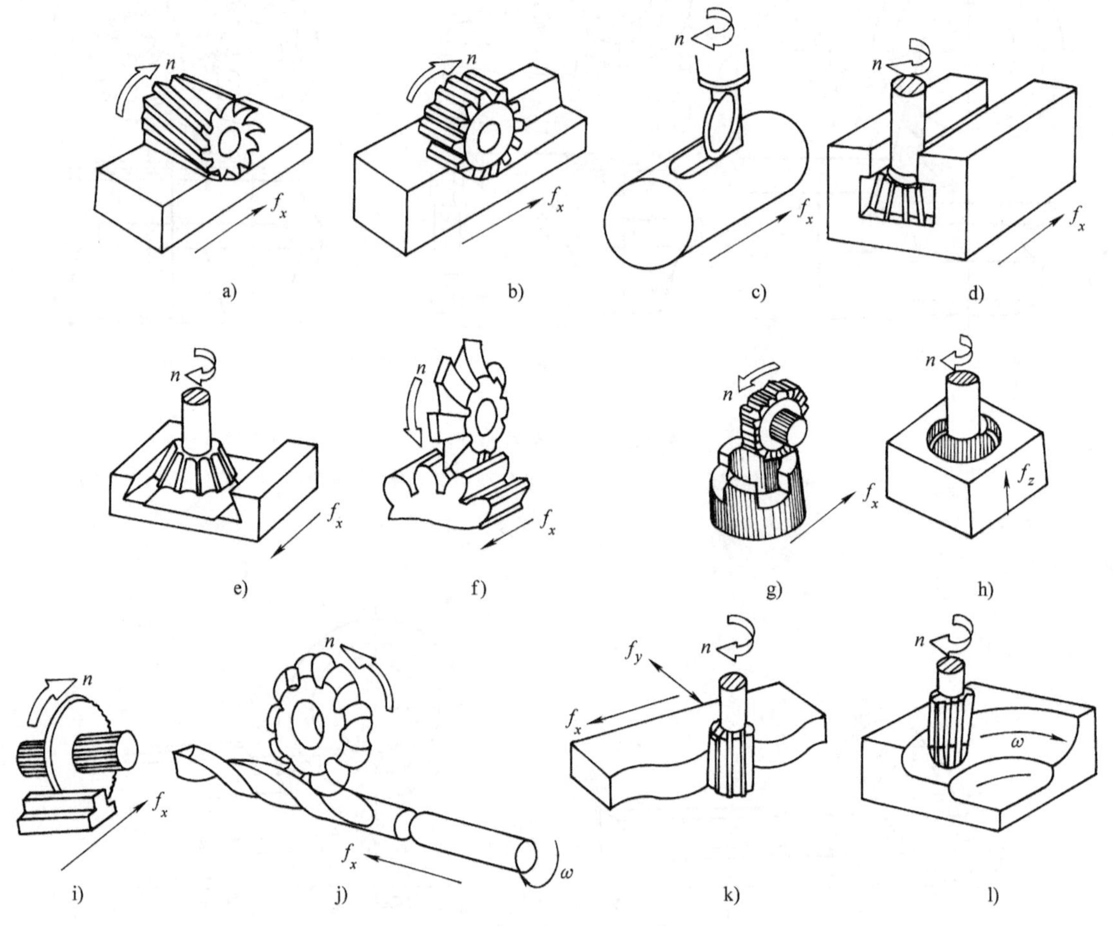


图 6-10 铣削加工的典型表面

a、b）平面 c）键槽 d）T 形槽 e）燕尾槽 f）齿轮 g）牙嵌型面 h）镗孔 i）切断 j）螺旋面 k）曲柱面 l）曲球面

铣削可分为粗铣、半精铣和精铣。粗铣后两平行平面之间的尺寸公差等级为 IT11 ~ IT13，表面粗糙度值 $Ra$ = 12.5 ~ 25μm。半精铣的尺寸公差等级 IT9 ~ IT10，表面粗糙度值 $Ra$ = 3.2 ~ 6.3μm。精铣的尺寸公差等级为 IT7 ~ IT8，表面粗糙度值 $Ra$ = 1.6 ~ 3.2μm，直

线度精度可达 0.08 ~0.12mm/1000mm。

工件在铣床上常用的装夹方法有机用虎钳装夹、压板螺栓装夹、V 形块装夹和分度头装夹等，如图 6-11 所示。

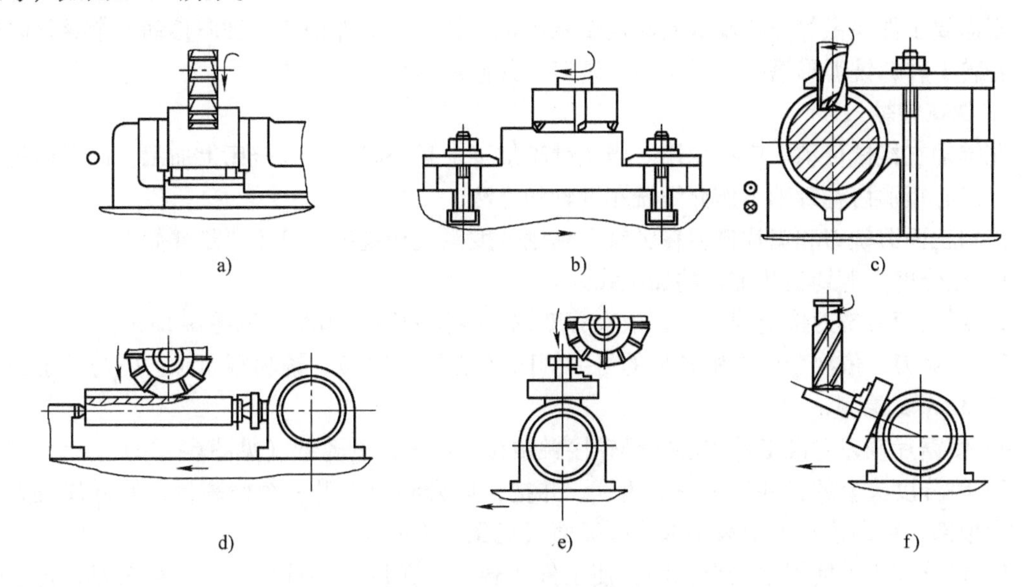

图 6-11　铣削常用的装夹方法

**1. 铣平面**

铣平面是平面加工的主要方法之一，有端铣、周铣和二者兼有三种方式，所用刀具有镶齿端面铣刀、套式立铣刀、圆柱铣刀、三面刃铣刀和立铣刀等，如图 6-12 所示。

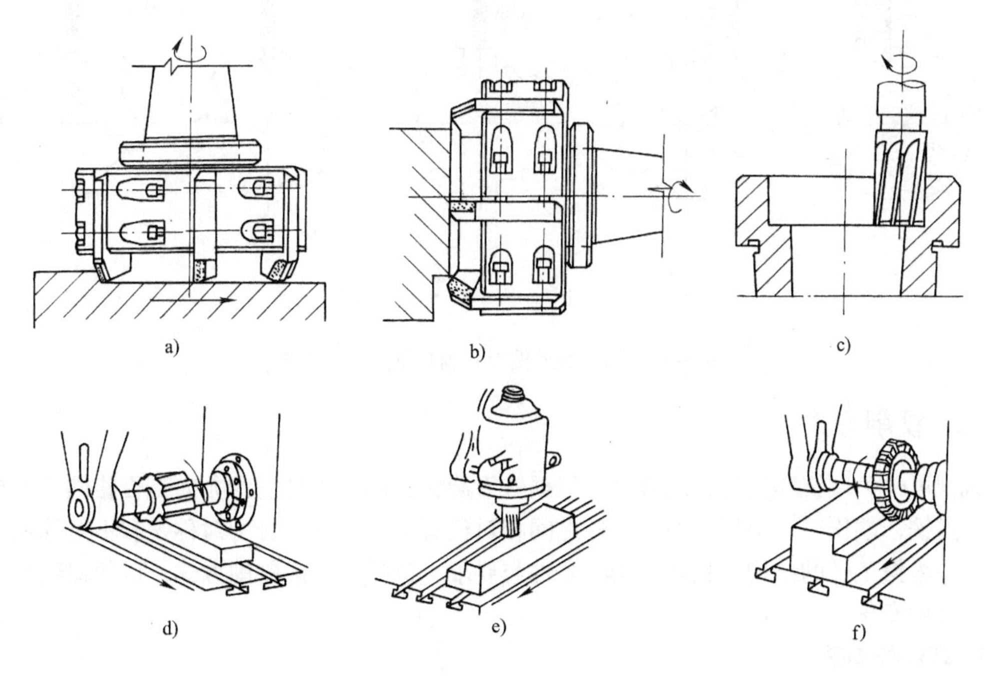

图 6-12　铣平面

**2. 铣沟槽**

铣沟槽通常采用立铣刀加工。一般直角槽可直接用立铣刀铣出；V 形槽则用角度铣刀直接铣出；T 形槽和燕尾槽则应先用立铣刀切出直角槽，然后再用角度铣刀铣出；铣螺旋槽时，则需要工件在做等速移动的同时还要做等速旋转，且应保证工件轴向移动 1 个导程时刚好自身转 1 转；铣弧形槽时，可采用立铣刀，并使用附件圆形工作台。

**3. 铣花键轴**

花键轴在机械传动中广泛使用。当花键轴加工批量小时，可在铣床上加工。以下通过铣削外径定心矩形齿花键轴示例介绍铣花键轴的方法。

采用三面刃铣刀和锯片铣刀在卧铣上利用分度头进行铣削，其主要步骤如下：

1）在分度头上划出花键齿的加工线。

2）用三面刃铣刀按划线对刀，依次分度铣削各齿的同一侧面（见图 6-13a）。

3）再对刀，依次分度铣削各齿的另一侧面（见图 6-13b）；铣削侧面时，应为磨削留出 0.2 ~ 0.3mm 的磨量。

4）使锯片铣刀对准工件中心并轻轻接触贴在齿顶表面的薄纸（见图 6-13c）。

5）将分度头上的工件转过一个角度，并把铣床升降台上升一个齿高量，使锯片铣刀对准键齿根部，纵向进给铣削齿根部分圆弧面（见图 6-13d）。

6）将分度头手柄摇过几个孔距，使工件稍转一个角度，再铣第二刀、第三刀，直至铣完两齿之间底部整个圆弧面为止，如图 6-13e 所示。

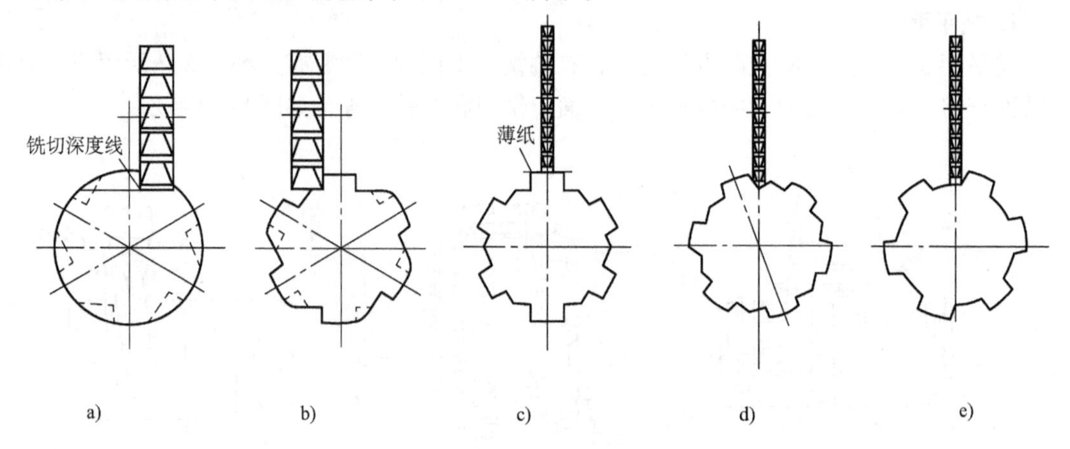


图 6-13　用三面刃铣刀和锯片铣刀铣花键轴

## 二、铣削方式

铣削可分为端铣和周铣，周铣时，根据铣刀旋转方向与工件进给方向是否相同又可分为顺铣和逆铣；端铣时，根据铣刀与工件之间相对位置的不同又可分为对称铣和不对称铣。铣削时，应根据工件的结构和具体的加工条件与要求，选择适当的铣削方式，以便保证加工质量和提高生产率。

**1. 端铣和周铣**

利用铣刀端部齿切削者称为端铣，利用铣刀圆周齿切削者称为周铣。

端铣加工的工件表面粗糙度值比周铣的小，端铣的生产率也高于周铣。但周铣的适应性比端铣好，周铣能用多种铣刀，能铣削平面、沟槽、齿形和成形面等，而端铣只适宜用面铣刀或立铣刀加工平面。

**2. 逆铣和顺铣**

当铣刀和工件接触部分的旋转方向与工件的进给方向相反时称为逆铣，这时每齿切削厚度由零至最大；当铣刀和工件接触部分的旋转方向与工件的进给方向相同时称为顺铣，这时每齿切削厚度由最大至零，如图6-14所示。

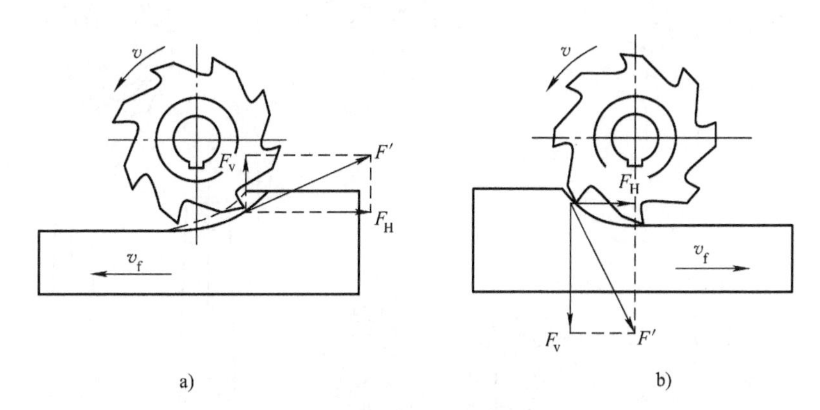


图6-14　逆铣和顺铣

a）逆铣　b）顺铣

顺铣有利于提高刀具寿命和工件夹持的稳定性，但容易引起振动，只能对表面无硬皮的工件进行加工，且要求铣床装有调整丝杠和螺母间隙的装置；而使用没有调整间隙装置的铣床以及加工具有硬皮的铸件、锻件毛坯时，一般都采用逆铣。

**3. 对称铣和不对称铣**

当工件铣削宽度偏于面铣刀回转中心一侧时，称为不对称铣削（见图6-15a、b）。图6-15a所示为不对称逆铣，切削厚度由小至大，刀齿作用在工件上的纵向分力与进给方向相反，可防止工作台窜动；图6-15b所示为不对称顺铣，一般不采用。

当工件与铣刀处于对称位置时，称为对称铣（见图6-15c）。两个刀齿作用在工件上的纵向力有一部分抵消，一般不会出现纵向工作台窜动现象。对称铣适用于工件宽度接近面铣刀直径且刀齿较多的情况。

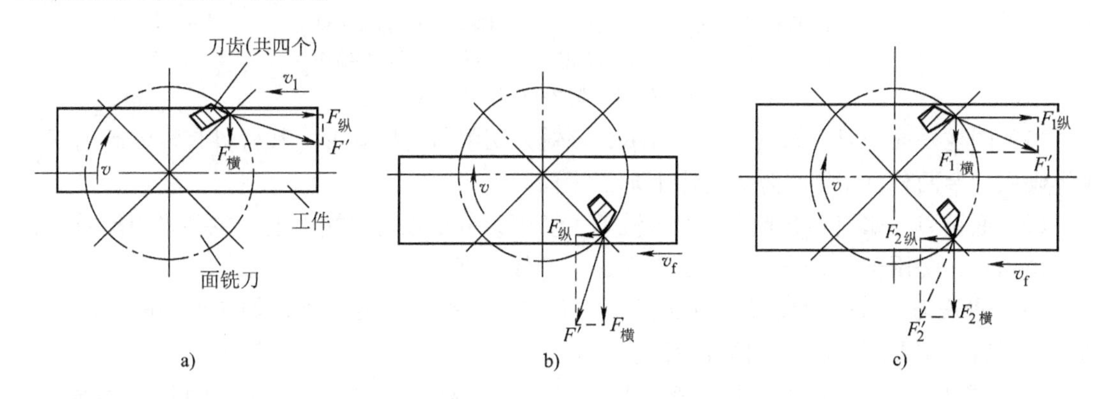


图6-15　对称铣和不对称铣

## 三、铣刀

### 1. 铣刀的类型

铣刀是一种多齿、多刃刀具。根据用途，铣刀可分为如图 6-16 所示的几种类型。

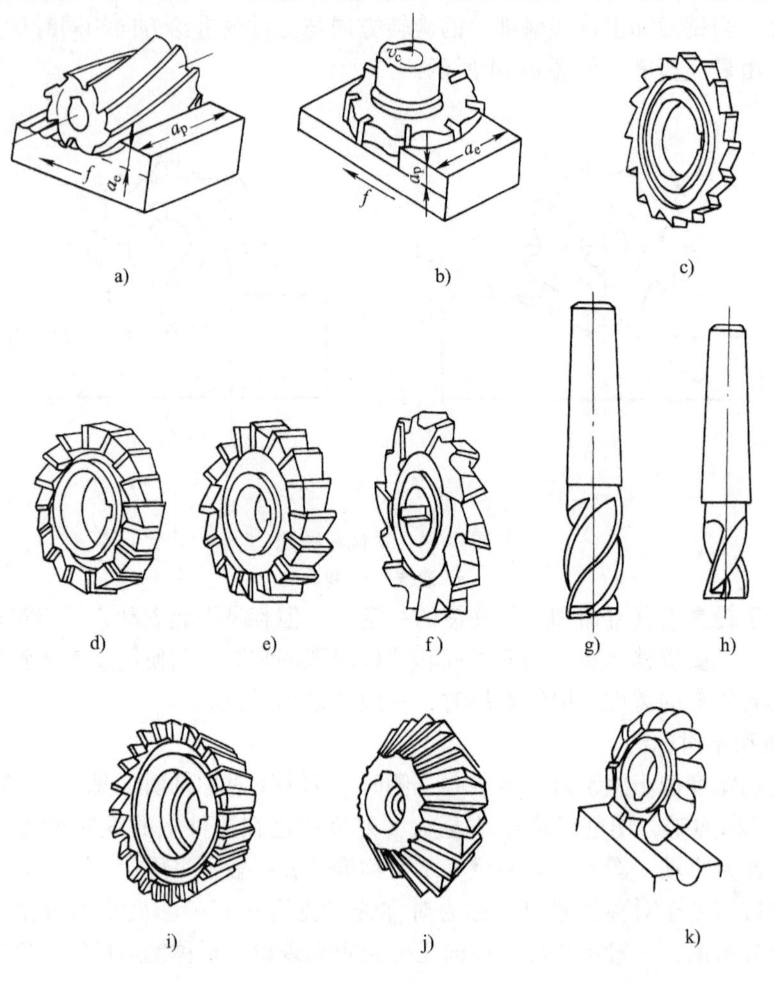


图 6-16　铣刀的类型

a）圆柱平面铣刀　b）面铣刀　c）槽铣刀　d）两面刃铣刀
e）三面刃铣刀　f）错齿刃铣刀　g）立铣刀　h）键槽铣刀
i）单角度铣刀　j）双角度铣刀　k）成形铣刀

（1）圆柱平面铣刀　如图 6-16a 所示，该铣刀切削刃为螺旋形，其材料有整体高速钢和镶焊硬质合金两种，用于在卧式铣床上加工平面。

（2）面铣刀　如图 6-16b 所示，该铣刀主切削刃分布在铣刀端面上，主要采用硬质合金可转位刀片，多用于立式铣床上加工平面，生产效率高。

（3）盘铣刀　分为单面刃、双面刃、三面刃和错齿三面刃三种，如图 6-16c、d、e、f 所示，该铣刀主要用于加工沟槽和台阶。

（4）锯片铣刀　实际上是薄片槽铣刀，齿数少，容屑空间大，主要用于切断和切窄槽。

（5）立铣刀　如图 6-16g 所示，其圆柱面上的螺旋刃为主切削刃，端面刃为副切削刃，它不能沿轴向进给；有锥柄和直柄两种，装夹在立铣头的主轴上，主要加工槽和台阶面。

（6）键槽铣刀　如图 6-16h 所示，它是铣键槽的专用刀具，其端刃和圆周刃都可作为主切削刃，只重磨端刃。铣键槽时，先轴向进给切入工件，然后沿键槽方向进给铣出键槽。

（7）角度铣刀　如图 6-16i、j 所示分为单面和双面角度铣刀，用于铣削斜面、燕尾槽等。

（8）成形铣刀　图 6-16k 所示为成形铣刀之一。成形铣刀用于普通铣床上加工各种成形表面，其廓形要根据被加工工件的廓形来确定。

**2. 模具铣刀**

模具铣刀如图 6-17 所示，用于加工模具型腔或凸模成形表面，在模具制造中广泛应用，是数控机床等机械化加工模具的重要刀具。它是由立铣刀演变而来的，主要分为圆锥形立铣刀（直径 $d=6\sim20$mm，半锥角 $\alpha/2=3°$、$5°$、$7°$和 $10°$）、圆柱形球头立铣刀（直径 $d=4\sim63$mm）和圆锥形球头立铣刀（直径 $d=6\sim20$mm，半锥角 $\alpha/2=3°$、$5°$、$7°$和 $10°$）。模具铣刀类型和尺寸按工件形状和尺寸来选择。

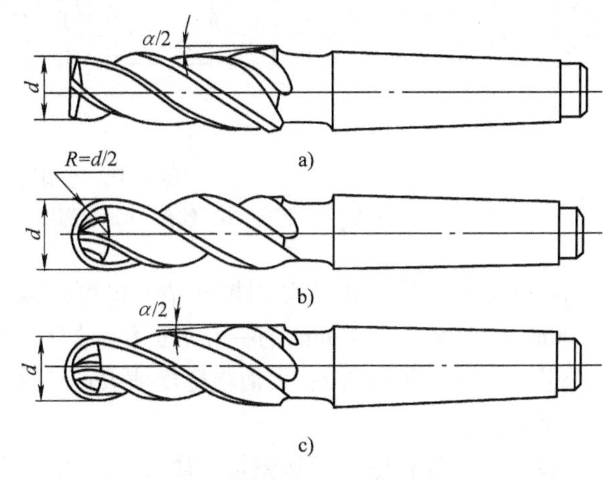


图 6-17　模具铣刀

a）圆锥形立铣刀　b）圆柱形球头立铣刀　c）圆锥形球头立铣刀

硬质合金模具铣刀可取代金刚石锉刀和磨头来加工淬火后硬度小于 65HRC 的各种模具，它的切削效率可提高几十倍。

## 第三节　钻镗加工及钻头、镗刀

### 一、钻削工艺

用钻头或铰刀、锪钻在工件上加工孔的加工方法统称为钻削加工，如图 6-18 所示。它可以在台式钻床、立式钻床、摇臂钻床上进行，也可以在车床、铣床、铣镗床等机床上进行。在钻床上加工时，工件不动，刀具做旋转主运动，同时沿轴向移动做进给运动。

**1. 钻孔**

用钻头在实体材料上加工孔的方法称为钻孔。钻孔通常属于粗加工，其尺寸公差等级为 IT11 ~ IT13，表面粗糙度值 $Ra=12.5\sim50\mu m$。

钻孔最常用的刀具是麻花钻。由于麻花钻的结构和钻削条件存在“三差一大”（即刚度差、导向性差、切削条件差和轴向力大）的问题，再加上钻头的横刃较长，而且两条主切削刃手工刃磨难以准确对称，致使钻孔具有钻头易引偏、孔径易扩大和孔壁质量差等工艺问题。因此，钻孔通常作为实体工件上精度要求较高的孔的预加工，也可以作为实体工件上精度要求不高的孔的终加工。

**2. 扩孔**

扩孔是用扩孔刀具对工件上已经钻出、铸出或锻出的孔作进一步加工的方法。扩孔所用

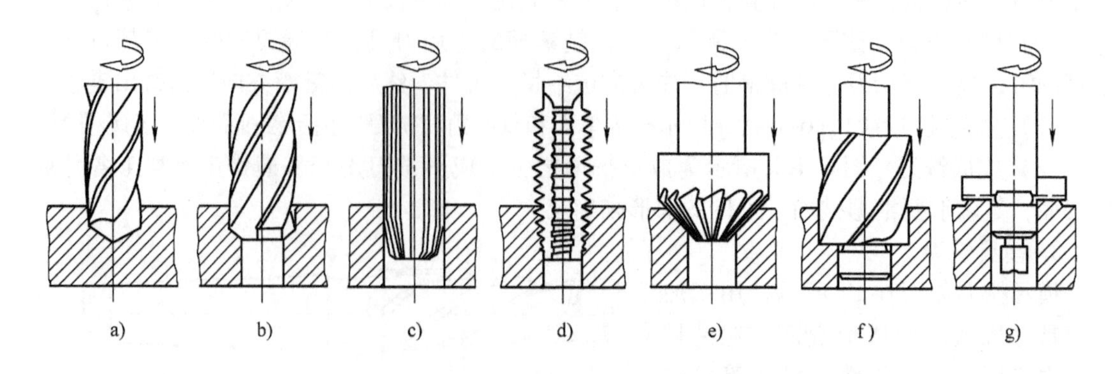


图6-18　钻削加工
a）钻孔　b）扩孔　c）铰孔　d）攻螺纹　e）、f）锪沉头孔　g）锪端面

机床与钻孔相同，钻床扩孔可用扩孔钻，也可用直径较大的麻花钻。扩孔钻的直径规格为10～100mm，直径小于15mm的一般不扩孔。扩孔的加工精度比钻孔高，属于半精加工，其尺寸公差等级为IT9～IT10；表面粗糙度值 $Ra$ =3.2～6.3μm。

**3. 铰孔**

用铰刀在工件孔壁上切除微量金属层，以提高尺寸精度和减小表面粗糙度值的方法称为铰孔。铰孔所用机床与钻孔相同。铰孔可加工圆柱孔和圆锥孔，既可以在机床上进行（机铰），也可以手工进行（手铰）。铰孔余量一般为0.05～0.25mm。

铰孔是在半精加工（扩孔或半精镗）基础上进行的一种精加工。它又可分为粗铰和精铰。粗铰的尺寸公差等级为IT7～IT8，表面粗糙度值 $Ra$ =0.8～1.6μm；精铰的尺寸公差等级为IT6～IT7，表面粗糙度值 $Ra$ =0.4～0.8μm。

铰孔的精度和表面粗糙度值主要不取决于机床的精度，而取决于铰刀的精度、安装方式以及加工余量、切削用量和切削液等条件。因此，铰孔时，应采用较低的切削速度，精铰 $v_c \leqslant 0.083$m/s（即5m/min），避免产生振动、积屑瘤和过多的切削热；宜选用较大的进给量，要施加合适的切削液；机铰时铰刀与机床最好用浮动连接方式，以避免因铰刀轴线与被铰孔轴线偏移而使铰出的孔不圆，或使孔径扩大；铰孔之前最好用同类材料试铰一下，以确保铰孔质量。

**4. 锪孔和锪凸台**

用锪钻（或代用刀具）加工平底和锥面沉孔的方法称为锪孔、加工孔端凸台的方法称为锪凸台。锪孔一般在钻床上进行，它虽不如钻、扩、铰应用那么广泛，但也是一种不可缺少的加工方法。

## 二、钻削刀具

**1. 麻花钻**

麻花钻是钻孔的主要刀具，它可在实心材料上钻孔，也可用来扩孔。

标准的麻花钻由柄部、颈部及工作部分组成，如图6-19所示。工作部分又分为切削部分和导向部分，为增强钻头的刚度，工作部分的钻心直径 $d_c$ 朝柄部方向递增，如图6-19c所示；刀柄是钻头的夹持部分，有直柄和锥柄两种，前者用于小直径钻头，后者用于大直径钻头；颈部用于磨锥柄时砂轮退刀。如图6-19b所示，麻花钻有两个前面、两个主后面、两个副后面、两条主切削刃、两条副切削刃和一条横刃。

麻花钻的主要结构参数为外径 $d_0$，它按标准尺寸系列设计；钻心直径 $d_c$，它决定钻头的强度及刚度，并影响容屑空间；顶角 $2\varphi$，通常 $2\varphi = 116° \sim 120°$；螺旋角 $\beta$，它是圆柱螺旋形刃带与钻头轴线的夹角，加工钢、铸铁等材料，钻头直径 $d_0 > 10\text{mm}$ 时，$\beta = 25° \sim 33°$；横刃斜角 $\psi$ 是在刃磨钻头时自然形成的。

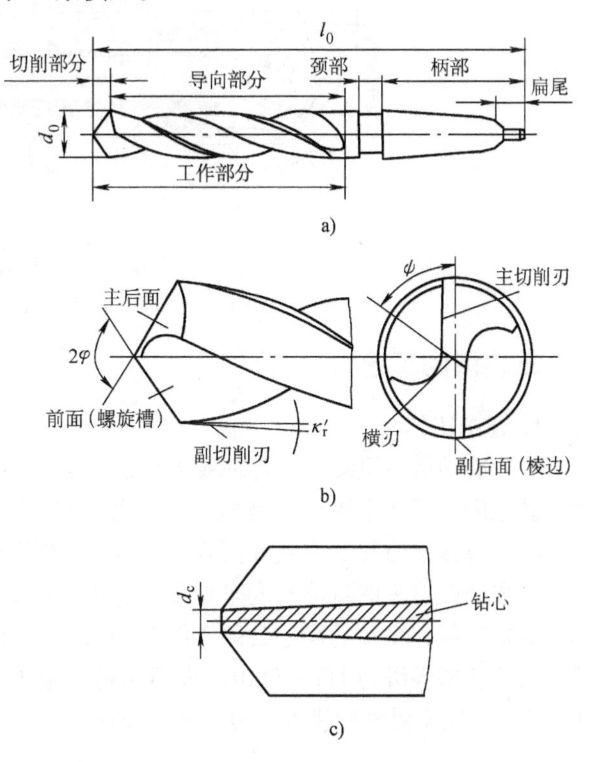


图6-19　标准高速钢麻花钻

a）麻花钻结构　b）麻花钻切削部分

c）麻花钻工作部分的剖视图

**2. 铰刀**

铰刀分为圆柱铰刀和锥度铰刀，两者又有机用铰刀和手动铰刀之分；圆柱铰刀多为锥柄，其工作部分较短，直径规格为 10～100mm，其中常用的为 10～40mm；圆柱手动铰刀为柱柄，直径规格为 1～40mm。锥度铰刀常见的有 1∶50锥度铰刀和莫氏锥度铰刀两种。

铰刀也属于定径刀具，适宜加工中批或大批、大量生产中不宜拉削的孔；适宜加工单件、小批量生产中的小孔（0 < 10～15mm）、细长孔（$L/D > 5$）和定位销孔。

**3. 深孔钻**

深孔加工时，由于孔的深径比较大，钻杆细而长，刚性差，切削时很容易走偏和产生振动，加工精度和表面粗糙度难以保证，加之刀具在近似封闭的状态下工作，因此必须特别注意导向、断屑和排屑、冷却以及润滑等问题。图6-20所示为单刃外排屑深孔钻，又称枪钻，它主要用来加工小孔（直径 3～20mm），孔的深径比可大于 100。其工作原理是：高压切削液从钻杆和切削部分的油孔进入切削区，以冷却、润滑钻头，并把切屑沿钻杆与切削部分的 V 形槽冲出孔外。图6-21所示为高效、高质量加工的内排屑深孔钻，又称喷吸钻，它用于加工深径比小于100，直径为16～65mm的孔；它由钻头、内钻管及外钻管三部分组成；2/3 的切削液以一定的压力经内外钻管之间输至钻头，并通过钻头上的小孔喷向切削区，对钻头进行冷却和润滑，此外 1/3 的切削液通过内管上6个月牙形的喷嘴向后喷入内钻管，由于喷速高，在内管中形成低压区而将前端的切屑向后吸，在前推后吸的作用下，排屑顺畅。

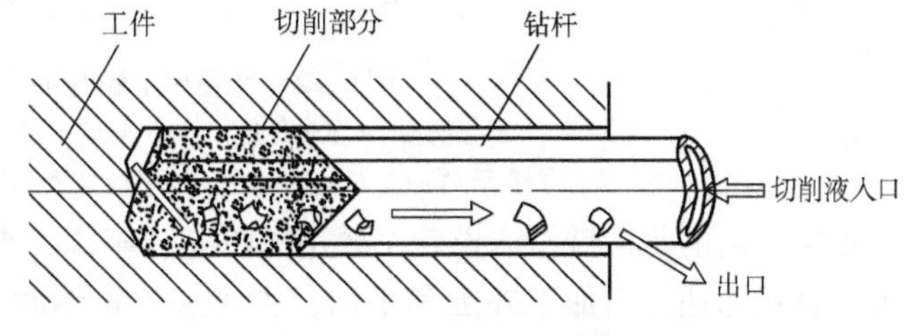


图6-20　单刃外排屑深孔钻

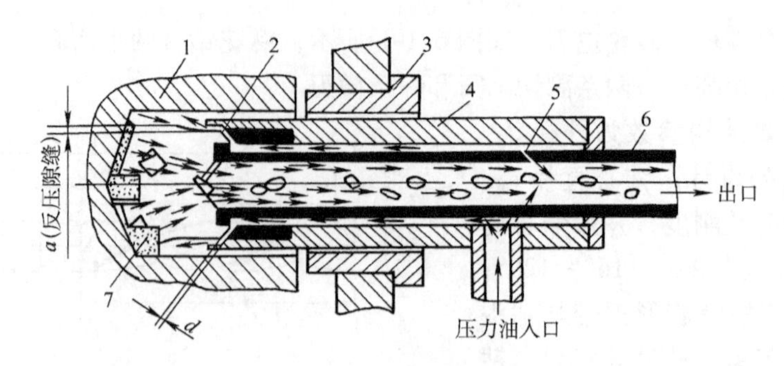


图6-21　内排屑深孔钻

1—工件　2—小孔　3—钻套　4—外钻管　5—喷嘴　6—内钻管　7—钻头

## 三、镗削工艺

### 1. 镗削工作

镗刀旋转做主运动、工件或镗刀做进给运动的切削加工方法称为镗削加工。镗削加工主要在铣镗床、镗床上进行，是加工孔常用的方法之一。

在铣镗床上镗孔的方式如图6-22所示。单刃镗刀是把镗刀头安装在镗刀杆上，其孔径大小依靠调整刀头的悬伸长度来保证，多用于单件、小批量生产。在普通铣镗床上镗孔，与车孔基本类似，粗镗的尺寸公差等级为IT11～IT12，表面粗糙度值 $Ra$ = 12.5～25μm；半精镗的尺寸公差等级为IT9～IT10，表面粗糙度值 $Ra$ = 3.2～6.3μm；精镗的尺寸公差等级为IT7～IT8，表面粗糙度值 $Ra$ = 0.8～1.6μm。

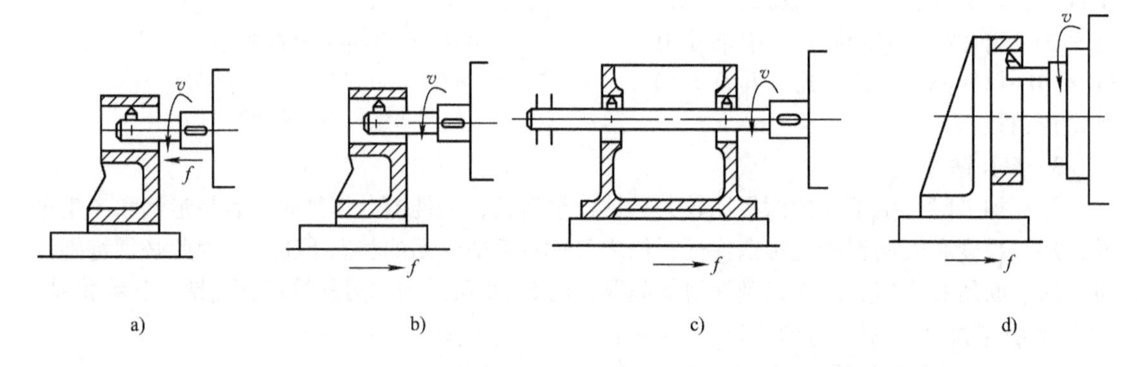


图6-22　铣镗床上镗孔的方式

a）悬臂式（主轴进给）　b）悬臂式（工作台进给）

c）支承式（工作台进给）　d）平旋盘镗大孔（工作台进给）

值得指出的是，铣镗床镗孔主要用于机座、箱体、支架等大型零件上孔和孔系的加工。此外，铣镗床还可以加工外圆和平面，主要加工箱体和其他大型零件上与孔有位置精度要求，需要与孔在一次安装中加工出来的短而大的外圆和端平面等。

镗削除了加工孔之外，还可进行铣削和车削加工。在生产中，某些工件因为安装、定位方面的原因，要求在一次安装中加工出有关的表面。这些工作在镗床上完成较为方便。

### 2. 镗削方式

在镗床上镗孔，按其进给形式可分为主轴进给和工作台进给两种方式。在主轴进给方式的工作过程中，随着主轴的进给，主轴悬伸长度是变化的，主轴刚度也是随之变化的。刚度的变化，易使孔产生锥度误差；另外，随着主轴悬伸长度的增加，其自重所引起的弯曲变形也随之增大，因而镗出的轴线是弯曲的，因此这种方式只适宜镗削长度较短的孔。工作台进给方式镗削较短的孔时，主轴是悬臂的（见图6-22b）；镗削箱体两壁相距较远的同轴孔系时，需用多支承式（见图6-22c）；镗削大孔时可用平旋盘镗削（见图6-22d）。

镗削加工经常用于镗削箱体的孔系。孔系分为同轴孔系、平行孔系和垂直孔系。箱体加工的技术关键也就在于如何保证孔系的加工精度。镗削箱体孔系通常采用坐标法和镗模法两种方法。

（1）坐标法　它是将被加工各孔间的孔距尺寸先换算成两个相互垂直的坐标尺寸，然后按坐标尺寸调整机床主轴与工件在水平方向和铅直方向的相互位置来保证孔间距的。其尺寸精度随获得坐标的方法而异：采用游标尺装置的，精度一般为±0.1mm，适用于孔间距精度要求较低的情形；采用百分表装置的，精度一般为±0.04mm，适用于孔间距精度要求较高的情形；对于孔间距精度要求更高，或者兼有角度精度要求的情形，通常需要使用配备有光学测量读数装置的坐标镗床。

（2）镗模法　它是利用一种称为镗模的专用夹具来镗孔的。镗模上有两块模板，将工件上需要加工的孔系位置按图样要求的精度提高1级复制在两块模板上，再将这两块模板通过底板装配成镗模，并安装在镗床的工作台上。工件在镗模内定位夹紧，镗刀杆支承在模板的导套里，这样既增加了镗刀杆的刚度，又能保证同轴孔系的同轴度和平行孔系的平行度要求，如图6-23所示。镗孔时，镗刀杆与镗床主轴应浮动连接。镗刀杆浮动接头如图6-24所示。这样，孔系的位置精度主要取决于镗模的精度而不是机床的精度。

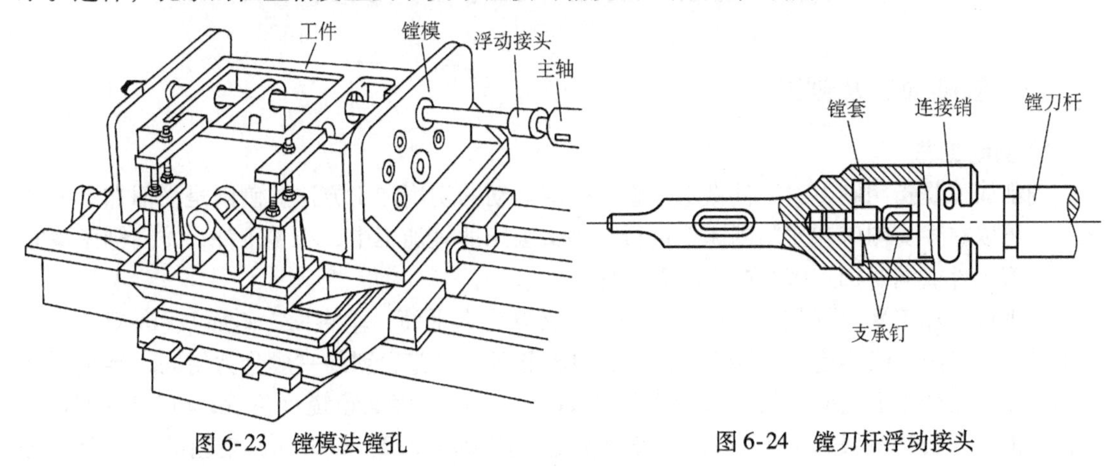


图6-23　镗模法镗孔　　图6-24　镗刀杆浮动接头

## 四、镗刀

镗刀种类很多，一般分为单刃镗刀与多刃镗刀两大类。单刃镗刀如图6-25所示，其结构简单，通用性好，大多有尺寸调节装置；在精密镗床上常采用如图6-26所示的微调镗刀，以提高调整精度。双刃镗刀如图6-27所示，它两边都有切削刃，工作时可以消除径向力对镗杆的影响；镗刀上的两块刀片可以径向调整，工件

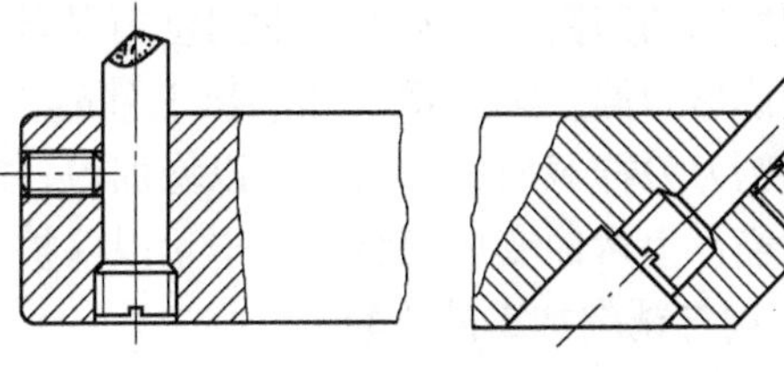

图6-25　单刃镗刀

的孔径尺寸和精度由镗刀径向尺寸保证；双刃镗刀多采用浮动连接结构，刀体2以动配合状态浮动地安装在镗杆的径向孔中，工作时刀块在切削力的作用下保持平衡对中，以消除镗刀片的安装误差所引起的不良影响；双刃浮动镗的实质是铰孔，只能提高尺寸精度和减小表面粗糙度值，不能提高位置精度，因此，必须在单刃精镗之后进行，适宜加工成批生产中孔径较大（$D=40\sim330$mm）的孔。

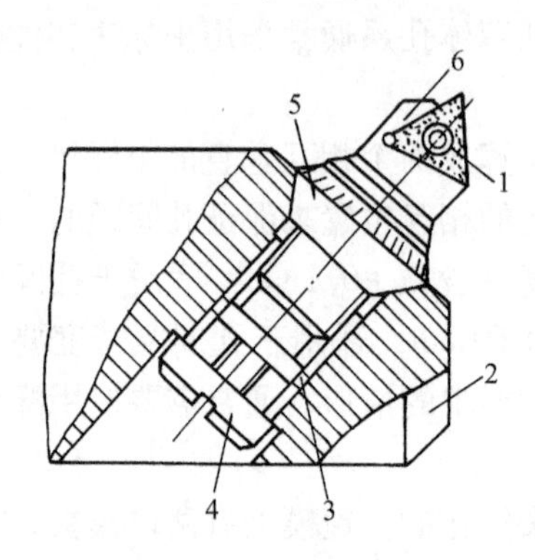


图6-26　微调镗刀

1—刀片　2—镗刀杆　3—导向键　4—紧固螺钉　5—微调螺母　6—刀块

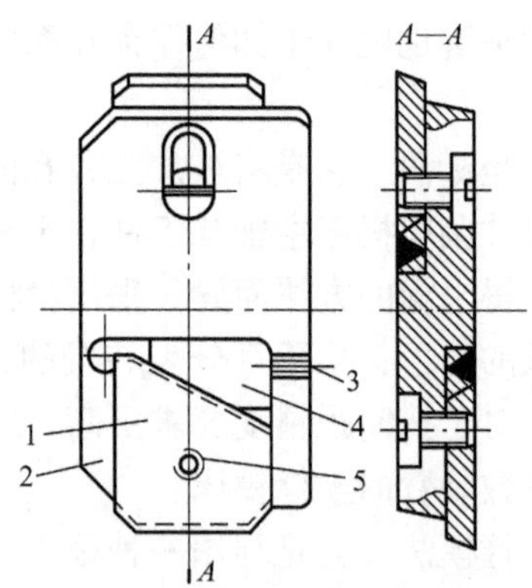


图6-27　双刃镗刀

1—刀片　2—刀体　3—尺寸调节螺钉　4—斜面垫板　5—刀片夹紧螺钉

## 第四节　刨削、插削和拉削加工及其刀具

### 一、刨削加工及刨刀

#### 1. 刨削工艺

刨削加工是指用刨刀对工件做水平直线往复运动的切削加工方法。刨削是平面加工方法之一，可以在牛头刨床和龙门刨床上进行。牛头刨床适宜加工中、小型工件；龙门刨床适宜加工大型工件或同时加工多个中、小型工件。

刨削可以加工平面（按加工时所处的位置又分为水平面、垂直面、斜面）、沟槽（包括直角槽、V形槽、燕尾槽、T形槽）和直线型成形面等。普通刨削一般分为粗刨、半精刨和精刨。粗刨后两平面之间的尺寸公差等级为IT11～IT13，表面粗糙度值 $Ra=12.5\sim25\mu m$；半精刨的尺寸公差等级为IT9～IT10，表面粗糙度值 $Ra=3.2\sim6.3\mu m$；精刨的尺寸公差等级为IT7～IT8，表面粗糙度值 $Ra=1.6\sim3.2\mu m$；直线度公差可达0.04～0.08mm/m。

刨平面和沟槽的方法如图6-28所示。

#### 2. 刨刀

刨削所用的刀具称为刨刀，常用刨刀及其应用如图6-29所示，有平面刨刀、偏刀、角度刀以及成形刀等。刨刀切入和切出工件时，冲击很大，容易发生“崩刃”和“扎刀”现象，因而刨刀刀杆截面比较粗大，以增加刀杆的刚性，而且往往做成弯头，使刨刀在碰到硬点时可适当产生弯曲变形而缓和冲击，以保护切削刃。

#### 3. 刨削与铣削加工的比较

虽然刨削和铣削均以加工平面和沟槽为主，但由于所用机床、刀具和切削方式不同，致

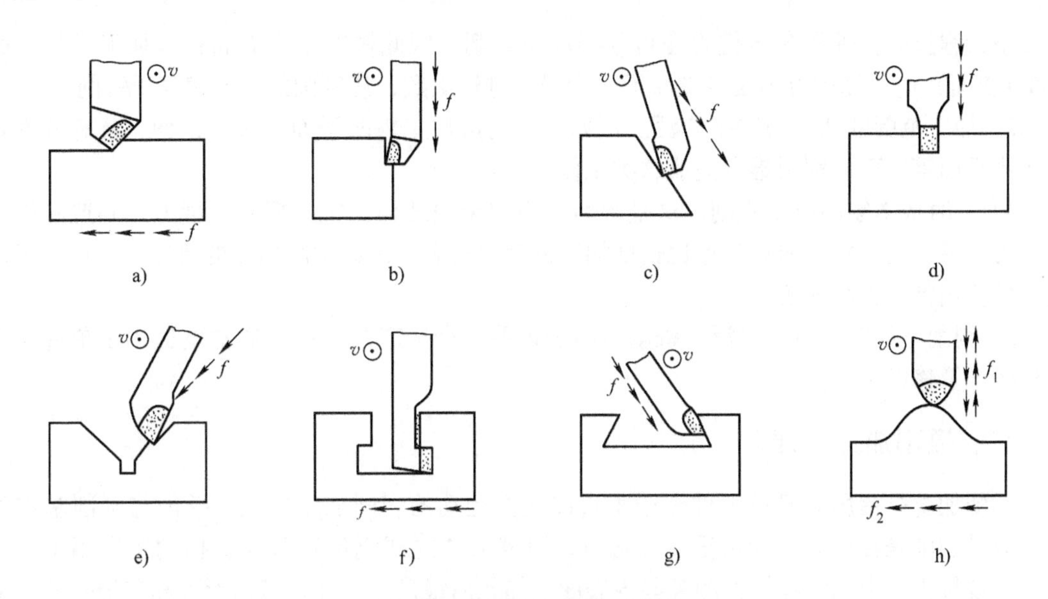


图 6-28　刨平面和沟槽的方法

a）刨水平面　b）刨垂直面　c）刨斜面　d）刨直槽　e）刨 V 形槽

f）刨 T 形槽　g）刨燕尾槽　h）刨成形面

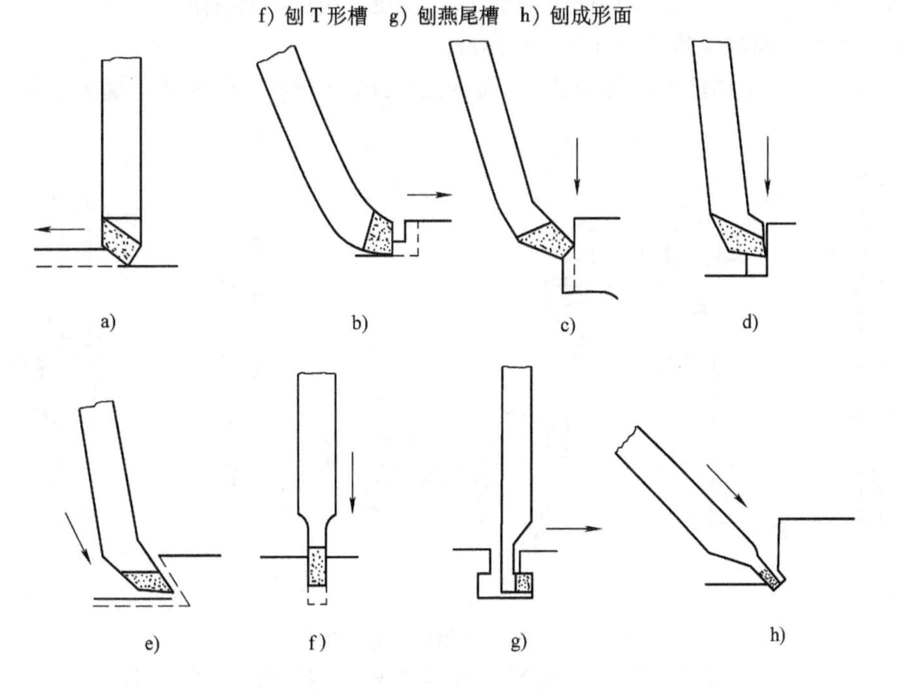


图 6-29　常用刨刀及其应用

a）平面刨刀　b）台阶偏刀　c）普通偏刀　d）台阶偏刀　e）角度刀　f）切刀　g）弯切刀　h）割槽刀

使它们在工艺特点和应用方面存在较大的差异。现将刨削与铣削加工分析比较如下：

1）加工质量大致相当，经粗、精加工之后均可达到中等精度。但二者又略有区别，加工大平面时，刨削因无明显接刀痕而优于铣削；但刨削只能采用中、低速切削，加工钢件时常有积屑瘤产生，会影响工件表面质量，而镶齿面铣刀切削时则可采用较高的切削速度。

2）生产率一般刨削低于铣削。因为铣刀是多刃刀具，同一时刻有若干刀齿参加切削，且无空行程损失，硬质合金铣刀还可采用高速切削，因此铣削生产率高；但加工窄长平面（如导轨面）时，刨削可因工件变窄而减少横向进给次数，使刨削的生产率高于铣削。

3）加工范围刨削不如铣削广泛。例如，铣削可加工内凹平面、圆弧沟槽、具有分度要求的小平面等，而刨削则难以完成这类工作。

4）工时成本刨削低于铣削。这是因为牛头刨床的结构比铣床简单，刨刀的制造和刃磨比铣刀容易，刨削加工的夹具也比铣削加工的简单得多，因此刨削加工的机床、刀具和工艺装备的费用低于铣削加工。

5）刨削不如铣削应用广泛。铣削适用于各种批量生产，而刨削通常更适用于单件、小批量生产及修配工作。

## 二、插削加工及插刀

插削加工是指用插刀对工件做铅垂直线往复运动的切削加工方法。插削与刨削基本相同，只是插削是在插床上沿铅垂方向进行，可视为“立式刨床”加工。插削主要用于在单件、小批量生产中加工零件上的某些内表面，如孔内键槽、方孔、多边形孔和花键孔等，也可加工某些零件上的外表面。插削由于刀杆刚性弱，如果前角 $\gamma_o$ 过大，则容易产生“扎刀”现象；如果 $\gamma_o$ 过小，又容易产生“让刀”现象。因此，插削的加工精度比刨削的差，插削加工一般表面粗糙度值 $Ra=1.6\sim6.3\mu m$。

图6-30所示为常用插刀的形状，为了避免插刀的刀杆与工件相碰，插刀切削刃应该突出于刀杆。

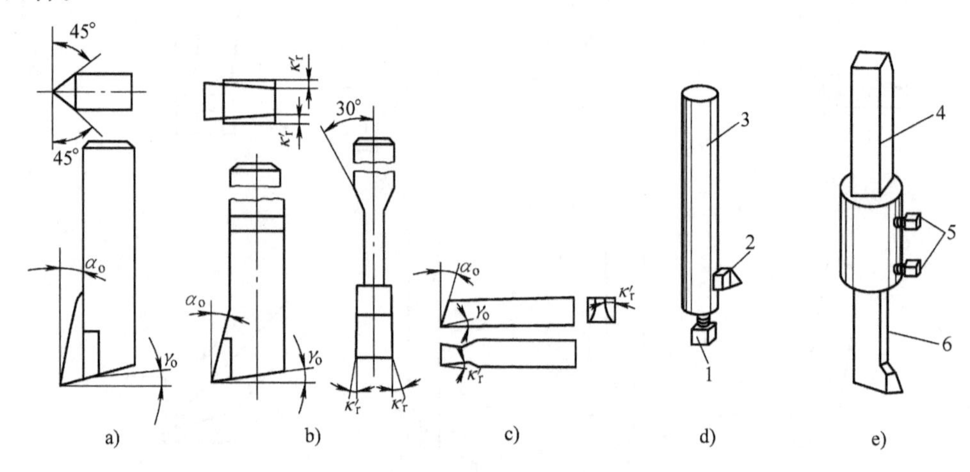


图6-30　常用插刀的形状

a）尖刀　b）切刀　c）装在插刀柄中的刀头　d）插刀柄　e）套式插刀

1、5—紧定螺钉　2—插刀头　3、4—插刀柄　6—插刀

## 三、拉削加工及拉刀

### 1. 拉削工艺

拉削加工是指用拉刀加工工件内、外表面的加工方法。拉削加工在拉床上进行。拉刀的直线运动为主运动，拉削无进给运动，其进给是靠拉刀的每齿升高量来实现的，因此，拉削可以看作是按高低顺序排列成队的多把刨刀进行的刨削，它是刨削的进一步发展。拉削一般

在低速下工作，常取 $v=2\sim8\text{m/min}$，以避免产生积屑瘤。

拉削可以加工内表面（如各种型孔）和外表面（如平面、半圆弧面和组合表面等），图 6-31 所示为拉削加工的典型表面。

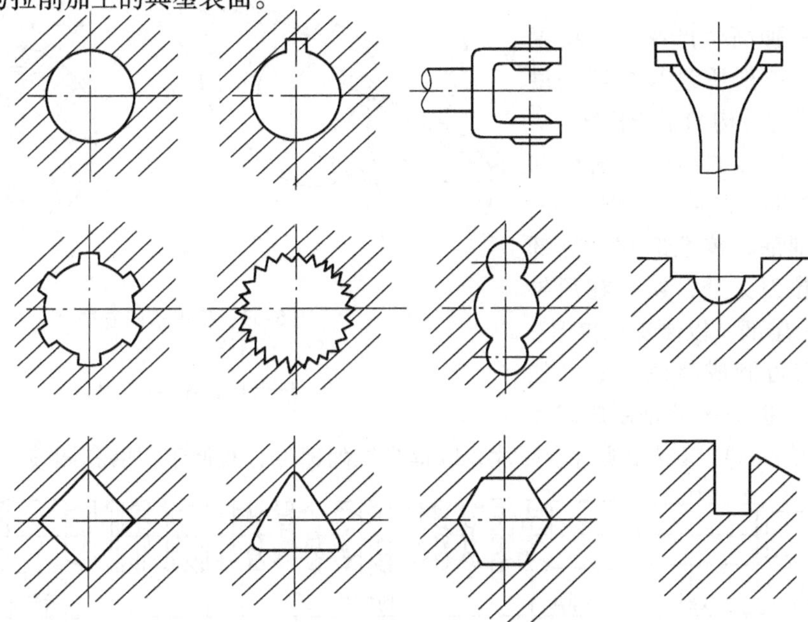

图 6-31　拉削加工的典型表面

拉削可分为粗拉和精拉。粗拉的尺寸公差等级为 IT7 ~ IT8，表面粗糙度值为 $Ra=0.8\sim1.6\mu\text{m}$；精拉的尺寸公差等级为 IT6 ~ IT7，表面粗糙度值为 $Ra=0.4\sim0.8\mu\text{m}$。

（1）拉圆孔　拉削圆孔的孔径一般为 8 ~ 125mm，孔的深径比 $L/D\leqslant5$。拉削圆孔时工件不需要夹紧，只以已加工过的一个端面为支撑面，当工件端面与拉削孔的轴线不垂直时，可依靠球面浮动支承装置自动调节，始终使受力方向与端面垂直，以防止拉刀崩刃和折断，装置中一般采用弹簧使球面保持贴合，避免从装置体上脱落下来，如图 6-32 所示。

（2）拉孔内单键槽　拉键槽的方法如图 6-33 所示，拉削时导向心轴 3 的 $A$ 端安装工件，$B$ 端插入拉床的“支撑”中，拉刀 1 穿过工件 4 圆柱孔及心轴上的导向槽做直线移动，拉刀底部的垫片 2 用于调节工件键槽的深度以及补偿拉刀重磨后齿高的减少量。

（3）拉平面　拉平面的方法是采用平面拉刀进行一次性加工。拉削可加工单一的敞开平面，也可加工组合平面。

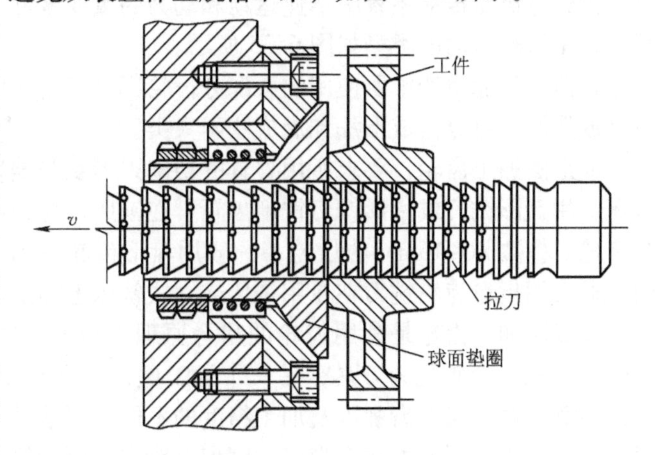


图 6-32　拉圆孔的方法

拉削不论是加工内表面，还是加工外表面，一般在一次行程中完成粗、精加工，生产率很高；由于拉刀属于定形刀具，拉床又是液压传动，因此切削平稳，加工质量好；但拉刀制造复杂，工时费用较高；拉圆孔与精车孔和精镗孔相比，适应性较差。拉削加工广泛用于大批、大量生产中。

**2. 拉刀**

拉削是一种高生产率、高精度的加工方法，拉削质量和拉削精度主要依靠拉刀的结构和制造精度。

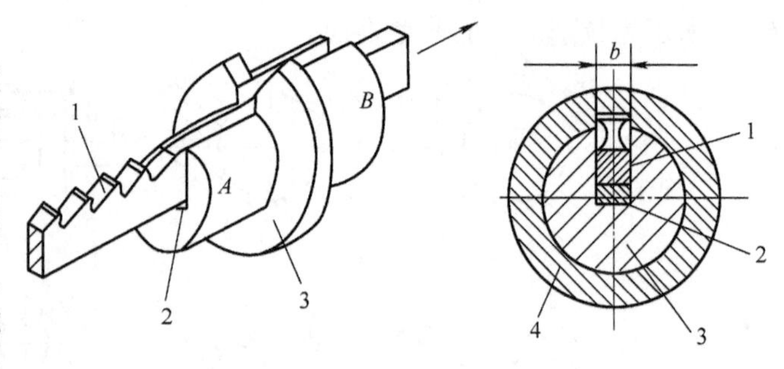


图 6-33　拉键槽的方法

1—拉刀　2—垫片

3—导向心轴　4—工件

普通圆孔拉刀的结构如图 6-34 所示，它由头部、颈部、过渡锥部、前导部、切削部、校准部和后导部组成，如果拉刀太长，还可在后导部后面加一个尾部，以便支承拉刀。

平面拉刀可制成整体式的（加工较小平面），但更多的是制成镶齿式的（加工大平面）镶嵌硬质合金刀片，以提高拉削速度，且便于刃磨和调整。

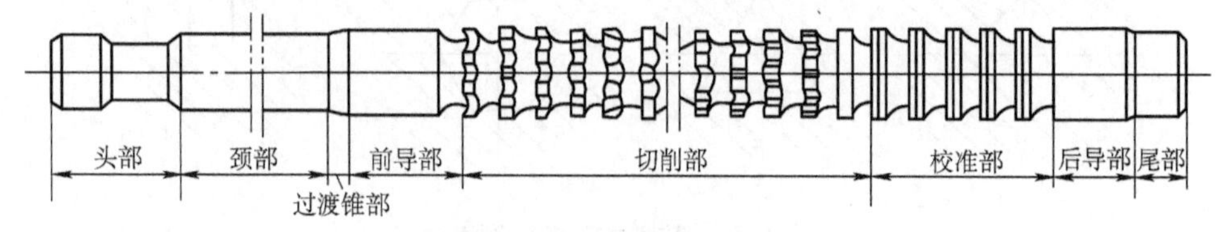


图 6-34　普通圆孔拉刀的结构

## 第五节　齿轮加工及切齿刀具

### 一、齿轮的加工方法

齿轮是机械传动系统中传递运动和动力的重要零件。齿轮的结构形式多样，应用十分广泛。常见齿轮传动的类型如图 6-35 所示。

目前，工业生产中所使用的大部分齿轮都是经过切削加工获得的。齿轮的切削加工方法按其成形原理可分为成形法和展成法两大类。

成形法加工齿轮，要求所用刀具的切削刃形状与被切齿轮的齿槽形状相吻合，例如，在铣床上用盘形铣刀或指形铣刀铣削齿轮，在刨床、拉床或插床上用成形刀具刨削、拉削或插削齿轮。模数 $m \leqslant 16$mm 的齿轮，一般用盘形齿轮铣刀在卧式铣床上加工；$m > 16$mm 的齿轮，通常用指形齿轮铣刀在专用铣床或立式铣床上加工。

展成法加工齿轮是利用齿轮的啮合原理进行的，即把齿轮啮合副（齿条-齿轮、齿轮-齿轮）中的一个转化为刀具，另一个为工件，并强制刀具和工件做严格的啮合运动而展成切出齿廓。根据齿轮齿廓以及加工精度的不同，展成法加工齿轮最常用的方法主要有滚齿、插齿，精加工齿形的方法有剃齿、磨齿、珩齿、研齿等。

### 二、齿轮的加工刀具

为适应各种类型齿轮加工的需要，齿轮加工刀具的种类繁多，切齿原理也不尽相同。

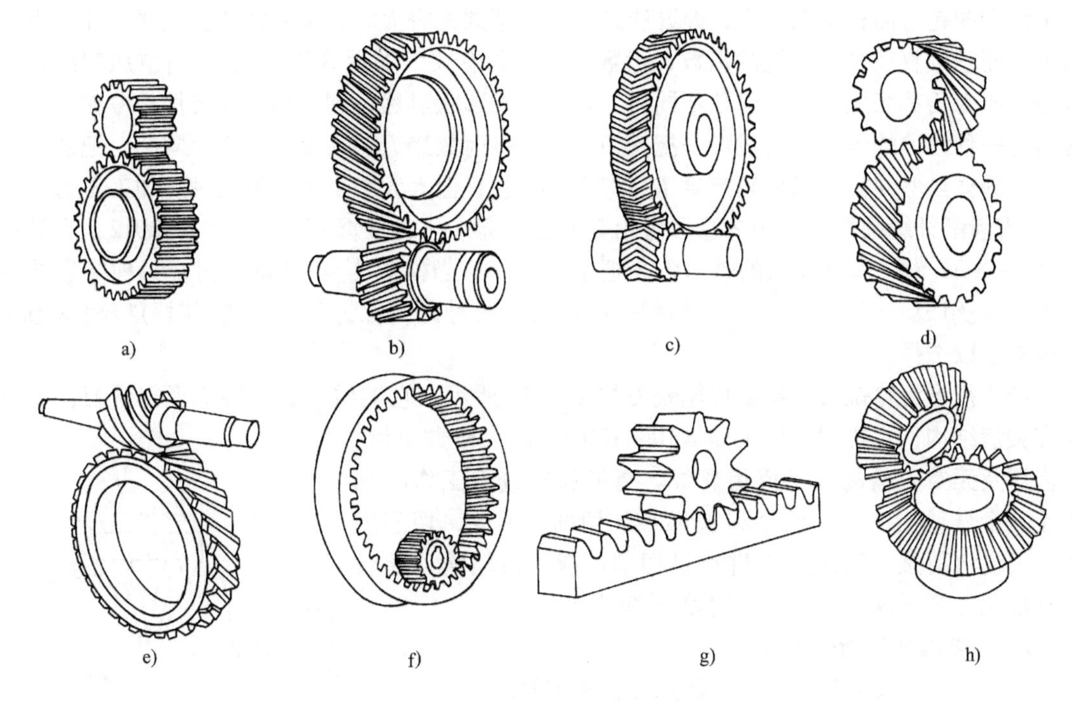


图 6-35 常见齿轮传动的类型

a）直齿圆柱齿轮传动 b）斜齿圆柱齿轮传动 c）人字齿圆柱齿轮传动
d）交错轴斜齿轮副传动 e）蜗杆传动 f）内啮合齿轮传动
g）齿轮齿条传动 h）直齿锥齿轮传动

**1. 成形法加工齿轮刀具**

（1）盘形齿轮铣刀 盘形齿轮铣刀是一种铲齿成形铣刀。当盘形齿轮铣刀前角为零时，其刃口形状就是被加工齿轮的渐开线齿形。齿轮齿形的渐开线形状由基圆大小决定，基圆越

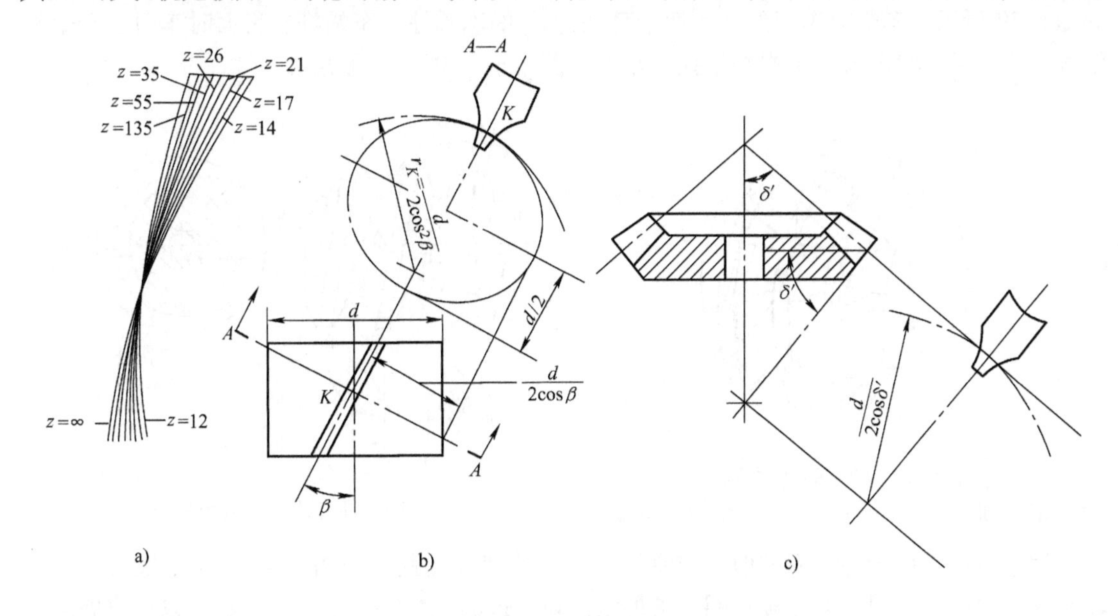


图 6-36 齿轮铣刀刀号的选择

小，渐开线越弯曲；基圆越大，渐开线越平直；基圆无穷大时，渐开线变为直线，即为齿条齿形。而基圆直径又与齿轮的模数、齿数、压力角有关，如图 6-36 所示。当被加工齿轮的模数和压力角都相同，只有齿数不同时，其渐开线形状显然不同，出于经济性的考虑，不可能对每一种齿数的齿轮对应设计一把铣刀，而是将齿数接近的几个齿轮用相同的一把铣刀去加工，这样虽然使被加工齿轮产生了一些齿形误差，但大大减少了铣刀数量。加工压力角为20°的直齿渐开线圆柱齿轮用的盘形齿轮铣刀已经标准化，根据 GB/T 28247—2012，当模数为0.3～8mm 时，每种模数的铣刀由 8 把组成一套；当模数为 9～16mm 时，每种模数的铣刀由 15 把组成一套。一套铣刀中的每一把都有一个号码，称为刀号，使用时可以根据齿轮的齿数予以选择。

（2）指形齿轮铣刀　指形齿轮铣刀如图 6-37 所示，它实质上是一种成形立铣刀，有铲齿和尖齿结构，主要用于加工 $m=10\sim100$mm 的大模数直齿、斜齿以及无空刀槽的人字齿齿轮等。指形齿轮铣刀工作时相当于一个悬臂梁，几乎整个刃长都参加切削，因此，切削力大，刀齿负荷重，宜采用小进给量切削。指形齿轮铣刀还没有标准化，需根据需要进行专门设计和制造。

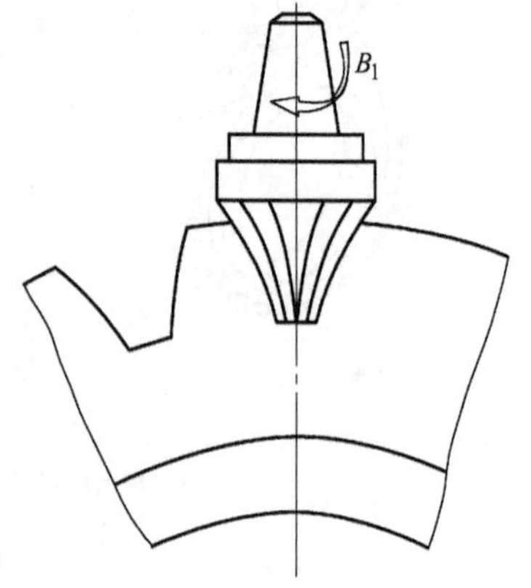


图 6-37　指形齿轮铣刀

**2. 展成法加工齿轮刀具**

这里只介绍几种渐开线展成法加工齿轮刀具。

（1）齿轮滚刀　齿轮滚刀是一种展成法加工齿轮的刀具，它相当于一个斜齿轮，其齿数很少（或称头数，通常是一头或二头），螺旋角很大，实际上就是一个蜗杆，如图 6-38 所示。渐开线蜗杆的齿面是渐开线螺旋面，根据形成原理，渐开线螺旋面的发生母线是在与基圆柱相切的平面中的一条斜线，该斜线与端面的夹角就是此螺旋面的基圆螺旋升角 $\lambda_b$，用此原理可车削渐开线蜗杆，如图 6-39 所示，车削时车刀的前面切于直径为 $d_b$ 的基圆柱，车蜗杆右齿面时车刀低于蜗杆轴线，车左齿面时车刀高于蜗杆轴线，车刀取前角 $\gamma_f=0°$，齿形角为 $\lambda_b$。

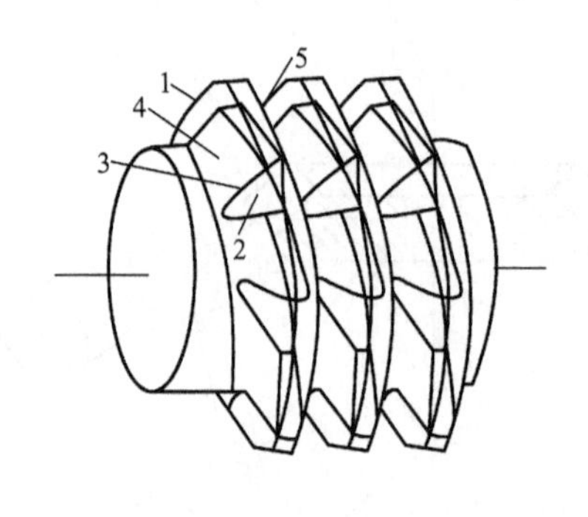


图 6-38　滚刀的基本蜗杆

1—蜗杆表面　2—前面　3—侧刃　4—侧铲面　5—后面

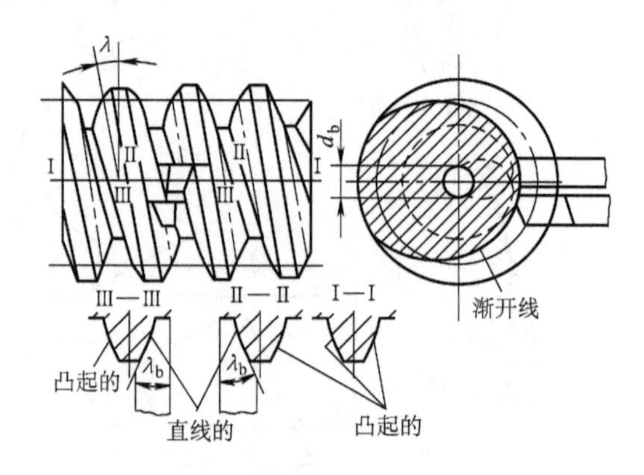


图 6-39　渐开线蜗杆齿面的形成

用滚刀加工齿轮的过程类似于交错轴斜齿轮的啮合过程，如图 6-40 所示，滚齿的主运动是滚刀的旋转运动，滚刀转一圈，被加工齿轮转过的齿数等于滚刀的头数，以形成展成运动；为了在整个齿宽上都加工出齿轮齿形，滚刀还要沿齿轮轴线方向进给；为了得到规定的齿高，滚刀还要相对于齿轮做径向进给运动；加工斜齿轮时，除上述运动外，齿轮还有一个附加转动，附加转动的大小与斜齿轮螺旋角大小有关。

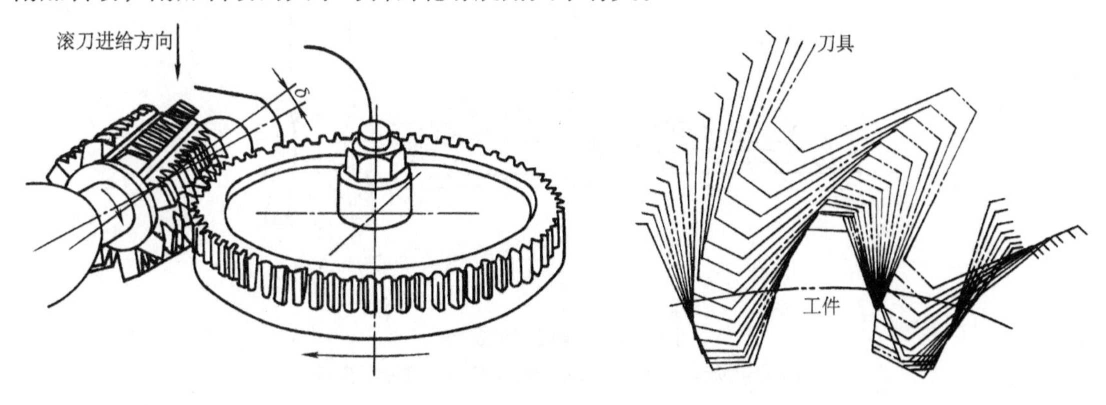


图 6-40　滚齿过程

（2）蜗轮滚刀　使用蜗轮滚刀加工蜗轮的过程是模拟蜗杆与蜗轮啮合的过程，如图 6-41 所示，蜗轮滚刀相当于原蜗杆，只是上面制作出切削刃，这些切削刃都在原蜗杆的螺旋面上。蜗轮滚刀的外形很像齿轮滚刀，但设计原理各不相同，蜗轮滚刀的基本蜗杆的类型和基本参数都必须与原蜗杆相同，加工每一规格的蜗轮需用专用的滚刀。用滚刀加工蜗轮可采用径向进给或切向进给，如图 6-42 所示。用径向进给方式加工蜗轮时，滚刀每转一转，蜗轮转动的齿数等于滚刀的头数，形成展成运动；滚刀在转动的同时，沿着蜗轮半径方向进给，达到规定的中心距后停止进给，而展成运动继续，直到包络好蜗轮齿形。用切向进给方式加工蜗轮时，首先将滚刀和蜗轮的中心距调整到等于原蜗杆与蜗轮的中心距；滚刀和蜗轮除做展成运动外，滚刀还沿本身的轴线方向进给切入蜗轮，因此，滚刀每转一转，蜗轮除需转过与滚刀头数相等的齿数外，由于滚刀有切向运动，蜗轮还需要有附加的转动。

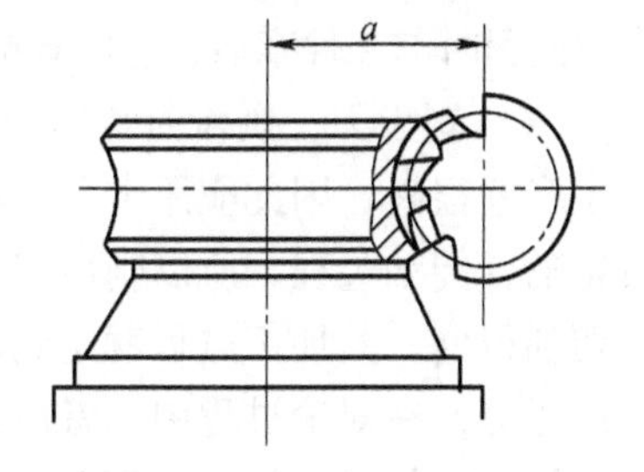


图 6-41　蜗轮的滚切

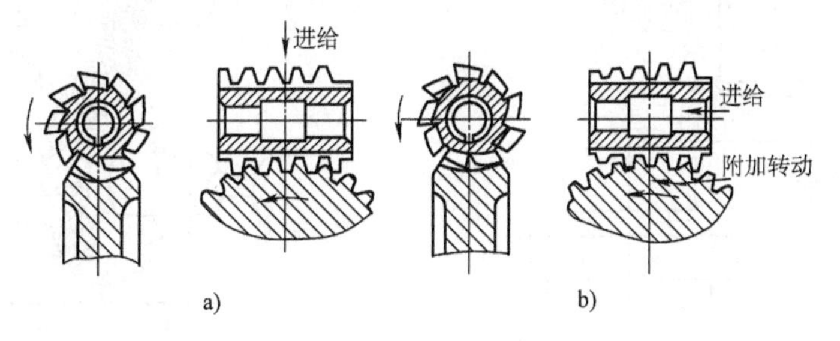


图 6-42　蜗轮滚刀的进给方式

a）径向进给　b）切向进给

（3）插齿刀　插齿刀是利用展成原理加工齿轮的一种刀具，它可用来加工直齿、斜齿、内圆柱齿轮和人字齿轮等，而且是加工内齿轮、双联齿轮和台肩齿轮最常用的刀具。插齿刀的形状很像一个圆柱齿轮，其模数、齿形角与被加工齿轮对应相等，只是插齿刀有前角、后角和切削刃。常用的直齿插齿刀已标准化，按照 GB/T 6081—2001 规定，直齿插齿刀有盘形、碗形和锥柄插齿刀，如图 6-43 所示。在齿轮加工过程中，插齿刀的上下往复运动是主运动，向

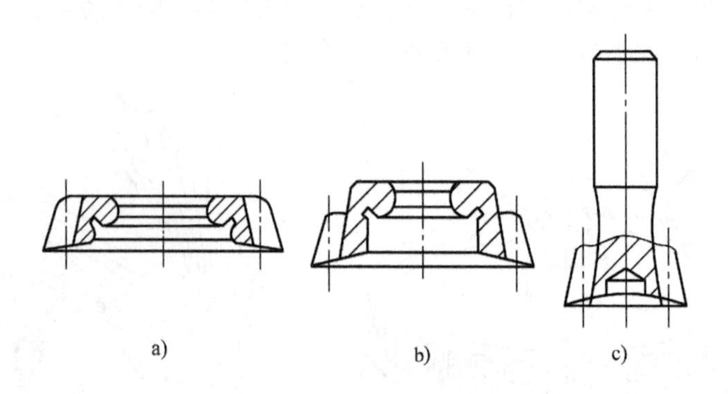


图 6-43　插齿刀的类型
a）盘形插齿刀　b）碗形直齿插齿刀　c）锥柄插齿刀

下为切削运动，向上为空行程；此外还有插齿刀的回转运动与工件的回转运动相配合的展成运动；开始切削时，在机床凸轮的控制下，插齿刀还有径向的进给运动，沿半径方向切入工件至预定深度后径向进给停止，而展成运动仍继续进行，直至齿轮的牙齿全部切完为止；为避免插齿刀回程时与工件摩擦，还应有被加工齿轮随工作台的让刀运动，如图 6-44 所示。

（4）剃齿刀　剃齿刀常用于未淬火的软齿面圆柱齿轮的精加工，其精度可达 6 级以上，且生产率很高，因此应用十分广泛。如图 6-45 所示，由于剃齿在原理上属于一对交错轴斜齿轮啮合传动过程，所以剃齿刀实质上是一个高精度的斜齿轮，并且在齿面上沿齿向开了很多切削刃槽。其加工过程就是剃齿刀带动工件作双面无侧隙的对滚，并对剃齿刀和工件施加一定压力，在对滚过程中二者沿齿向和齿形面均产生相对滑移，利用剃齿刀沿齿向开出的锯齿刀槽沿工件齿向切去一层很薄的金属，在工件的齿面方向因剃齿刀无刃槽，虽有相对滑动，但不起切削作用。

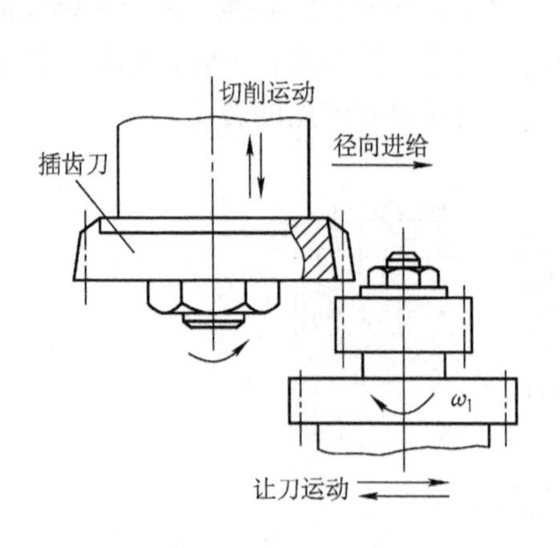


图 6-44　插齿刀的切削运动

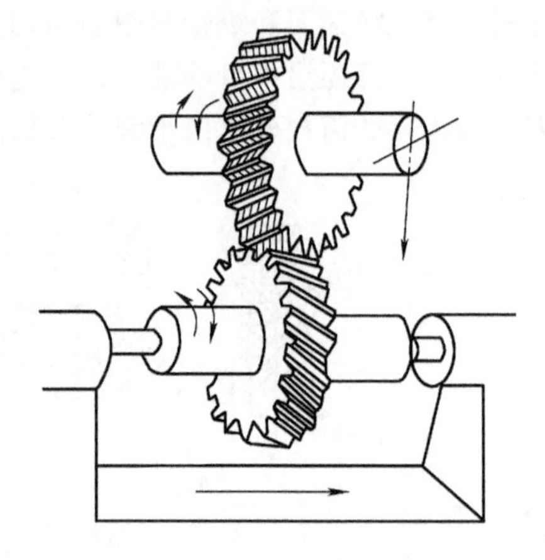

图 6-45　剃齿工作原理

（5）磨齿及磨具　磨齿多用于淬硬齿轮的齿面精加工，有的还可直接用来在齿坯上磨制小模数齿轮。磨齿能消除淬火后的变形，加工精度最低为 6 级，有的可磨出 3、4 级精度齿轮。磨齿有成形法和展成法两大类，多数为展成法磨齿。展成法磨齿又分为连续磨齿和分度磨齿两类，如图 6-46 所示，其中蜗杆形砂轮磨齿的效率最高，而大平面砂轮磨齿的精度最高。磨齿加工的加工精度高，修正误差能力强，而且能加工表面硬度很高的齿轮，但磨齿加工效率低，机床复杂，调整困难，因此加工成本高，适用于齿轮精度要求很高的场合。

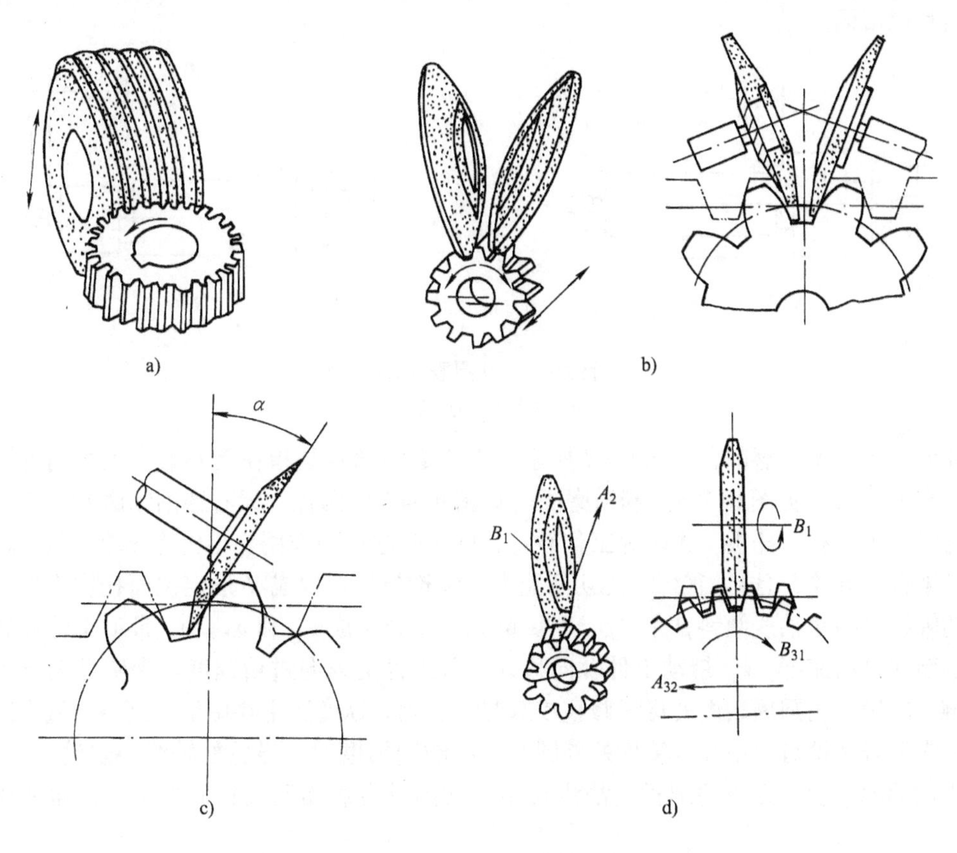


图 6-46　展成法磨齿及磨齿砂轮
a）蜗杆形　b）双蝶形　c）大平面砂轮型　d）锥形砂轮型

## 第六节　磨削加工及砂轮

磨削加工是指用砂轮或涂覆磨具作为切削工具，以较高的线速度对工件表面进行加工的方法。它大多在磨床上进行。磨削加工可分为普通磨削、高效磨削、高精度低表面粗糙度值磨削和砂带磨削等。

### 一、普通磨削

普通磨削多在通用磨床上进行，是一种应用十分广泛的精加工方法，它可以加工外圆、内圆、锥面、平面等。随着砂轮粒度号和切削用量的不同，普通磨削可分为粗磨和精磨。粗磨的尺寸公差等级为 IT7 ~ IT8，表面粗糙度值 $Ra=0.4\sim0.8\mu m$；精磨的尺寸公差等级可达 IT5 ~ IT6（磨内圆为 IT6 ~ IT7），表面粗糙度值 $Ra=0.2\sim0.4\mu m$。

**1. 磨外圆**（包括外锥面）

磨外圆在普通外圆磨床和万能外圆磨床上进行，具体方法有纵磨法和横磨法两种，如图 6-47 所示。这两种方法相比，纵磨法加工精度较高，$Ra$ 值较小，但生产率较低；横磨法生产率较高，但加工精度较低，$Ra$ 值较大。因此，纵磨法广泛用于各种类型的生产中，而横磨法只适用于大批、大量生产中磨削刚度较好、精度要求较低、长度较短的轴类零件上的外圆表面和成形面。

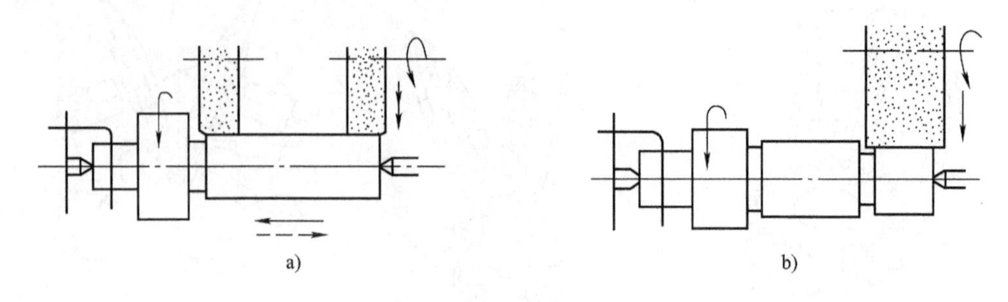


图 6-47　外圆磨削方法

a）纵磨法　b）横磨法

此外，还有无心磨削，如图 6-48 所示。无心磨削通常是指在无心磨床上磨削外圆，其方法也有纵磨法（见图 6-48a）和横磨法（见图 6-48b）两种。无心磨削纵磨时，工件放在两轮之间，下方有一托板。大轮为工作砂轮，旋转时起切削作用。小轮为导轮，是磨粒极细的橡胶结合剂砂轮，且 $v_{导}$ 很低，无切削能力。两轮与托板构成 V 形定位面托住工件。由于导轮的轴线与砂轮轴线倾斜 $\beta$ 角（$\beta=1°\sim6°$），$v_{导}$ 分解成 $v_{工}$ 和 $v_{进}$。$v_{工}$ 带动工件旋转，即工件的圆周进给速度；$v_{进}$ 带动工件轴向移动，即工件的纵向进给速度。为使导轮与工件直线接触，应把导轮圆周表面的母线修整成双曲线。无心纵磨法主要用于大批、大量生产中磨削细长光滑轴及销钉、小套等零件的外圆。无心磨削横磨时，导轮的轴线与砂轮轴线平行，工件不做轴向移动。无心磨削横磨法主要用于磨削带台肩而又较短的外圆、锥面和成形面等。

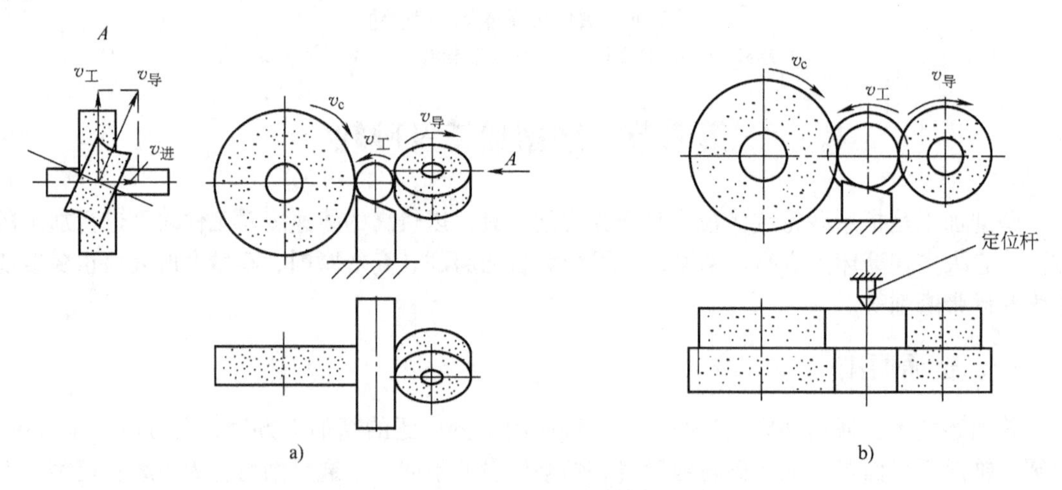


图 6-48　无心磨削方法

a）纵磨法　b）横磨法

**2. 磨内圆**（包括内锥面）

磨内圆在内圆磨床和万能外圆磨床上进行。与磨外圆相比，由于磨内圆的砂轮受孔径限制，切削速度难以达到磨外圆的速度；砂轮轴直径小，悬伸长，刚度差，易弯曲变形和振动，且只能采用很小的背吃刀量；砂轮与工件成内切圆接触，接触面积大，磨削热多，散热条件差，表面易烧伤。因此，磨内圆比磨外圆生产率低得多，加工精度和表面质量也较难控制。

磨削内圆时，需根据磨削表面的有关结构和孔径大小，采用不同形式的砂轮和不同的紧固方法。如图 6-49 所示，图 6-49a 所示形式的砂轮用来磨削通孔；图 6-49b 所示形式的砂轮用来磨削孔及其台阶面；图 6-49c 所示形式的砂轮用以磨削 $\phi$15mm 以下的小孔，砂轮与砂轮轴之间用黏结剂紧固。

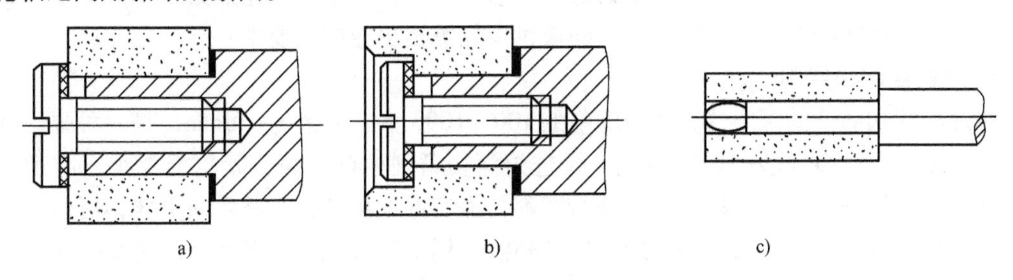

图 6-49　内圆磨削的砂轮及砂轮紧固方法

### 3. 磨平面

磨平面在平面磨床上进行，其方法有周磨法和端磨法两种，如图 6-50 所示。周磨法砂轮与工件的接触面积小，磨削力小，磨削热少，冷却与排屑条件好，砂轮磨损均匀，所以磨削精度高，表面粗糙度值小，磨削的两平面之间的尺寸公差等级可达 IT5 ~ IT6，表面粗糙度值 $Ra$ = 0.2 ~ 0.8μm，直线度精度可达 0.02 ~ 0.03mm/1000mm，但生产率较低，多用于单件、小批量生产，大批、大量生产亦可采用。端磨法生产率较高，但加工质量略差于周磨法，多用于大批、大量生产中磨削精度要求不太高的平面。

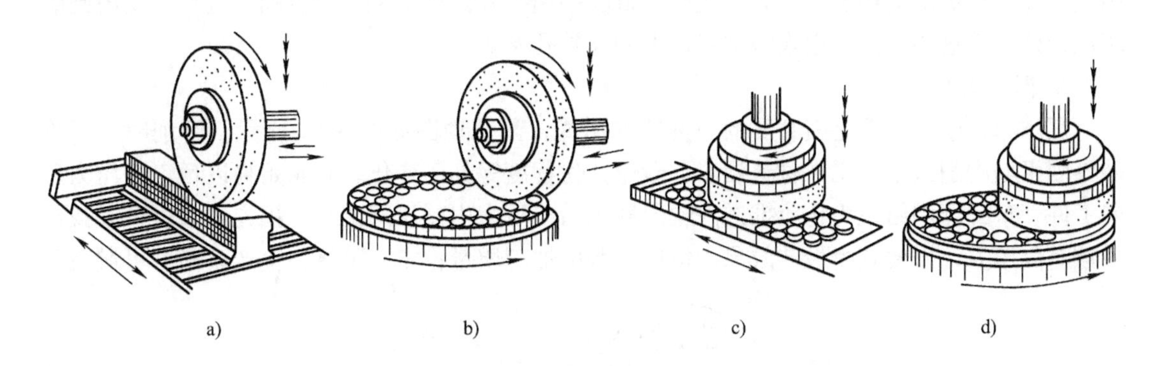

图 6-50　平面磨削方法

磨平面常作为铣平面或刨平面后的精加工，特别适宜磨削具有相互平行平面的零件。此外，还可磨削导轨平面。机床导轨多是几个平面的组合，在成批或大量生产中，常在专用的导轨磨床上对导轨面做最后的精加工。

## 二、高效磨削

随着科学技术的发展，作为传统精加工方法的普通磨削亦在逐步向高效率和高精度的方向发展。高效磨削常见的有高速磨削、缓进给深切磨削、恒压力磨削、宽砂轮与多砂轮磨削等。

**1. 高速磨削**

普通磨削砂轮线速度通常在30~35m/s以内。当砂轮线速度提高到50m/s以上时即称为高速磨削。目前国内砂轮线速度普遍采用50~60m/s，有的高达120m/s，某些发达国家已达230m/s。高速磨削可获得明显的技术经济效果，生产率一般可提高30%~100%，砂轮寿命可提高70%~100%，工件表面粗糙度值可稳定地达到$Ra=0.4\sim0.8\mu m$。高速磨削目前已应用于各种磨削工艺，不论是粗磨还是精磨，是单件、小批量还是大批、大量生产，均可采用。但高速磨削对磨床、砂轮、切削液供应均需提出相应的要求。

**2. 缓进给深切磨削**

缓进给深切磨削的深度约为普通磨削的100~1000倍，可达3~30mm，是一种强力磨削方法。大多经一次行程磨削即可完成。缓进给深切磨削生产率高，砂轮损耗小，磨削质量好。其缺点是设备费用高。将高速快进给磨削与深切磨削相结合，其效果更佳，可使生产率大幅度提高。例如，利用高速快进给深切磨削法，用CBN砂轮以150m/s的速度一次磨出宽10mm、深30mm的精密转子槽时，磨削长50mm仅需零点几秒。这种方法现已成功用于丝杠、齿轮、转子槽等沟槽、齿槽的以磨代铣。

**3. 宽砂轮与多砂轮磨削**

宽砂轮磨削是用增大磨削宽度来提高磨削效率的磨削方法。普通外圆磨削的砂轮宽度为50mm左右，而宽砂轮外圆磨削砂轮宽度可达300mm，平面磨削可达400mm，无心磨削可达1000mm。宽砂轮外圆磨削一般采用横磨法，它主要用于大批大量生产，例如，磨削花键轴、电动机轴以及成形轧辊等。其尺寸公差等级可达IT6，表面粗糙度值可达$Ra=0.4\mu m$。

多砂轮磨削实际上是宽砂轮磨削的另一种形式，其尺寸公差等级和$Ra$值与宽砂轮磨削相同。多砂轮磨削适用于大批大量生产，目前多用于外圆磨削和平面磨削。近年来在内圆磨床也开始采用这种方法，用来磨削零件上的同轴孔系。

**4. 恒压力磨削**

恒压力磨削实际上是横磨法的一种特殊形式，其原理图如图6-51所示。磨削时，无论外界因素如磨削余量、工件材料硬度、砂轮钝化程度等如何变化，砂轮始终以预定的压力压向工件，直到磨削结束为止。推进砂轮的液压系统压力由减压阀调节，预先可通过试验找出最佳磨削压力，以便获得最佳效果。恒压力磨削加工质量稳定、可靠，生产率高；可避免砂

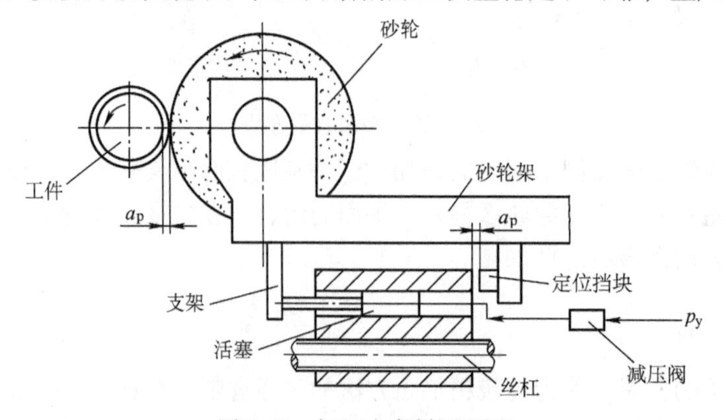


图6-51 恒压力磨削原理图

轮超负荷工作，操作安全。恒压力磨削目前已在生产中得到应用，并收到良好的技术经济效果。例如，利用恒压力磨削317球轴承内圈外滚道，其圆弧半径 $R$ 为13mm，磨削余量为0.5mm，磨削时间只要15s，圆度误差不超过2μm，尺寸误差在10～20μm之间，表面粗糙度值 $Ra$ =0.4～0.8μm。

## 三、砂带磨削

利用砂带，根据加工要求以相应的接触方式对工件进行加工的方法称为砂带磨削，如图6-52所示。它是近年来发展起来的一种新型高效工艺方法。

砂带所用磨料大多是精选出来的针状磨粒，应用静电植砂工艺，使磨粒均直立于砂带基体且锋刃向上、定向整齐均匀排列，因而磨粒具有良好的等高性，磨粒间容屑空间大，磨粒与工件接触面积小，且可使全部磨粒参加切削。因此，砂带磨削效率高，磨削热少，散热条件好。砂带磨削的工件，其表面变形强化程度和残余应力均大大低于砂轮磨削。砂带磨削多在砂带磨床上进行，亦可在卧式车床、立式车床上利用砂带磨头或砂带轮磨头进行，适宜加工大、中型尺寸的外圆、内圆和平面。

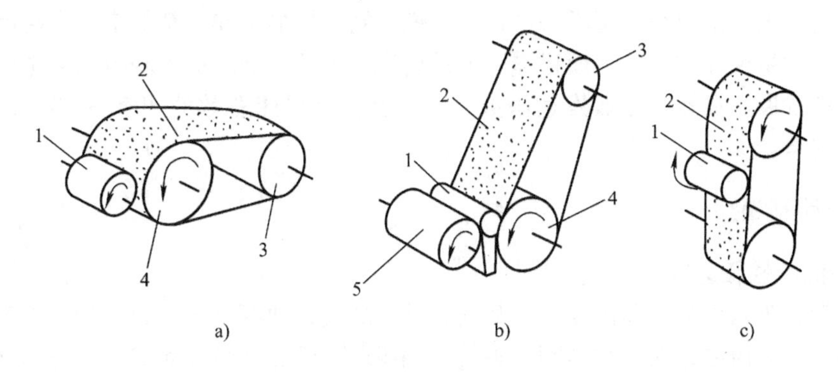


图6-52　砂带磨削

a）中心磨　b）无心磨　c）自由磨

1—工件　2—砂带　3—张紧轮　4—接触轮　5—导轮

## 四、高精度、低表面粗糙度值磨削

工件表面粗糙度值 $Ra$ <0.2μm的磨削工艺，统称为低表面粗糙度值磨削。低表面粗糙度值磨削不仅可获得极小的 $Ra$ 值，而且能获得很高的加工精度。

高精度、低表面粗糙度值磨削包括精密磨削、超精密磨削和镜面磨削。其加工精度很高，表面粗糙度值极小，加工质量可达到光整加工水平。

提高精度和减小表面粗糙度值是相互联系的。为了提高精度需要采用高精度磨床，其砂轮主轴旋转精度要求高，砂轮架相对工件振动的振幅应极小，工作台应无爬行，横向进给机构的重复精度应达到1～2μm；为了减小表面粗糙度值，还要合理选择砂轮，并对砂轮进行精细的平衡和修整；此外，还应提高工件定位基准的精度；尽量减少工件的受力变形和受热变形。

高精度、低表面粗糙度值磨削的磨削背吃刀量一般为0.0025～0.005mm。为了减小磨床振动，磨削速度一般为15～30m/s。

## 五、磨削加工的工艺特点

综上所述，不论是普通磨削，还是高效磨削和砂带磨削，与普通刀具切削加工相比，它具有如下工艺特点：

（1）加工精度高　这是因为：磨削属于高速多刃切削，其切削刃刀尖圆弧半径比一般车刀、铣刀、刨刀要小得多，能在工件表面上切下一层很薄的材料；磨削过程是磨粒挤压、刻划和滑擦综合作用的过程，有一定的研磨抛光作用；磨床比一般金属切削机床的加工精度高，刚度和稳定性好，且具有微量进给机构。

（2）可加工高硬度材料　磨削不仅可以加工铸铁、碳钢、合金钢等一般结构材料，还可以加工一般刀具难于切削的高硬度淬硬钢、硬质合金、陶瓷，玻璃等难加工材料。但对于塑性很大、硬度很低的非铁金属及其合金，因其切屑末易堵塞砂轮气孔而使砂轮丧失切削能力，一般不宜磨削，而多采用刀具切削精加工。

（3）应用越来越广泛　磨削可加工外圆、内圆、锥面、平面、成形面、螺纹、齿形等多种表面，还可刃磨各种刀具。随着精密铸造、模锻、精密冷轧等先进毛坯制造工艺日益广泛应用，毛坯的加工余量较小，可不必经过车、铣、刨等粗加工和半精加工，直接用磨削便可达到较高的尺寸精度和较小的表面粗糙度值的要求。因此，磨削加工获得越来越广泛的应用和日益迅速的发展。目前在工业发达国家，磨床已占到机床总数的30%～40%，而且还有不断增加的趋势。

## 六、磨削砂轮

### 1. 砂轮的特性及选择

磨具一般分为六大类，即砂轮、砂瓦、砂带、磨头、油石、研磨膏。砂轮是磨削加工中最常用的磨具，它由结合剂将磨料颗粒黏结，经压坯、干燥、焙烧而成，结合剂并未填满磨料间的全部空间，因而有气孔存在。磨料、结合剂、气孔三者构成了砂轮的三要素。

砂轮的特性由磨料的种类、磨料的颗粒大小、结合剂的种类、砂轮的硬度和砂轮的组织这五个基本参数所决定。砂轮的特性及其选择见表6-1。

（1）磨料　磨料是构成砂轮的主要成分，它担负着磨削工作，必须具备很高的硬度、耐磨性、耐热性和韧性，才能承受磨削时的热和切削力。常用的磨料有氧化物系、碳化物系、超硬磨料系。各种磨料的特性及适用范围见表6-1。其中立方氮化硼是我国近年发展起来的新型磨料，其硬度比金刚石略低，但其耐热性可达1400℃，比金刚石的800℃几乎高一倍，而且对铁元素的亲和力低，所以适合于磨削既硬又韧的钢材，在加工高速钢、模具钢、耐热钢时，其工作能力超过金刚石5～10倍，且立方氮化硼的磨粒切削刃锋利，可减少加工表面的塑性变形，磨出的表面粗糙度值比一般砂轮小1～2级。立方氮化硼是一种很有前途的磨料。

（2）粒度　粒度是指磨料颗粒的大小，通常用筛分法确定粒度号，例如可通过每英寸长度上有80个孔眼的筛网的磨粒，其粒度号即为F80。磨粒粒度对生产率和表面粗糙度值有很大影响，一般粗加工要求磨粒粒度号小，加工软材料时，为避免堵塞砂轮，也应采用小粒度号，精加工要求磨粒粒度号大。磨料根据其颗粒大小又分为磨粒和磨粉两类，磨料颗粒大于40μm时，称为磨粒，小于40μm时，称为磨粉。

**表6-1　砂轮的特性及选择**

砂轮组成的基本参数

**磨料**

| 系列 | 名称 | 代号 | 旧代号 | 颜色 | 性能 | 适用范围 |
|---|---|---|---|---|---|---|
| 氧化系 | 棕刚玉 | A | GZ | 棕褐 | 硬度较低、韧性较好 | 磨削碳素钢、合金钢，可锻铸铁与青铜 |
| | 白刚玉 | WA | GB | 白色 | 较A硬度高磨粒锋利 | 磨削淬硬钢，薄壁零件、成形零件 |
| | 铬刚玉 | PA | GC | 玫瑰红 | 韧性比WA好 | 磨削高速钢、不锈钢，成形磨削，刀具刃磨 |
| 碳化系 | 黑色碳化硅 | C | TH | 黑色 | 比刚玉类硬度高、但韧性差 | 磨削铸铁、黄铜、耐火材料及非金属材料 |
| | 绿色碳化硅 | GC | TL | 绿色 | 较C硬度高但韧性差 | 磨削硬质合金、宝石和光学玻璃 |
| | 碳化硼 | BC | | 黑色 | 比刚玉、GC都硬、耐磨 | 研磨硬质合金 |
| 超硬磨料 | 人造金刚石 | D | JR | 白、淡绿、黑色 | 硬度最高，但耐热性差 | 研磨硬质合金、宝石和光学玻璃、陶瓷等高硬度材料 |
| | 立方氮化硼 | CBN | CBN | 棕黑色 | 硬度仅次于D但韧性好 | 磨削高性能高速钢、不锈钢、耐热钢等 |

**粒度**

| 类别 | 粒度号 | 适用范围 |
|---|---|---|
| 磨粒 | F4、F5、F6、F7、F8、F10、F12 | 荒磨、粗磨钢锭 |
| | F14、F16、F20、F22、F24、F30 | 磨钢锭、铸造件去毛刺、切断钢坯 |
| | F36、F40、F46 | 一般平磨、外圆磨、无心磨，*Ra*可达0.8μm |
| | F54、F60、F70、F80、F90、F100 | 精磨、刀具刃磨，*Ra*可达0.8~0.16μm |
| | F120、F150、F180、F220 | 精磨、珩磨、磨螺纹 |
| 磨粉 | F230、F240、F280、F320、F360、F400、F500 | 精磨、珩磨、磨螺纹 |
| | F600、F800、F1000、F1200 | 精细磨、研磨、镜面磨削，*Ra*可达0.05~0.012μm |
| | F1500、F2000 | 研磨、抛光 |

**结合剂**

| 名称 | 代号 | 旧代号 | 特性 | 适用范围 |
|---|---|---|---|---|
| 陶瓷 | V | A | 耐热、耐油和酸及碱的侵蚀，强度高、较脆 | 除薄片砂轮外，能制成各种砂轮 |
| 树脂 | B | S | 强度高，富有弹性，具有一定的抛光作用，耐热性差，不耐酸碱 | 荒磨砂轮、磨窄槽，可作切断用砂轮、高速砂轮、镜面磨砂轮 |
| 橡胶 | R | X | 强度高，弹性更好，抛光作用好，耐热性差，不耐酸碱，易堵塞 | 用作磨削轴承滚道砂轮、无心磨导轮、切割薄片砂轮、抛光砂轮 |
| 金属 | M | J | 砂轮强度好，型面保持性好，有一定韧性，但自锐性差 | 制造金刚石砂轮，使用寿命长 |

**硬度**

| 等级 | 超软 | | | | | | 软 | | | 中软 | | 中 | | 中硬 | | | 硬 | | 超硬 |
|---|---|---|---|---|---|---|---|---|---|---|---|---|---|---|---|---|---|---|---|
| 代号 | A | B | C | D | E | F | G | H | J | K | L | M | N | P | Q | R | S | T | Y |
| 选择 | 未淬硬钢选L~N，淬火合金钢选H~K，高表面质量选K~L，硬质合金刀选H~J | | | | | | | | | | | | | | | | | | |

**组织**

| 组织号 | 0 | 1 | 2 | 3 | 4 | 5 | 6 | 7 | 8 | 9 | 10 | 11 | 12 | 13 | 14 |
|---|---|---|---|---|---|---|---|---|---|---|---|---|---|---|---|
| 磨粒率（%） | 62 | 60 | 58 | 56 | 54 | 52 | 50 | 48 | 46 | 44 | 42 | 40 | 38 | 36 | 34 |
| 用途 | 成形、精密磨削 | | | | 磨淬火钢、刀具 | | | | 磨韧性大硬度不高钢 | | | | 热敏材料 | | |

（3）结合剂　结合剂的作用是将磨粒黏合在一起，使砂轮具有必要的形状和强度，它的性能决定砂轮的强度、耐冲击性、耐腐蚀性、耐热性和砂轮寿命。常用的结合剂有陶瓷结合剂、树脂结合剂、橡胶结合剂和金属结合剂。陶瓷结合剂由黏土、长石、滑石、硼玻璃和硅石等陶瓷材料配制而成，其化学性质稳定、耐水、耐酸、耐热、成本低，但较脆，所以除切断砂轮外，大多数砂轮都用陶瓷结合剂；树脂结合剂的主要成分是酚醛树脂，也有采用环氧树脂的，其强度高、弹性好，所以多用于高速磨削、切断、开槽等；橡胶结合剂多数采用人造橡胶，它比树脂结合剂更富有弹性，可使砂轮具有良好的抛光作用；金属结合剂常见的是青铜结合剂，主要用于制作金刚石砂轮，其特点是型面成形性好，强度高，有一定韧性，但自砺性差，主要用于粗磨、半精磨硬质合金以及切断光学玻璃、陶瓷、半导体等。

（4）硬度　砂轮的硬度是反映磨粒在磨削力作用下，从砂轮表面上脱落的难易程度。砂轮硬，即表示磨粒难以脱落；砂轮软，表示磨粒容易脱落。砂轮的软、硬主要由结合剂的黏结强度决定，与磨粒本身的硬度无关。砂轮硬度对磨削质量和生产率有很大影响，砂轮硬度的选择主要根据加工工件材料的性质和具体的磨削条件来考虑。

（5）组织　砂轮的组织表示磨粒、结合剂和气孔三者体积的比例关系，磨粒在砂轮体积中所占比例越大，砂轮的组织越紧密，气孔越小；反之，组织越疏松。砂轮组织分为紧密、中等、疏松三大类，细分为0～14组织号，其中0～3号属紧密型，4～7号为中等，8～14号为疏松。

**2. 砂轮的形状和代号**

（1）砂轮的形状　根据不同的用途、磨削方式和磨床类型，可将砂轮制成不同的形状和尺寸，并已标准化。常用砂轮形状、代号及用途见表6-2。

（2）砂轮的标记　在生产中，为了便于对砂轮进行管理和选用，通常将砂轮的形状、尺寸和特性标注在砂轮端面上，其顺序为：形状、尺寸、磨料、粒度号、硬度、组织号、结合剂、线速度，其中尺寸一般指外径×厚度×内径。例如，1-350×40×75WA60K5B40即代表该砂轮为平面砂轮，外径为350mm，厚度为40mm，内径为75mm，白刚玉磨料，60粒度，中软硬度，中等5号组织，树脂结合剂，最高线速度为40m/s。

**表6-2　常用砂轮形状、代号及用途**（GB/T 2484—1994）

| 代号 | 名　称 | 断面形状 | 形状尺寸标记 | 主要用途 |
|---|---|---|---|---|
| 1 | 平面砂轮 | D; T; H | $1-D \times T \times H$ | 磨外圆、内孔、平面及刃磨刀具 |
| 2 | 筒形砂轮 | D; W; $W \leqslant 0.17D$; T | $2-D \times T-W$ | 端磨平面 |
| 4 | 双斜边砂轮 | D; T; U; H | $4-D \times T/U \times H$ | 磨齿轮及螺纹 |

（续）

| 代号 | 名　称 | 断面形状 | 形状尺寸标记 | 主要用途 |
|---|---|---|---|---|
| 6 | 杯形砂轮 | D, E>W, W, T, E, H | $6-D\times T\times H-W,\ E$ | 端磨平面，刃磨刀具后面 |
| 11 | 碗形砂轮 | D, E>W, W, K, T, E, H, J | $11-D/J\times T\times H-W,\ E,\ K$ | 端磨平面，刃磨刀具后面 |
| 12a | 碟形一号砂轮 | D, K, W, U, E, T, H, J | $12a-D/J\times T/U\times H-W,\ E,\ K$ | 刃磨刀具前面 |
| 41 | 薄偏砂轮 | D, T, H | $41-D\times T\times H$ | 切断及磨槽 |

# 第七节　自动化生产及其刀具

## 一、金属切削加工自动化

分析一下车削加工过程，不难发现，即使是最简单的加工，也需要进行一系列的操作：除了直接进行切削加工的操作外，还有如工件装夹、刀具安装调整、开车、刀具移向工件、确定进给量、接通自动进给、切断自动进给、退刀、停车、测量……卸工件等许多操作，都是必不可少的。自动化的加工过程，实际上是一种严格的程序控制过程。根据加工过程的全部内容，设定一个严格的程序，使上述各种动作和运动在这个程序的控制下有序地进行。20世纪40年代后，人们通过设计各种高效的自动化机床，并用物料自动输送装置将单机连接起来，形成了以单一品种、大批大量生产为特征的成熟的刚性自动化生产方式。

当以大量生产方式制造的产品使市场趋于饱和时，人们提出了产品多样化的要求。对于产品制造者，这又是一个新的课题：既要保证高的生产质量和效率，又要有能迅速更新、调整产品的灵活性，变单一品种、大批大量生产为多品种的中、小批量生产。由此开始了使刚性自动化向柔性自动化发展的历程。

人们做过许多探索和尝试，找到了一种称为组合机床的形式，其中液压式组合机床比较容易实现控制程序的改变。组合机床自动线得到了成功的应用。但是，由于一个工件的加工过程需要依此在多台机床上装卸，制约了表面间相互位置精度的提高。

20世纪50年代，集成电路、计算机技术的发展，使数控技术应运而生，并开发了能执行多种加工工作的、复杂的机床控制器，它彻底改变了过去的各种模式，以数字信息为指令，控制能够接受数字信息的执行装置的动作和运动。随着计算机性能的提高，人们积极地开发了各种计算机辅助编程软件，使车床、线切割和铣床等机床都能方便地进行二维以至三维的数控加工，实现了单机柔性自动化加工。

软件方面，CAD/CAM技术的发展已经可以方便地在计算机上建立零件模型，通过后置处理确定加工工艺，自动编制加工程序，并将相关指令直接送入数控机床进行自动加工。硬件方面，突破了传统机床受刀具数量和运动自由度限制的有限加工能力，设计制造了带有可以存放多达数十把刀具的刀库和自动换刀装置以及可以多达五轴联动的各种加工中心，大大扩大了工件在一次装夹中可以加工的范围，从而可以采用“工序集中”方式的自动加工；由于高性能的刀具和精确控制的刀具位置，以及诸多表面的加工能在一次安装中进行，工件各表面能得到很高的尺寸精度和相互位置精度。所有这些进展，很好地实现了柔性加工。

单机柔性加工发展的必然结果是向自动化的更高的阶段——以柔性生产线和柔性制造系统（FMS）的方式组织生产。1968年诞生了世界第一条柔性生产线。而后进一步出现了柔性制造系统。作为柔性制造系统，除了生产线上各种设备对工件进行自动加工外，还包括了材料、工件、刀具、工艺装备等物料的自动存放、自动传输和自动更换，生产线的自动管理和控制，工况的自动监测和自动排故，各种信息的收集、处理和传递等。

1974年，美国人哈林顿又进一步提出了计算机集成制造系统（CIMS）的概念，其中包含两个基本观点：其一是企业生产的各个环节，即从市场分析、产品设计、加工制造、经营管理到售后服务的全部生产活动是一个不可分割的整体，要统一考虑；其二是整个生产过程实质上是一个数据的采集、传递和加工处理的过程，最终形成的产品可以看作是数据的物质表现。CIMS作为制造业的新一代生产方式，这是技术发展的可能和市场竞争的需要共同推动的结果。集成度的提高，使各种生产要素的配置可以更好地优化，潜力得到可以更大的发挥；实际存在的各种资源的明显的或潜在的浪费可以得到最大限度地减少甚至消除，从而可以获得更好的整体效益。

机械加工自动化生产可分为以自动化生产线为代表的刚性专门化自动化生产和以数控机床、加工中心为主体的柔性通用化自动化生产。就刀具而言，在刚性专门化自动化生产中，是以提高刀具专用化程度来获得最佳总体效益的；在柔性自动化生产中，是以尽可能提高刀具标准化、通用化程度来取得最佳总体效益的。

## 二、自动化生产对刀具的特殊要求

机械加工自动化生产要求刀具除具备普通机床用刀具应有的性能外，还应满足自动化加工所必需的下列要求：

1）刀具应有高的可靠性和寿命。刀具的可靠性是指刀具在规定的切削条件和时间内，完成额定工作的能力。为了提高刀具的可靠性，必须严格控制刀具材料的质量，严格贯彻刀具制造工艺，特别是热处理和刃磨工序，严格检查刀具质量。自动化生产的刀具寿命是指保持加工尺寸精度条件下，一次调刀后使用的基本时间。该寿命亦称为尺寸寿命。实践表明，刀具尺寸寿命与刀具磨损量、工艺系统的变形和刀具调整误差等因素有关。为了保证刀具寿命，又要在规定时间内完成切削工作，应采用切削性能好、耐磨性高的刀具材料或者选用较大的 $a_p$、$f$ 和较低的 $v_c$。

2）采取各种措施，保证可靠地断屑、卷屑和排屑。

3）能快速地换刀或自动换刀。

4）能迅速、精确地调整刀具尺寸。

5）刀具应有很高的切削效率。

6）应具有可靠的刀具工作状态监控系统。切削加工过程中，刀具的磨损和破损是引起停机的重要因素。因此，对切削过程中刀具状态的实时监控与控制，已成为机械加工自动化生产系统中必不可少的措施。

数控机床和加工中心的切削加工应适应小批量多品种加工，并按预先编好的程序指令自动地进行加工。对数控机床和加工中心用的刀具还有下列要求：

1）必须从数控加工的特点出发来制定数控刀具的标准化、系列化和通用化结构体系。数控刀具系统应是一种模块式、层次化，可分级更换、组合的体系。

2）对于刀具及其工具系统的信息，应建立完整的数据库及其管理系统。

3）应有完善的刀具组装、预调、编码标识与识别系统。

4）应建立切削数据库，以便合理地利用机床与刀具。

## 第八节　光整加工方法综述

光整加工是指在精车、精镗、精铰、精磨的基础上，旨在获得比普通磨削更高精度（IT5 ~ IT6 或更高）和更小的表面粗糙度值（$Ra$ =0.01 ~0.1μm）的研磨、珩磨、超精加工和抛光等加工，从广义上讲，它还包括刮削、宽刀细刨和金刚石刀具切削等。

### 一、宽刀细刨

宽刀细刨是在普通精刨的基础上，通过改善切削条件，使工件获得较高的形状精度和较小的表面粗糙度值的一种平面精密加工方法，如图 6-53 所示。加工时，把工件安装在龙门刨床上，利用宽刀细刨刀以很低的切削速度（$v_c$ <5m/min）和很大的进给量在工件表面上切去一层极薄的金属。它要求机床精度高，刚度好，刀具刃口平直光洁，使用合适的切削液。宽刀细刨的直线度公差可达 0.01 ~ 0.02mm/1000mm，表面粗糙度值 $Ra$ = 1.6 ~0.8μm，常用于成批和大量生产中加工大型工件上精度较高的平面（如导轨面），以代替刮削和导轨磨削。

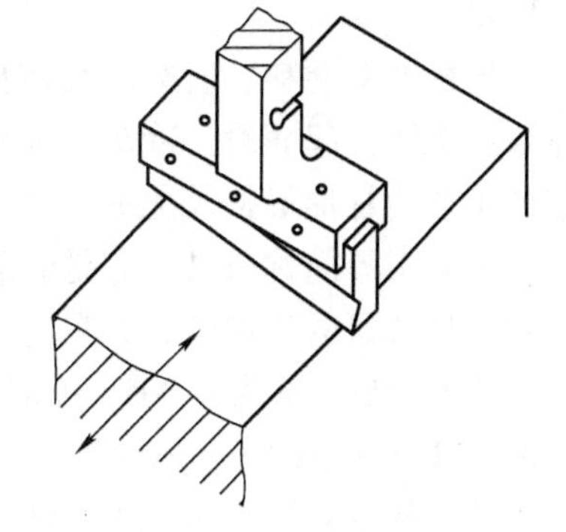

图 6-53　宽刀细刨

### 二、刮削

刮削是用刮刀刮除工件表面薄层的加工方法。它一般在普通精刨和精铣基础上，由钳工手工操作进行，如图 6-54 所示，刮削余量为 0.05 ~ 0.4mm。刮削前，在精密的平板、平尺、专用检具或与工件相配的偶件表面上涂一层红丹油（亦可涂在工件上），然后工件与其贴紧推磨对研。对研后工件上显示出高点，再用刮刀将显出的高点逐一刮除。经过反复对研和刮削，可使工件表面的显示点数逐渐增多并越来越均匀，这表明工件表面形状误差在逐渐减小。平面刮削的质量常用 25mm × 25mm 方框内均布的点数来衡量，框内的点数越多，说明平面的平面度精度越高。平面刮削的直线度精度可达 0.01mm/1000mm，目前最高可达 0.0025 ~ 0.005mm/1000mm。刮削多用于单件、小批量生产中加工各种设备的导轨面、要求高的固定结合面、滑动轴承轴瓦以及平板、平尺等检具。刮削可使两个平面之间达到紧密吻合，并形成具有润滑油膜的滑动面。刮削还用于某些外露表面的修饰加工，刮出各种漂亮整齐的花纹，以增加其美观程度。

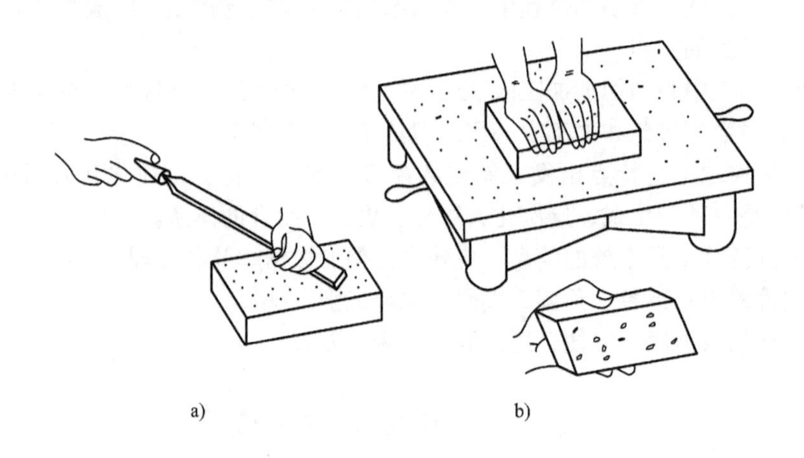


图 6-54　平面刮削

a）平面刮研　b）刮研研点

## 三、研磨

研磨是指利用研磨工具和研磨剂，从工件表面磨去一层极薄的工件材料的光整加工方法。研磨是在良好的预加工基础上对工件进行 0.01 ~ 0.1μm 微量切削的，研磨可使尺寸公差等级达到 IT3 ~ IT6、形状精度如圆度精度可达 0.001mm，表面粗糙度值可达 $Ra$ = 0.018 ~ 0.1μm。

研磨剂由磨料、研磨液及辅料调配而成。磨料一般只用微粉。研磨液用煤油、植物油或煤油加机油，起润滑、冷却以及使磨料能均匀地分布在研具表面的作用。辅料指油酸、硬脂酸或工业用甘油等强氧化剂，使工件表面生成一层极薄的疏松的氧化膜，以提高研磨效率。

研磨工具简称研具，它是研磨剂的载体，用以涂敷和镶嵌磨料，发挥切削作用。研具的材料应比待研的工件软，并具有一定的耐磨性，组织均匀。常用铸铁做研具。

研磨余量一般为 0.005 ~ 0.02mm，必要时可分为粗研和精研。粗研的磨料粒度用 F280 ~ F800，精研用 F1000 ~ F1200。

手工研磨外圆、内圆的方法如图 6-55 所示。手工研磨平面则是将研磨剂涂在研具（即研磨平板）上，手持工件做直线往复运动或其他轨迹的运动。

研磨可加工钢、铸铁、铜、铝及其合金、硬质合金、半导体、陶瓷、玻璃、塑料等材料，可加工常见的各种表面，且不需要复杂和高精度设备，方法简便可靠，容易保证质量。但研磨一般不能提高表面位置精度，且生产率低。研磨作为一种传统的精密加工方法，仍广泛用于现代工业中各种精密零件的加工，例如，精密量具、精密刀具、光学玻璃镜片以及精密配合表面等。单件、小批量生产用手工研磨；大批、大量生产可在研磨机上进行。

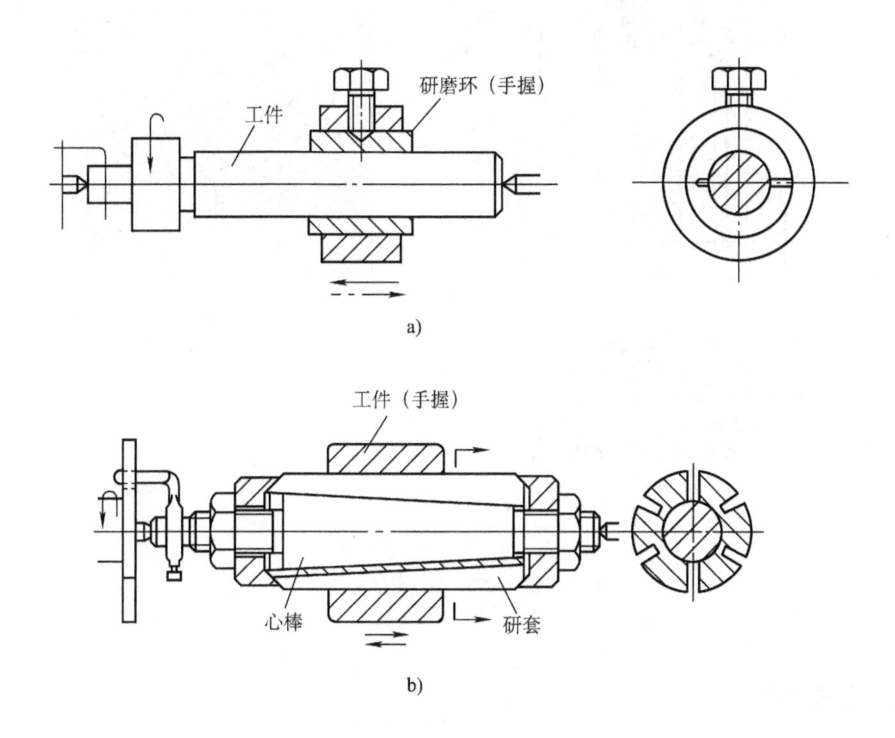


图 6-55　外圆和内圆的研磨方法

a）研磨外圆　b）研磨内圆

## 四、珩磨

珩磨是指利用珩磨工具对工件表面施加一定压力，珩磨工具同时做相对旋转和直线往复运动，磨除工件表面极小余量的一种精密加工方法，如图 6-56 所示。珩磨多在精磨或精镗的基础上在珩磨机上进行，单件、小批量生产也可在立式钻床上进行，多用于加工圆柱孔。

珩磨孔用的工具称为珩磨头，其结构多种多样，图 6-56a 所示的是一种较为简单的机械式珩磨头。在成批、大量生产中，广泛采用气动、液压珩磨头，自动调节工作压力。

珩磨余量一般为 0.02～0.15mm。为获得较低的表面粗糙度值，磨削轨迹应成均匀而不重复的交叉网纹（见图 6-56b），粗珩时 $2\theta=40°\sim60°$，精珩时 $2\theta=15°\sim45°$。珩磨头与主轴浮动连接，使其沿孔壁自行导向，使油石与孔壁均匀接触。珩磨时应施加切削液以冲走破碎脱落的磨粒和屑末，并起冷却润滑作用。珩磨的孔径范围为 15～500mm，孔的深径比可达 10 以上。珩磨生产率较高，其尺寸公差等级可达 IT4～IT6，表面粗糙度值可达 $Ra=0.04\sim0.2\mu m$，孔的形状精度亦相应提高。珩磨广泛用于大批、大量生产中加工发动机气缸孔、连杆大头孔、各种液压装置的铸铁套和钢套等。珩磨与磨削一样，也不宜加工韧性较大的非

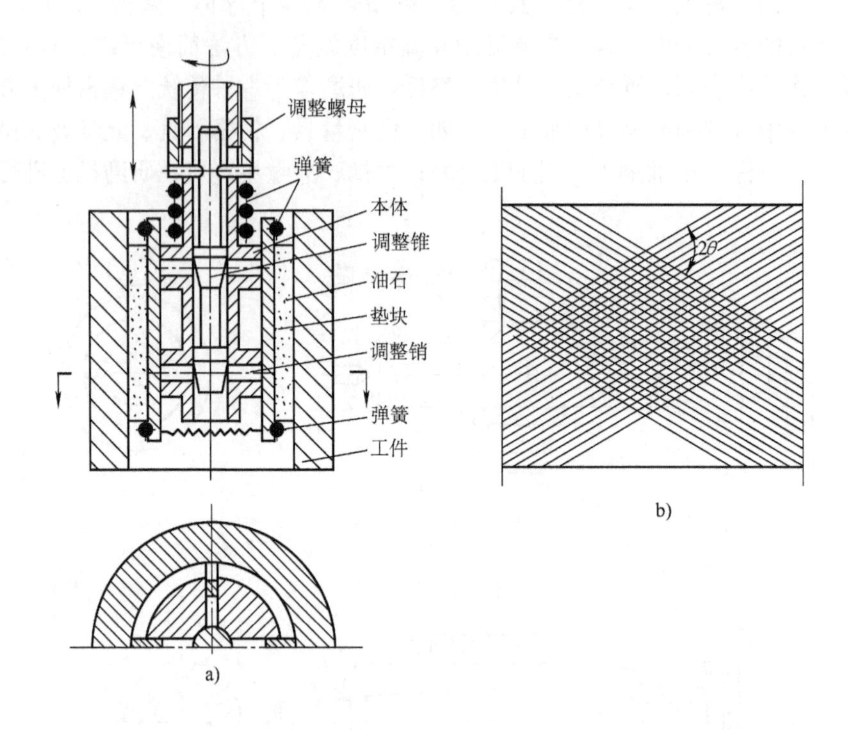


图 6-56　珩磨方法

铁金属。

## 五、超精加工

这里所说的超精加工是指用极细磨粒的油石，以恒定压力（5 ~ 20MPa）和复杂相对运动对工件进行微量磨削，以降低表面粗糙度值为主要目的的光整加工方法。

外圆超精加工如图 6-57 所示，工件以较低的速度（$v$ = 10 ~ 50m/min）旋转，油石一方面以 12 ~ 25Hz 的频率、1 ~ 3mm 的振幅做往复振动，另一方面以 0.1 ~ 0.15mm/r 的进给量纵向进给；油石对工件表面的压力，靠调节上面的压力弹簧来实现。在油石与工件之间注入具有一定黏度的切削液，以清除屑末和形成油膜。加工时，油石上每一磨粒均在工件上刻划出极细微且纵横交错而不重复的痕迹，切除工件表面上的微观凸峰。随着凸峰逐渐降低，油石与工件的接触面积逐渐加大，压强随之减小，切削作用相应减弱。当压力小于油膜表面张力时，油石与工件即被油膜分开，切削作用自行停止。

超精加工平面与超精加工外圆类似。

超精加工只能切除微观凸锋，一般不留加工余量或只留很小的加工余量（0.003 ~ 0.01mm）。超精加工主要用于降低表面粗糙度值，加工后表面粗糙度值可达 $Ra$ = 0.01 ~ 0.1μm，可使零件配合表面间的实际接触面积大为增加，但超精加工一般不能提高尺寸精度、形状精度和位置精度，工件在这方面的精度要求应由前面的工序保证。超精加工生产率很高，常用于大批、大量生产中加工曲轴、凸轮轴的轴颈外圆、飞轮、离合器盘的端平面以及滚动轴承的滚道等。

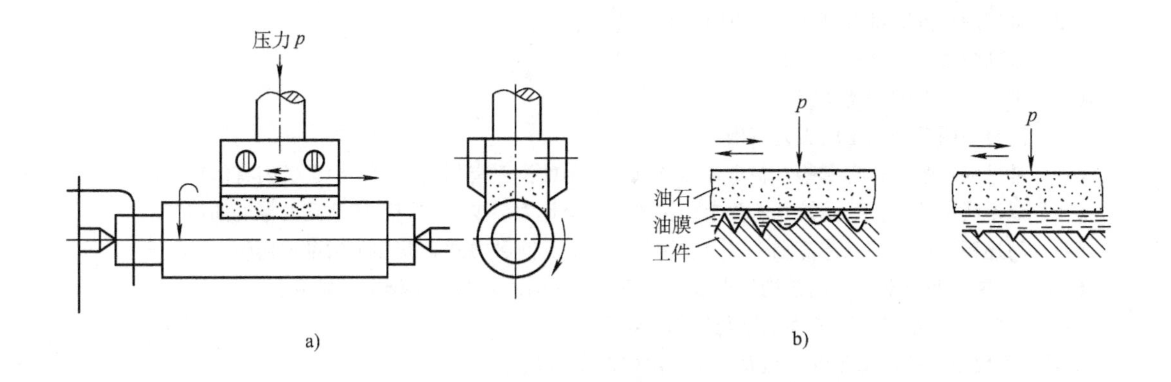


图 6-57　外圆超精加工示意图

## 六、抛光

抛光是用涂有抛光膏的软轮（即抛光轮）高速旋转对工件进行微弱切削，从而降低工件表面粗糙度，提高光亮度的一种光整加工方法。

软轮用皮革、毛毡、帆布等材料叠制而成，具有一定的弹性，以便工作时能按工件表面形状变形，增大抛光面积或加工曲面。抛光膏由较软的磨料（氧化铁、氧化铬等）和油脂（油酸、硬脂酸、石蜡、煤油等）调制而成。磨料的选用取决于工件材料，抛光钢件可用氧化铁及刚玉，抛光铸铁件可用氧化铁及碳化硅，抛光铜铝件可用氧化铬。

抛光时，软轮转速很高，其线速度一般为 30 ~ 50m/s。软轮与工件之间应有一定压力。油酸、硬脂酸一类强氧化剂物质在金属工件表面形成氧化膜以加大抛光时的切削作用。抛光时产生大量的摩擦热，使工件表层出现极薄的金属熔流层，对原有微观沟痕起填平作用，从而获得光亮的表面。

抛光一般在磨削或精车、精铣、精刨的基础上进行，不留加工余量。经过抛光后，表面粗糙度值可达 $Ra = 0.012 \sim 0.1\mu m$，并可明显地增加光亮度。抛光不能提高尺寸精度、形状精度和位置精度。因此，抛光主要用于表面的修饰加工及电镀前的预加工。

## 【视野拓展】只有通过实干才能掌握职业技能

掌握职业技能是一个想干→肯干→敢干→巧干的过程。所谓“想干”，就是要有兴趣，要有期待掌握职业技能的强烈愿望。所谓“肯干”，就是要有实干精神，要勤奋，不怕苦、不怕累。所谓“敢干”，就是对一些职业技能要敢于尝试，不断熟练。所谓“巧干”，就是在掌握职业技能的过程中要动脑筋，不断分析研究，不断创新。

俗话说，“师傅引进门，学艺在自身”。掌握职业技能必须要经历先学→后试→再思考→再改进→再深化的过程。也可以说，掌握职业技能是一个由继承到创新的成长过程。

## 思考题与习题

6-1　简述车削加工的工艺范围及其特点。试说明工件在车床上装夹的方法有哪些。

6-2　简述各车削阶段所能达到的加工精度和表面质量。

6-3　常用的标准圆锥有哪些？各有哪些规格型号？

6-4　车削螺纹应注意哪些方面？

6-5　常用车刀有哪些类型？

6-6　简要说明铣削加工的工艺范围。

6-7　常见的铣削方式有哪些？各有什么特点？常用的铣刀有哪些类型？模具铣刀有何特点？

6-8　试说明钻孔、扩孔、铰孔所要求预留的加工余量为多少？它们所能达到的精度如何？

6-9　简述镗削加工的工艺范围。试说明镗削加工有哪几种方式，其加工精度如何。

6-10　简要说明浮动镗刀的结构特点及工作原理，并阐述其对加工精度的影响。

6-11　试比较在加工平面方面刨削与铣削的特点。

6-12　简要说明齿轮加工的方法及其所使用的机床和刀具。

6-13　试说明磨削加工的工艺特点，常见的普通磨削加工有哪些。试说明无心磨削加工的原理及加工方法。

6-14　常见的高效磨削有哪些？各有何工艺特点？

6-15　常用的磨具有哪些？磨削砂轮的结构要素是什么？选择砂轮的基本参数有哪些？这些基本参数的具体含义是什么？

6-16　试说明自动化生产对刀具有哪些特殊要求。

6-17　常见的光整加工方法有哪些？试分别说明其工艺特点。

# 第七章　金属切削机床概论

## 第一节　金属切削机床概述

金属切削机床是用切削方法将金属毛坯加工成具有一定形状、尺寸和表面质量的机械零件的机器。它是机械制造业的主要加工设备，所担负的加工工作量约占机械制造总工作量的40%～60%。由于它是制造机器的机器，通常又称为工作母机或工具机，习惯上称为机床。

### 一、机床的分类及型号的编制方法

机床的品种和规格繁多，为了便于区别和管理，必须对机床加以分类和编制型号。

**1. 机床的分类**

机床主要是按加工性质和所用刀具进行分类的。目前我国将机床分为11大类，即车床、钻床、镗床、磨床、齿轮加工机床、螺纹加工机床、铣床、刨插床、拉床、锯床和其他机床。每一大类中的机床，按结构、性能和工艺特点还可细分为若干组，每一组又细分为若干系（系列），见表7-1。除上述基本分类方法外，还可按照通用性程度分为通用机床、专门化机床、专用机床；按照加工精度不同分为普通机床、精密机床、高精度机床；按照自动化程度分为手动、机动、半自动、自动机床；按照重量和尺寸不同分为仪表机床、中型机床、大型机床、重型机床、超重型机床；按照机床主要部件的数目分为单轴、多轴或单刀、多刀机床等。

随着机床的发展，其分类方法也将不断发展。机床数控化引起了机床传统分类方法的变化。这种变化主要表现在机床品种不是越分越细，而是趋向综合。

表7-1　金属切削机床类、组划分表

| 类别 | | 组别 | | | | | | | | | |
|---|---|---|---|---|---|---|---|---|---|---|---|
| | | 0 | 1 | 2 | 3 | 4 | 5 | 6 | 7 | 8 | 9 |
| 车床C | | 仪表车床 | 单轴自动车床 | 多轴自动、半自动车床 | 回轮、转塔车床 | 曲轴及凸轮轴车床 | 立式车床 | 落地及卧式车床 | 仿形及多刀车床 | 轮、轴、辊、锭及铲齿车床 | 其他车床 |
| 钻床Z | | | 坐标镗钻床 | 深孔钻床 | 摇臂钻床 | 台式钻床 | 立式钻床 | 卧式钻床 | 铣钻床 | 中心孔钻床 | 其他钻床 |
| 镗床T | | | | 深孔镗床 | | 坐标镗床 | 立式镗床 | 卧式镗床 | 精镗床 | 汽车、拖拉机修理用镗床 | 其他镗床 |
| 磨床 | M | 仪表磨床 | 外圆磨床 | 内圆磨床 | 砂轮机 | 坐标磨床 | 导轨磨床 | 刀具刃磨床 | 平面及端面磨床 | 曲轴、凸轮轴、花键轴及轧辊磨床 | 工具磨床 |
| | 2M | | 超精机床 | 内圆珩磨机 | 外圆及其他珩磨机 | 抛光机 | 砂带抛光及磨削机 | 刀具刃磨及研磨机床 | 可转位刀片磨削机床 | 研磨机 | 其他磨床 |
| | 3M | | 球轴承套圈沟磨床 | 滚子轴承套圈滚道磨床 | 轴承套圈超精机 | | 叶片磨削机床 | 滚子加工机床 | 钢球加工机床 | 气门、活塞及活塞环磨削机床 | 汽车拖拉机修磨机 |

（续）

| 类别 | 组别 | | | | | | | | | |
|---|---|---|---|---|---|---|---|---|---|---|
| | 0 | 1 | 2 | 3 | 4 | 5 | 6 | 7 | 8 | 9 |
| 齿轮加工机床 Y | 仪表齿轮加工机床 | | 锥齿轮加工机床 | 滚齿机及铣齿机 | 剃齿机及珩齿机 | 插齿机 | 花键轴铣床 | 齿轮磨齿机 | 其他齿轮加工机床 | 齿轮倒角及检查机 |
| 螺纹加工机床 S | | | | 套丝机 | 攻丝机 | | 螺纹铣床 | 螺纹磨床 | 螺纹车床 | |
| 铣床 X | 仪表铣床 | 悬臂及滑枕铣床 | 龙门铣床 | 平面铣床 | 仿形铣床 | 立式升降台铣 | 卧式升降台铣床 | 床身铣床 | 工具铣床 | 其他铣床 |
| 刨插床 B | | 悬臂刨床 | 龙门刨床 | | | 插床 | 牛头刨床 | | 边缘及模具刨床 | 其他刨床 |
| 拉床 L | | | 侧拉床 | 卧式外拉床 | 连续拉床 | 立式内拉床 | 卧式内拉床 | 立式外拉床 | 键槽、轴瓦及螺纹拉床 | 其他拉床 |
| 锯床 G | | | 砂轮片锯床 | | 卧式带锯床 | 立式带锯床 | 圆锯床 | 弓锯床 | 锉锯床 | |
| 其他机床 Q | 其他仪表机床 | 管子加工机床 | 木螺钉加工机床 | | 刻线机 | 切断机 | 多功能机床 | | | |

机床的型号必须简明地反映出机床的类型、通用特性、结构特性及主要技术参数等。我国的机床型号目前是按照国家标准 GB/T 15375—2008《金属切削机床型号编制方法》编制而成的。该标准规定了金属切削机床和回转体加工自动线型号的表示方法，适用于新设计的各类通用及专用金属切削机床、自动线，不适用于组合机床、特种加工机床。

**2. 机床通用型号的编制方法**

GB/T 15375—2008 规定，机床通用型号由基本部分和辅助部分组成，中间用“/”隔开，读作“之”：前者需统一管理，后者纳入型号与否由企业自定。型号采用汉语拼音字母和阿拉伯数字相结合的方式、按照一定规律排列来表示。

型号构成如下所示：

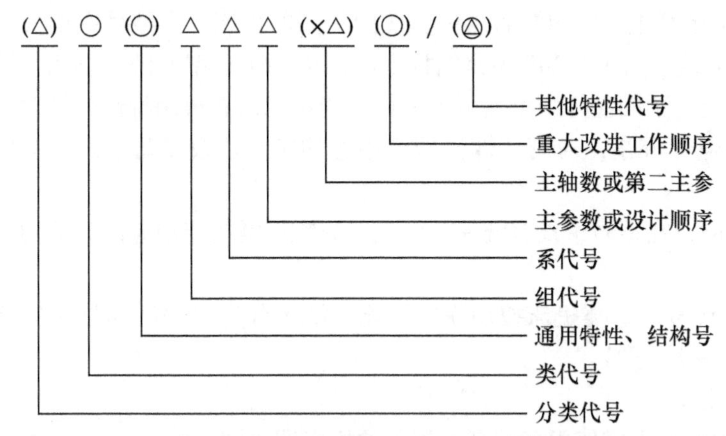


注：1. 有“(　　)”的代号或数字，当无内容时则不表示，若有内容则不带括号。

2. 有“○”符号的为大写汉语拼音字母。

3. 有“△”符号的为阿拉伯数字。

4. 有“◎”符号的为大写的汉语拼音字母，或阿拉伯数字，或两者兼有之。

现将通用机床的型号表示方法说明如下：

（1）机床类别代号　它用大写的汉语拼音字母表示。如“车床”的汉语拼音是“Chechuang”，所以用“C”表示。当需要分成若干分类时，分类代号用阿拉伯数字表示，位于类别代号之前，但第一分类号不予表示，如磨床类分为 M、2M、3M 三个分类。机床类别代号见表 7-2。

**表 7-2　机床的类别代号**

| 类别 | 车床 | 钻床 | 镗床 | 磨　床 | | | 齿轮加工机床 | 螺纹加工机床 | 铣床 | 刨插床 | 拉床 | 锯床 | 其他机床 |
|---|---|---|---|---|---|---|---|---|---|---|---|---|---|
| 代号 | C | Z | T | M | 2M | 3M | Y | S | X | B | L | G | Q |
| 读音 | 车 | 钻 | 镗 | 磨 | 二磨 | 三磨 | 牙 | 丝 | 铣 | 刨 | 拉 | 割 | 其 |

对于具有两类特性的机床编制型号时，主要特性应放往后面，次要特性应放在前面，例如铣镗床是以镗为主、铣为辅。

（2）机床的特性代号　它包括通用特性和结构特性，也用大写的汉语拼音字母表示，位于类代号之后。

1）通用特性代号。当机床除具有普通性能外，还具有表 7-3 所示的各种通用特性时，则应在类别代号之后加上相应的特性代号，也用大写的汉语拼音字母表示。如数控车床用“CK”表示，精密卧式车床用“CM”表示。

**表 7-3　通用特性代号**

| 通用特性 | 高精度 | 精密 | 自动 | 半自动 | 数控 | 加工中心（自动换刀） | 仿形 | 轻型 | 加重型 | 柔性加工单元 | 数显 | 高速 |
|---|---|---|---|---|---|---|---|---|---|---|---|---|
| 代号 | G | M | Z | B | K | H | F | Q | C | R | X | S |
| 读音 | 高 | 密 | 自 | 半 | 控 | 换 | 仿 | 轻 | 重 | 柔 | 显 | 速 |

如果某类型机床仅有某种通用特性而无普通形式者，则通用特性不予表示。

当在一个型号中需要同时使用两至三个通用特性时，一般按重要程度排列顺序。

2）结构特性代号。为了区别主参数相同而结构、性能不同的机床，在型号中用大写的汉语拼音字母表示结构特性代号。如 CA6140 型是结构上区别于 C6140 型的卧式车床。结构特性代号由生产厂家自行确定，不同型号中意义可不一样。当机床已有通用特性代号时，结构特性代号应排在其后。为避免混淆，通用特性代号已用过的字母以及字母“I”和“O”都有不能作为结构特性代号。

结构特性与通用特性不同，在型号中没有统一的含义，只在同类机床中起区分结构、性能不同的作用。

（3）机床的组别和系列代号　每类机床按用途、性能、结构分为 10 组（即 0 ~9 组）：每组又分为 10 个系列（即 0 ~9 系列）。

机床组、系列划分的原则是：

1）在同一类机床中，主要布局或使用范围基本相同的机床即为同一组。

2）在同一组机床中，主参数相同、主要结构及布局形式相同的机床即为同一系列。

机床的组用一位阿拉伯数字表示，位于类代号或通用特性代号、结构特性代号之后；机床的系用一位阿拉伯数字表示，位于组代号之后。

（4）机床主参数、设计序号、主轴数、第二主参数的代号　机床的主参数、设计序号、第二主参数都是用两位数字表示的。主参数表示机床的规格大小，反映机床的加工能力：第二主参数是为了更完整地表示机床的加工能力和加工范围。

机床型号中主参数用折算值表示，位于系代号之后。当折算值大于 1 时则取整数，前面不加“0”；当折算值小于 1 时则取小数点后第一位数，并在前面加“0”。

某些通用机床，当无法用一个主参数表示时，则在型号中用设计顺序号表示。设计顺序号由 1 起始，当设计顺序号小于 10 时，由 01 开始编号。

对于多轴车床、多轴钻床、排式钻床等机床，其主轴数应以实际数值列入型号中，置于主参数之后，用“×”分开，读作“乘”。单轴可省略，不予表示。

机床的第二主参数（多轴机床的主轴数除外）一般不予表示，如有特殊情况，需在型号中表示。在型号中表示的第二主参数，一般以折算成两位数为宜，最多不超过三位数。以长度、深度值等表示的，其折算系数为 1/100；以直径、宽度值等表示的，其折算系数为 1/10；以厚度、最大模数值等表示的，其折算系数为 1。当折算值大于 1 时则取整数；当折算值小于 1 时则取小数点后第一位数，并往前面加“0”。

（5）机床重大改进序号　当机床的性能和结构有更高要求，并需按新新产品重新设计、试制和鉴定时，才按其设计改进的顺序分别选用汉语拼音字母“A、B、C……”（但“I”“O”两个字母不得选用）表示，附在机床型号基本部分的尾部，以示区别。如 C6140A 即为 C6140 型卧式车床的第一次重大改进。

重大改进设计不同于完全的新设计，它是在原有机床的基础上进行的改进设计，因此重大改进后的新产品与原型号的新产品是一种取代关系。

凡属局部的小改进，或增、减某些附件、测量装置及改变装夹工件的方法等，因对原机床的结构、性能没有作重大的改变，故不属重大改进，其型号不变。

（6）其他特性代号　其他特性代号主要用以反映各类机床的特性。例如，对于数控机床可用来反映不同的控制系统等；对于加工中心可用来反映控制系统、联动轴数、自动交换轴头、自动交换工作台等；对于柔性加工单元可用来反映自动交换主轴箱；对于一机多用机床可用以补充表示某些功能；对于一般机床，可以反映同一型号机床的变型等。

其他特性代号可用汉语拼音字母（“I”“O”两个字母除外）表示，其中L表示联动轴数，F表示复合。当字母不够用时，可将两个字母组合起来使用，如AB、AC、AD等，或BA、CA、DA等。其他特性代号也可用阿拉伯数字表示，还可阿拉伯数字和汉语拼音字母表示。

其他特性代号置于辅助部分之首。其中同一型号机床的变型代号，一般应放在其他特性代号之首位。

**3. 专用机床型号和机床自动线型号的编制方法**

（1）专用机床的型号编制方法　专用机床的型号一般由设计单位代号和设计顺序组成。构成如下：

◎ - △

设计顺序号（阿拉伯数字）

设计单位代号

设计单位代号包括机床生产厂和机床研究单位代号，位于型号之首。

设计顺序号按单位的设计顺序号排列，由001起始，位于设计单位代号之后，并用“—”隔开。

例如，某单位设计制造的第15种专用机床为专用磨床，其型号为：×××—015。

（2）机床自动线的型号编制方法　由通用机床或专用机床组成的机床自动线，其代号为“ZX”（读作“自线”），位于设计单位代号之后，并用“—”分开。

机床自动线设计顺序号的排列与专用机床的设计顺序号相同，位于机床自动线代号之后表示如下：

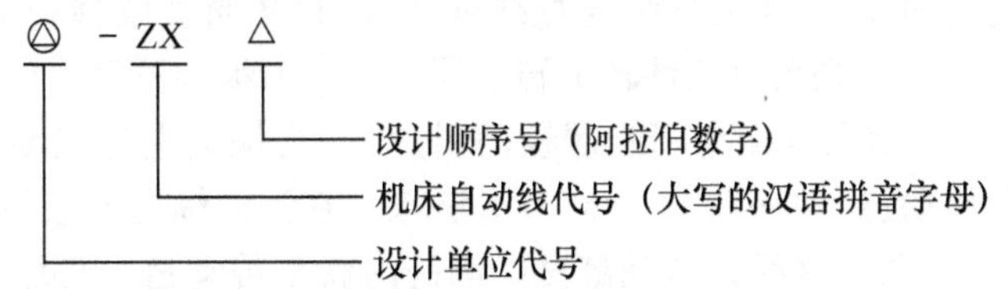


例如，某单位以通用机床或专用机床为某厂设计的第一条机床自动线，其型号为×××—ZX001。

## 二、机床的传动原理及运动分析

**1. 机床的传动原理**

为了实现加工过程中的各种运动，机床必须具备三个基本部分：

（1）执行件　执行机床运动的部件。如主轴、刀架、工作台等，其任务是装夹刀具和工件，直接带动它们完成一定形式的运动并保持准确的运动轨迹。

（2）运动源　为执行件提供运动和动力的装置。如交流异步电动机、直流电动机、步进电动机等。

（3）传动装置　传递运动和动力的装置。通过它把运动源的运动和动力传给执行件，使之获得一定速度和方向的运动；也可将两个执行件联系起来，使二者之间保持某种确定的运动关系。

1）机床传动链的概念。机床的传动装置有机械、液压、电气、电液、气动等多种形式，本书将主要讲述机械传动装置。机械传动装置依靠传动带、齿轮、齿条、丝杠螺母等传动件实现运动联系。使执行件和运动源以及两个有关的执行件保持运动联系的一系列顺序排列的传动件，称为传动链。联系运动源和执行件的传动链，称为外联系传动链；联系两个有关的执行件的传动链，称为内联系传动链。

通常传动链中包括两类传动机构：一类是传动比和传动方向固定不变的定比传动机构，如定比齿轮副、蜗杆副、丝杠螺母副等；另一类是可根据加工要求变换传动比和传动方向的换置机构，如交换齿轮变速机构、滑移齿轮变速机构、离合器换向机构等。

2）机床传动原理图。为了便于分析和研究机床的传动联系，常用一些简明的符号把机床的传动原理和传动路线表示出来，这就是机床的传动原理图。

传动原理图如图 7-1 所示，其中假想线代表传动链所有的定比传动机构，菱形块代表所有的换置机构。图 7-1 a 所示为铣平面的传动原理图。圆柱铣刀铣平面需要铣刀旋转和工件直线移动两个独立的简单运动，有两条外联系传动链：传动链"1—2—$u_v$—3—4"将运动源（电动机）和主轴联系起来，使铣刀获得一定转速和转向的旋转运动 $B_1$；传动链"5—6—$u_f$—7—8"将运动源和工作台联系起来，使工件获得一定进给速度和方向的直线运动 $A_2$。铣刀的转速、转向以及工件的进给速度、方向可通过换置机构 $u_v$ 和 $u_f$ 改变。图 7-1b 所示为车圆柱螺纹的传动原理图。车圆柱螺纹需要工件旋转和车刀移动的复合运动，有两条传动链：外联系传动链"1—2—$u_v$—3—4"将运动源和主轴联系起来，使工件获得旋转运动；内联系传动链"4—5—$u_x$—6—7"将主轴和刀架联系起来，使工件和车刀保持严格的运动关系，即工件每转 1 转，车刀准确地移动工件螺纹一个导程的距离，利用换置机构 $u_x$ 实现不同导程的要求。图 7-1c 所示为车圆锥螺纹的传动原理图。车圆锥螺纹需要三个单元运动组成的复合运动：工件的旋转运动 $B_{11}$、车刀的纵向直线移动 $A_{12}$ 和横向直线移动 $A_{13}$。这三个单元运动之间必须保持严格的运动关系：工件转 1 转的同时，车刀纵向移动一个工件螺纹导程 $L$ 的距离，横向移动 $L\tan\alpha$ 的距离（$\alpha$ 为圆锥螺纹的斜角）。为保证上述运动关系，需在主轴与刀架纵向溜板之间用传动链"4—5—$u_x$—6—7"联系，在刀架纵向溜板与横向溜板之间用传动链"7—8—$u_y$—9"联系，这两条传动链显然都是内联系传动链。外联系传动链"1—2—$u_v$—3—4"使主轴和刀架获得一定速度和方向的运动。

由此可知，为实现一个复合运动，必须有一条外联系传动链和一条或几条内联系传动链。由于内联系传动链联系的是复合运动内部必须保持严格运动关系的两个单元运动，因此内联系传动链中不能有传动比不确定或瞬时传动比变化的传动机构（如带传动、摩擦传动）。

**2. 机床的传动系统及运动分析**

实现机床加工过程中全部成形运动和辅助运动的各传动链，组成机床的传动系统。根据执行件所完成动作的作用不同，传动系统中各传动链又分为主运动传动链、进给运动传动链、展成运动传动链、分度运动传动链等。

图 7-2 所示为万能升降台铣床的传动系统图。它是表示机床全部运动传动关系的示意图，图中各传动元件用简单的规定符号表示（符号含义见国家标准 GB 4460—1984），并标

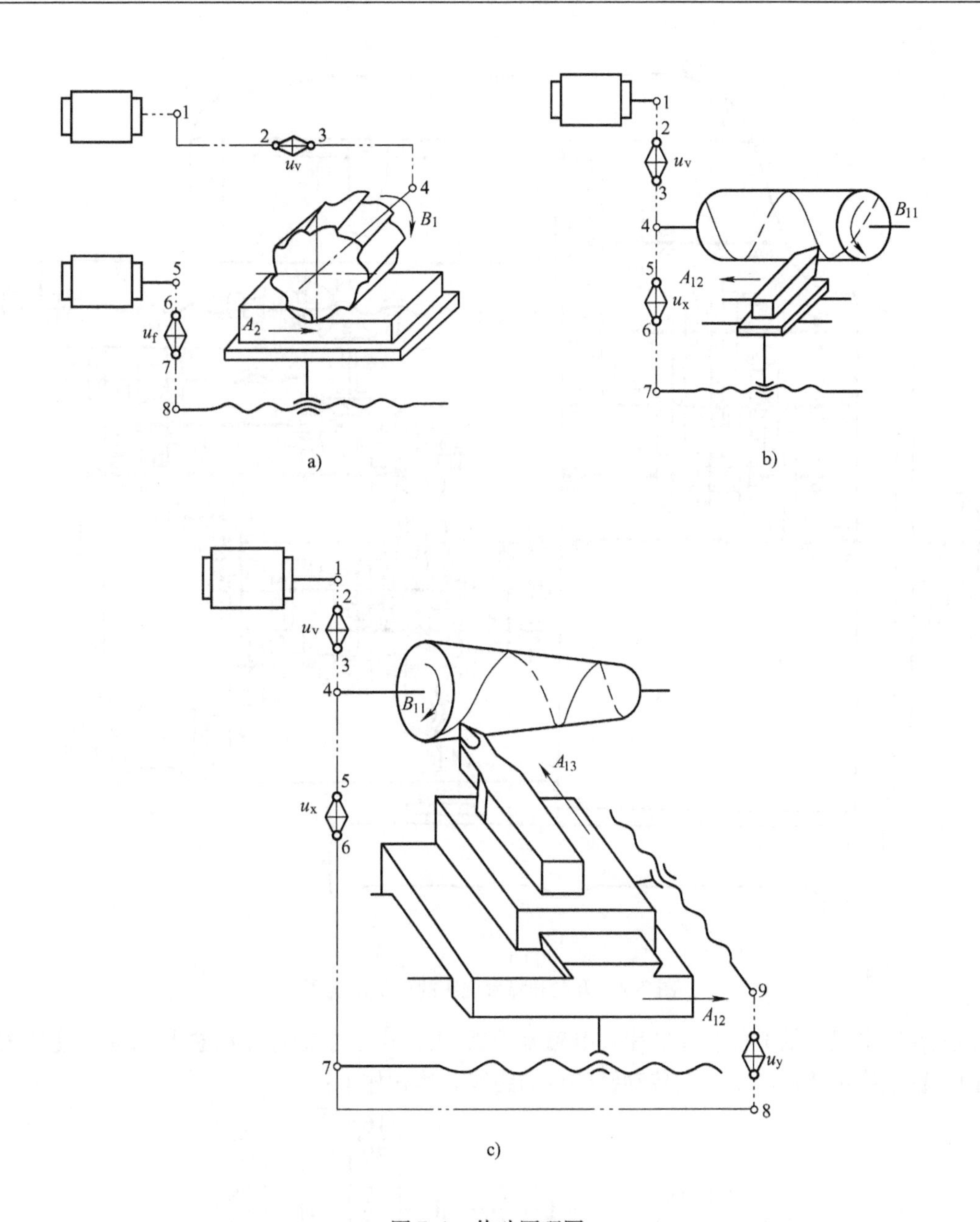


图 7-1　传动原理图

a）铣平面　b）车圆柱螺纹　c）车圆锥螺纹

明齿轮和蜗轮的齿数、蜗杆头数、丝杠导程、带轮直径、电动机功率和转速等；传动链中的传动元件按照运动传递的顺序，以展开图的形式画在能反映主要部件相互位置关系的机床外形轮廓中。

分析图 7-2 所示的传动系统图可知，其中有如下 5 条传动链：

（1）主运动传动链　主运动传动链的两端件是主电动机（7.5kW，1450r/min）和主轴 $v$。运动由电动机经弹性联轴器、定比齿轮副以及三个滑移齿轮变速机构，驱动主轴 $v$ 旋转，可使其获得 $3\times3\times2=18$ 级不同的转速。主轴旋转运动的起停以及转向的改变由电动机的起

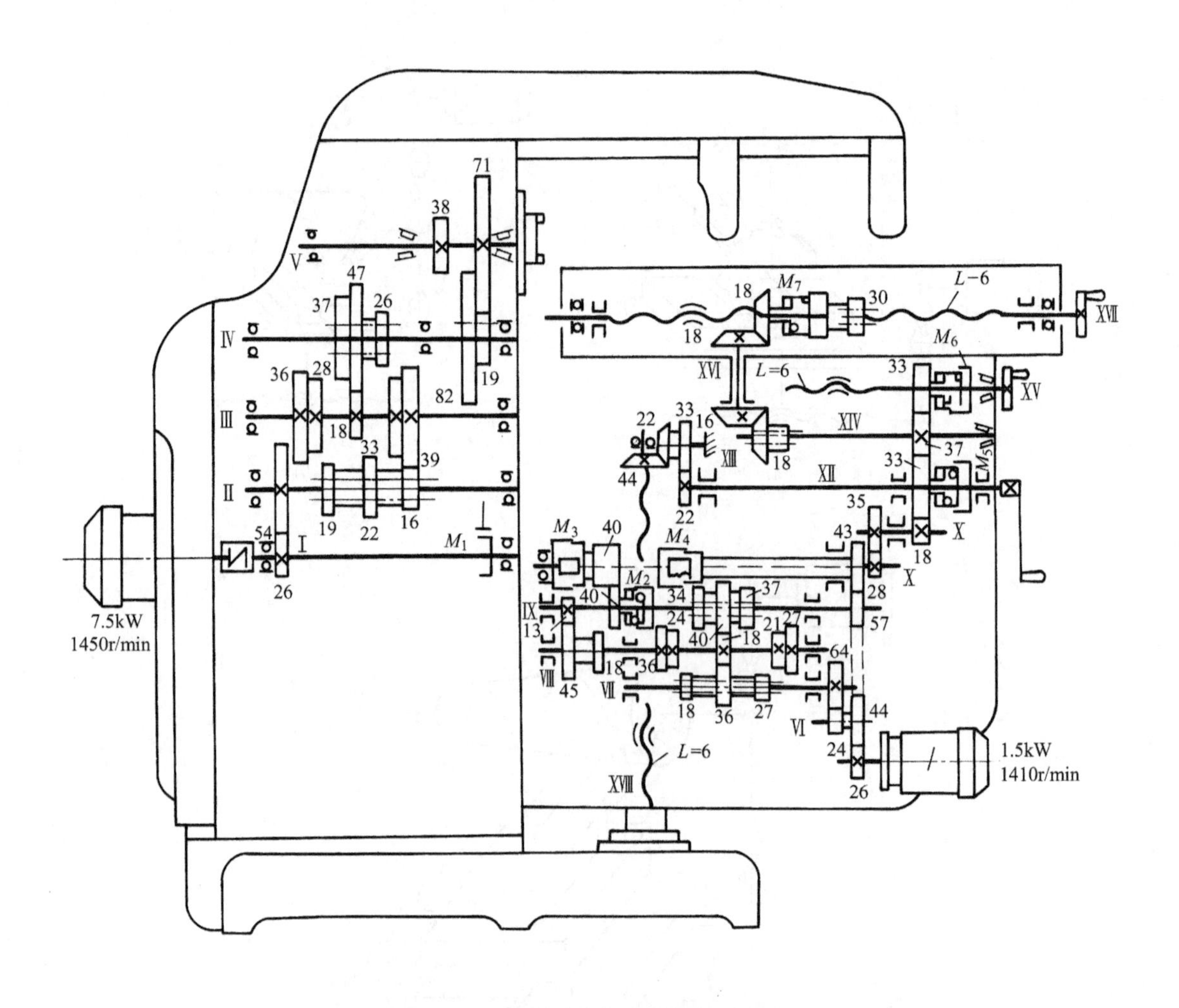


图 7-2　万能升降台铣床的传动系统图

停和正反转实现。轴 I 右端有多片式电磁制动器 $M_1$，用于主轴停车时进行制动，使主轴迅速而平稳地停止转动。主运动传动链的传动路线表达式如下：

$$\begin{matrix}\text{电动机}\\ 7.5\text{kW},1450\text{r/min}\end{matrix}—\text{I}—\frac{26}{54}—\text{II}—\begin{bmatrix}\frac{16}{39}\\ \frac{19}{36}\\ \frac{22}{33}\end{bmatrix}—\text{III}—\begin{bmatrix}\frac{18}{47}\\ \frac{28}{37}\\ \frac{39}{26}\end{bmatrix}—$$

$$\text{IV}—\begin{bmatrix}\frac{19}{71}\\ \frac{82}{38}\end{bmatrix}—\text{V}(\text{主轴})$$

（2）进给传动链　进给传动链有 3 条，即纵向进给传动链、横向进给传动链和垂直进给传动链。3 条传动链都有一个端件是进给电动机（1.5kW，1410 r/min），而另一个端件分别为工作台、床鞍和升降台。进给传动链的传动路线表达式如下：

$$\begin{matrix}\text{电动机}\\ 1.5\text{kW},1410\text{r/min}\end{matrix} — \frac{26}{44} — \text{Ⅵ} — \frac{24}{64} — \text{Ⅶ} — \begin{bmatrix}\frac{18}{36}\\ \frac{27}{27}\\ \frac{36}{18}\end{bmatrix} — \text{Ⅷ} — \begin{bmatrix}\frac{18}{40}\\ \frac{21}{37}\\ \frac{24}{34}\end{bmatrix} — \text{Ⅸ} \rightarrow$$

$$\rightarrow \begin{bmatrix} M_2 — \frac{40}{40} \\ \frac{13}{45} — \text{Ⅷ} — \frac{18}{40} — \frac{40}{40} \end{bmatrix} — M_3 — \text{Ⅹ} — \frac{28}{35} — \text{Ⅺ} — \frac{18}{33} — \text{Ⅻ} \rightarrow$$

$$\rightarrow \begin{cases} \frac{33}{37} — \text{XⅣ} — \begin{bmatrix} \frac{18}{16} — \text{XⅥ} — \frac{18}{18} — M_7 — \text{Ⅶ（纵向进给丝杠）} \\ \frac{37}{33} — M_6 — \text{XⅤ（横向进给丝杠）—［床鞍］} \end{bmatrix} — \begin{bmatrix}\text{工作台}\end{bmatrix} \\ M_5 — \text{Ⅻ} — \frac{22}{33} — \text{XⅢ} — \frac{22}{44} — \text{XⅧ（垂直进给丝杠）} — \boxed{\text{升降台}} \end{cases}$$

利用轴Ⅶ—Ⅷ、Ⅷ—Ⅸ之间的两个滑移齿轮变速机构和轴Ⅸ—Ⅷ—Ⅹ之间的回曲变速机构，可使工作台变换 $3\times3\times2=18$ 级不同的进给速度。工作台进给运动的换向，由改变电动机旋转方向实现。

（3）快速空行程传动链　这是辅助运动传动链，它的两个端件与进给传动链相同。由图7-2 可知，接通电磁离合器 $M_4$ 而脱开 $M_3$ 时，进给电动机的运动便由定比齿轮副 $\frac{26}{44}—\frac{44}{57}—\frac{57}{43}$ 和 $M_4$ 传给轴Ⅹ，以后再沿着与进给运动相同的传动路线传至工作台、床鞍和升降台。由于这一传动路线的传动比大于进给路线的传动比，因而获得快速运动。快速运动方向的变换（左右、前后、上下）同样也由电动机改变旋转方向实现。

**3. 机床的运动计算**

机床的运动计算通常有两种情况：一是根据传动系统图提供的有关数据，确定某些执行件的运动速度或位移量；二是根据执行件所需的运动速度、位移量，或有关执行件之间所需保持的运动关系，确定相应传动链中换置机构（通常为交换齿轮变速机构）的传动比，以便进行必要的调整。

以下举例说明机床运动计算的步骤。

**例 7-1**　根据图 7-2 所示传动系统，计算工作台纵向进给速度。

1）确定传动链的两端件：进给电动机—工作台。

2）根据两端件的运动关系，确定它们的计算位移：电动机 1410r/min—工作台纵向移动 $v_{f纵}$（单位为 mm/min）。

3）根据计算位移以及传动路线中各传动副的传动比，列出运动平衡式：

$$v_{f纵}=1410\times\frac{26}{44}\times\frac{24}{64}u_{Ⅶ-Ⅷ}u_{Ⅷ-Ⅸ}u_{Ⅸ-Ⅹ}\frac{28}{35}\times\frac{18}{33}\times\frac{33}{37}\times\frac{18}{16}\times\frac{18}{18}\times6$$

式中，$u_{Ⅶ-Ⅷ}$、$u_{Ⅷ-Ⅸ}$、$u_{Ⅸ-Ⅹ}$ 分别为Ⅶ—Ⅷ、Ⅷ—Ⅸ、Ⅸ—Ⅹ之间齿轮变速机构的传动比。

4）根据平衡式，计算出执行件的运动速度或位移量（本例为工作台的纵向进给速度）：

$$v_{f纵max}=1410\times\frac{26}{44}\times\frac{24}{64}\times\frac{36}{18}\times\frac{24}{34}\times\frac{40}{40}\times\frac{28}{35}\times\frac{18}{33}\times\frac{33}{37}\times\frac{18}{16}\times\frac{18}{18}\times6\text{mm/min}=1180\text{mm/min}$$

$$v_{f纵min}=1410\times\frac{26}{44}\times\frac{24}{64}\times\frac{18}{36}\times\frac{18}{40}\times\frac{13}{45}\times\frac{18}{40}\times\frac{40}{40}\times\frac{28}{35}\times\frac{18}{33}\times\frac{33}{37}\times\frac{18}{16}\times\frac{18}{18}\times6\text{mm/min}$$
$$=23.5\text{mm/min}$$

**例 7-2**　根据图 7-3 所示螺纹进给传动链，确定交换齿轮变速机构的换置公式。

1）传动链两端件：主轴—刀架

2）计算位移：主轴旋转 1 转—刀架移动 $L$（$L$ 为工件螺纹导程，单位为 mm）

3）运动平衡式：$1\times\frac{60}{60}\times\frac{30}{45}\times\frac{a}{b}\times\frac{c}{d}=\frac{L}{P}$（图 7-3 中 $P=12$mm）

4）整理出换置机构的换置公式，然后按加工条件确定交换齿轮变速机构所需采用的交换齿轮的齿数。

设工件螺纹导程 $L=6$mm，代入运动平衡式，得出换置公式

$$u_x=\frac{a}{b}\times\frac{c}{d}=\frac{L}{8}=\frac{6}{8}=\frac{2}{2}\times\frac{3}{4}=\frac{35}{35}\times\frac{45}{60}$$

即交换齿轮的齿数为

$$a=b=35,\ c=45,\ d=60。$$

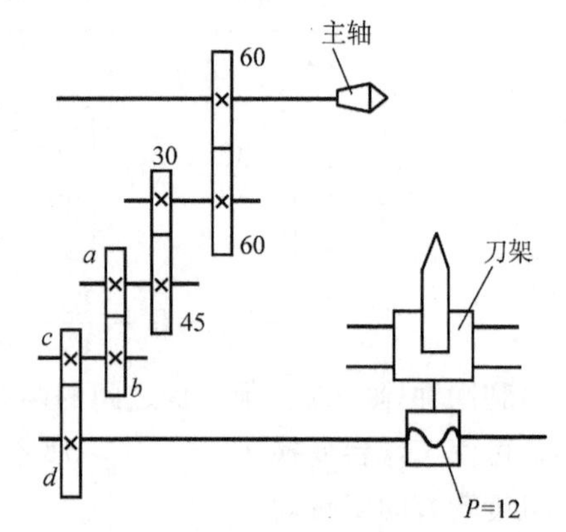


图 7-3　螺纹进给传动链

## 第二节　车　　床

车床的用途极为广泛，在金属切削机床中所占比重最大。车床的种类很多，按其结构和用途可分为：卧式车床、立式车床、转塔车床、回轮车床、落地车床、液压仿形多刀自动和半自动车床以及各种专门化车床（如曲轴车床、凸轮车床、铲齿车床、高精度丝杠车床等）。

### 一、CA6140 型卧式车床

#### 1. 机床的主参数

CA6140 型卧式车床的外形如图 7-4 所示。

卧式车床的主参数是床身上工件的最大回转直径，第二主参数是最大工件长度。CA6140 型卧式车床的主参数为 400 mm，第二主参数有 750mm、1000mm、1500mm 和 2000mm 四种。

#### 2. 机床的传动系统分析

图 7-5 所示为 CA6140 型卧式车床的传动系统图，它可以分解为主运动传动链和进给运动传动链。进给运动传动链又可分解为纵向、横向、螺纹进给传动链，还有刀架快速移动传动链。

（1）主运动传动链　CA6140 型卧式车床的主运动传动链可使主轴获得 24 级正转转速

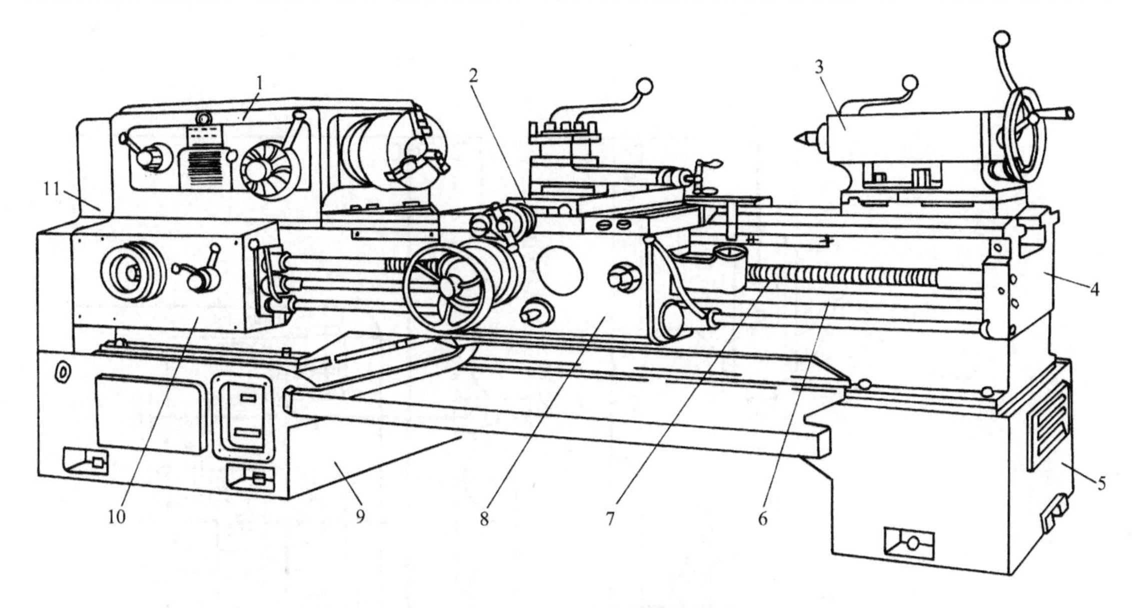


图 7-4　CA6140 型卧式车床外形

1—主轴箱　2—刀架　3—尾座　4—床身　5—右底座　6—光杠　7—丝杠　8—溜板箱　9—左底座　10—进给箱　11—交换齿轮变速机构

(10～1400 r/min) 及 12 级反转转速 (14～1580 r/min)。主运动传动链的两端件为主电动机和主轴。运动由电动机 (7.5 kW，1450 r/min) 经 V 带传至主轴箱中的轴 I。轴 I 上装有双向摩擦片式离合器 $M_1$，其作用是控制主轴的起动、停止、正转和反转。

(2) 螺纹进给传动链　CA6140 型卧式车床的螺纹进给传动链使机床实现车削米制、寸制、模数制和径节制四种标准螺纹；此外还可车削大导程、非标准和较精密的螺纹；这些螺纹可以是右旋的，也可以是左旋的。

车削螺纹时，必须保证主轴每转一转，刀具准确地移动被加工螺纹一个导程的距离，由此可列出螺纹进给传动链的运动平衡式为

$$1(\text{主轴}) \times u_0 \times u_x \times L_{丝} = L_{工} \tag{7-1}$$

式中　$u_0$——主轴至丝杠之间全部定比传动机构的固定传动比；

$u_x$——主轴至丝杠之间换置机构的可变传动比；

$L_{丝}$——机床丝杠的导程，CA6140 型卧式车床的 $L_{丝}=12$mm；

$L_{工}$——被加工螺纹的导程，单位为 mm。

不同标准的螺纹用不同的参数表示其螺距，表 7-4 列出了米制、寸制、模数和径节四种螺纹的螺距参数及其与螺距、导程之间的换算关系。

**表 7-4　各种螺纹的螺距参数及其与螺距、导程的换算关系**

| 螺纹种类 | 螺距参数 | 螺　距/mm | 导　程/mm |
|---|---|---|---|
| 米　制 | 螺距 $P$/mm | $P=P$ | $L=KP$ |
| 模　数 | 模数 $m$/mm | $P_m=\pi m$ | $L_m=KP_m=K\pi m$ |
| 寸　制 | 每寸牙数 $a$/牙/in | $P_a=25.4/a$ | $L_a=KP_a=25.4K/a$ |
| 径　节 | 径节 $DP$/牙/in | $P_{DP}=25.4\pi/DP$ | $L_{DP}=KP_{DP}=25.4\pi K/DP$ |

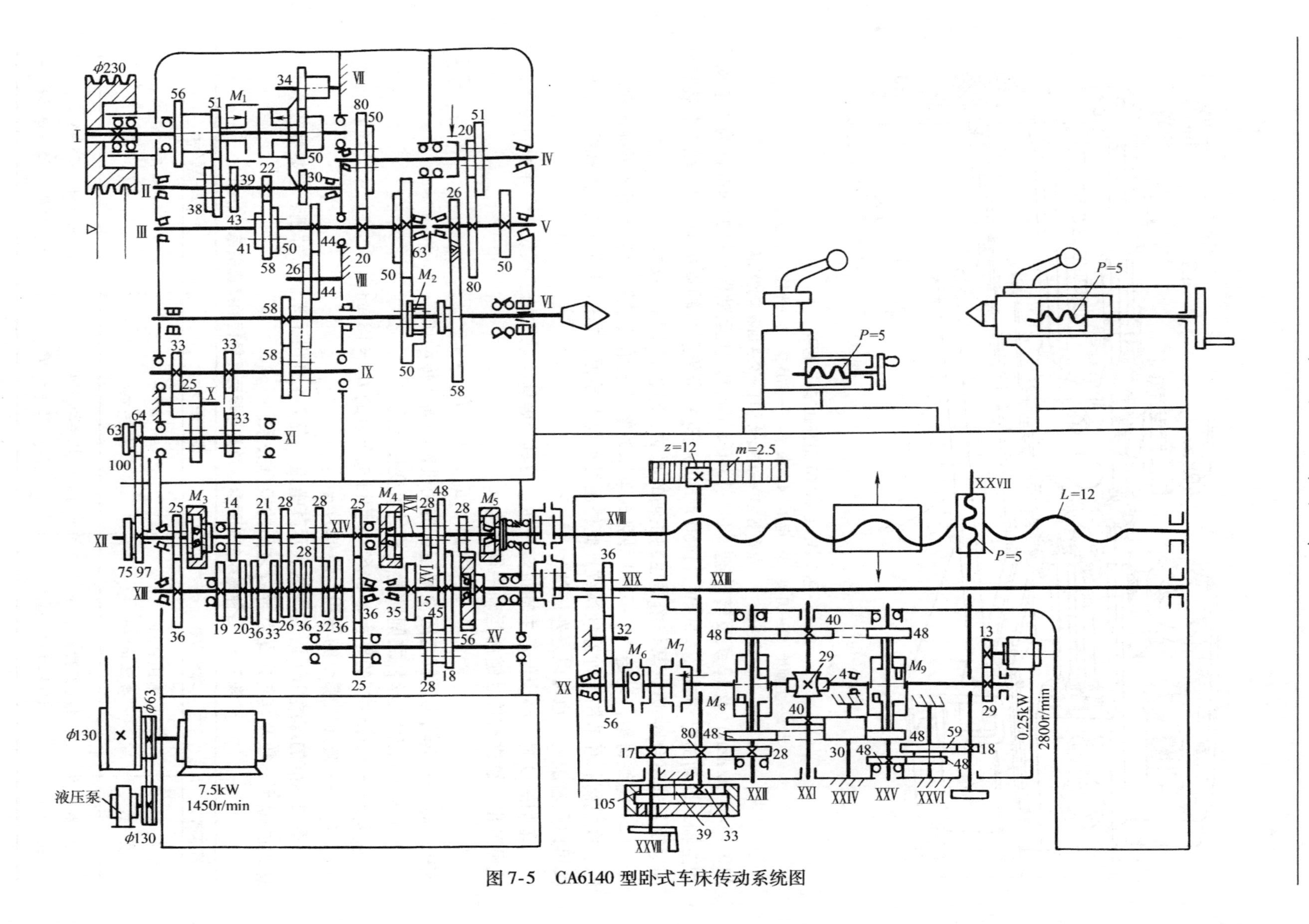


图 7-5　CA6140 型卧式车床传动系统图

CA6140 型车床车削上述各种螺纹时的传动路线表达式为

$$
\text{主轴 Ⅵ}—\left[\begin{array}{c}\dfrac{58}{58}\\ \text{(正常螺纹导程)}\\ \dfrac{58}{26}—\text{Ⅴ}—\dfrac{80}{20}—\text{Ⅳ}—\left[\begin{array}{c}\dfrac{50}{50}\\ \dfrac{80}{20}\end{array}\right]—\text{Ⅲ}—\dfrac{44}{44}—\text{Ⅷ}—\dfrac{26}{58}\\ \text{(扩大螺纹导程)}\end{array}\right]—\text{Ⅸ}—\left[\begin{array}{c}\dfrac{33}{33}\\ \text{(右螺纹)}\\ \dfrac{33}{25}—\text{Ⅹ}—\dfrac{25}{33}\\ \text{(左螺纹)}\end{array}\right]—\text{Ⅺ}\rightarrow
$$

$$
\rightarrow\left[\begin{array}{c}\left[\begin{array}{c}\dfrac{63}{100}—\dfrac{100}{75}\\ \text{(米制和寸制螺纹)}\\ \dfrac{64}{100}—\dfrac{100}{97}\\ \text{(模数和径节螺纹)}\end{array}\right]—\text{Ⅻ}—\left[\begin{array}{c}\dfrac{25}{36}—\text{XⅢ}—u_{基}—\text{XⅣ}—\dfrac{25}{36}—\dfrac{36}{25}\\ \text{(米制和模数螺纹)}\\ M_{3合}—\text{XⅣ}—\dfrac{1}{u_{基}}—\text{XⅢ}—\dfrac{36}{25}\\ \text{(寸制和径节螺纹)}\end{array}\right]—\text{XⅤ}—u_{倍}\\ \dfrac{a}{b}\,\dfrac{c}{d}—\text{Ⅻ}—M_{3合}—\text{XⅣ}—M_{4合}\\ \text{(非标准螺纹)}\end{array}\right]\rightarrow
$$

$$
\rightarrow\text{XⅧ}—M_{5合}—\text{XⅧ(丝杠)}—\text{刀架}
$$

其中，$u_{基}$ 为轴XⅢ—XⅣ间变速机构的可变传动比，称为基本螺距机构，共 8 种：

$$
u_{基1}=\frac{26}{28}=\frac{6.5}{7}\quad u_{基2}=\frac{28}{28}=\frac{7}{7}\quad u_{基3}=\frac{32}{28}=\frac{8}{7}\quad u_{基4}=\frac{36}{28}=\frac{9}{7}
$$

$$
u_{基5}=\frac{19}{14}=\frac{9.5}{7}\quad u_{基6}=\frac{20}{14}=\frac{10}{7}\quad u_{基7}=\frac{33}{21}=\frac{11}{7}\quad u_{基8}=\frac{36}{21}=\frac{12}{7}
$$

$u_{倍}$ 为轴XⅤ—XⅦ间变速机构的可变传动比，称为增倍机构，共 4 种：

$$
u_{倍1}=\frac{28}{35}\times\frac{35}{28}=1\quad u_{倍2}=\frac{18}{45}\times\frac{35}{28}=\frac{1}{2}\quad u_{倍3}=\frac{28}{35}\times\frac{15}{48}=\frac{1}{4}\quad u_{倍4}=\frac{18}{45}\times\frac{15}{48}=\frac{1}{8}
$$

当需要车削导程大于 12mm 的螺纹时（如大导程多线螺纹或油槽），可将轴Ⅸ上的滑移齿轮 58 向右移动，使之与轴Ⅷ上的齿轮 26 啮合，这一传动机构称为扩大螺距机构。此时，主轴Ⅵ至轴Ⅸ间的传动比为

$$
u_{扩1}=\frac{58}{26}\times\frac{80}{20}\times\frac{50}{50}\times\frac{44}{44}\times\frac{26}{58}=4\quad u_{扩2}=\frac{58}{26}\times\frac{80}{20}\times\frac{80}{20}\times\frac{44}{44}\times\frac{26}{58}=16
$$

必须指出，扩大螺距机构的 $u_{扩}$ 是由主运动传动链中背轮的啮合位置确定的，并对应着一定的主轴转速。当主轴转速为 10 ~ 32 r/min 时，导程可扩大 16 倍；当主轴转速为 40 ~ 125 r/min 时，导程可扩大 4 倍；当主轴转速更高时，导程则不能扩大。这是符合生产实际需要的，因为大导程螺纹只有将主轴置于低转速时才能安全车削。

车削用进给变速机构无法得到所需导程的非标准螺纹时，或者车削精度要求较高的标准螺纹时，必须将离合器 $M_3$、$M_4$、$M_5$ 全部啮合，把轴Ⅻ、XⅣ、XⅦ和丝杠联成一体，让运动

由交换齿轮直接传到丝杠。由于主轴至丝杠的传动路线大为缩短，减少了传动件制造和装配误差对工件螺距精度的影响，因而可车出精度较高的螺纹。此时螺纹进给传动路线的运动平衡式为

$$L_{工} = 1_{(主轴)} \times \frac{58}{58} \times \frac{33}{33} \times u_{挂} \times 12$$

化简后得交换齿轮换置公式为

$$u_{挂} = \frac{a}{b} \times \frac{c}{d} = \frac{L_{工}}{12} \tag{7-2}$$

（3）纵向和横向进给传动链　当进行非螺纹工序车削加工时，可使用纵向和横向进给运动链。该传动链由主轴经过米制或寸制螺纹传动路线至进给箱轴ⅩⅦ，其后运动经齿轮副$\frac{28}{56}$传至光杠ⅩⅨ，再由光杠经溜板箱中的传动机构，分别传至齿轮齿条机构和横向进给丝杠ⅩⅩⅦ，使刀架做纵向或横向机动进给。

溜板箱中由双向牙嵌式离合器$M_8$、$M_9$和齿轮副$\frac{40}{48}$、$\frac{40}{30} \times \frac{30}{48}$组成两个换向机构，分别用于变换纵向和横向进给运动的方向。利用进给箱中的基本螺距机构和增倍机构，以及进给传动链的不同传动路线，可获得纵向和横向进给量各64种。

（4）刀架快速移动传动链　为了减轻工人的劳动强度和缩短辅助时间，刀架快速移动传动机构可使刀架实现机动快速移动。按下快速移动按钮，快速电动机（250W，2 800 r/min）经齿轮副$\frac{13}{29}$使轴ⅩⅩ高速转动，再经蜗杆副$\frac{4}{29}$、溜板箱内的转换机构，使刀架实现纵向和横向的快速移动，方向仍由双向牙嵌离合器$M_8$、$M_9$控制。

## 二、其他类型车床简介

### 1. 转塔、回轮车床

转塔、回轮车床是在卧式车床的基础上发展起来的，它们与卧式车床在结构上的主要区别是：没有尾座和丝杠，在床身尾部装有一个能纵向移动的多工位刀架，其上可安装多把刀具。加工过程中，多工位刀架周期性地转位，将不同刀具依次转到加工位置，对工件顺序加工，因此适应于成批生产。但由于这类机床没有丝杠，所以加工螺纹只能用丝锥和板牙。

（1）转塔车床　图7-6所示为滑鞍转塔车床的外形。它除有一个前刀架2外，还有一个可绕垂直轴线转位的转塔刀架3。前刀架与卧式车床的刀架类似，既可纵向进给，切削大外圆柱面，又可横向进给，加工端面和内外沟槽；转塔刀架则只能做纵向进给，它可在六个不同面上各安装一把或一组刀具，用于车削内外圆柱面，钻、扩、铰、镗孔和攻螺纹、套螺纹等。转塔刀架设有定程机构，加工过程中，当刀架到达预先调定的位置时，可自动停止进给或快速返回原位。在转塔车床上加工工件时，需根据工件的加工工艺过程，预先将所用的全部刀具装在刀架上，每把（组）刀具只用于完成某一特定工步，并根据工件的加工尺寸调整好位置；同时，还需相应调整好定程装置，以控制每一刀具的行程终点位置；调整妥当后，只需接通刀架的进给运动以及加工终了时将工件取出即可。

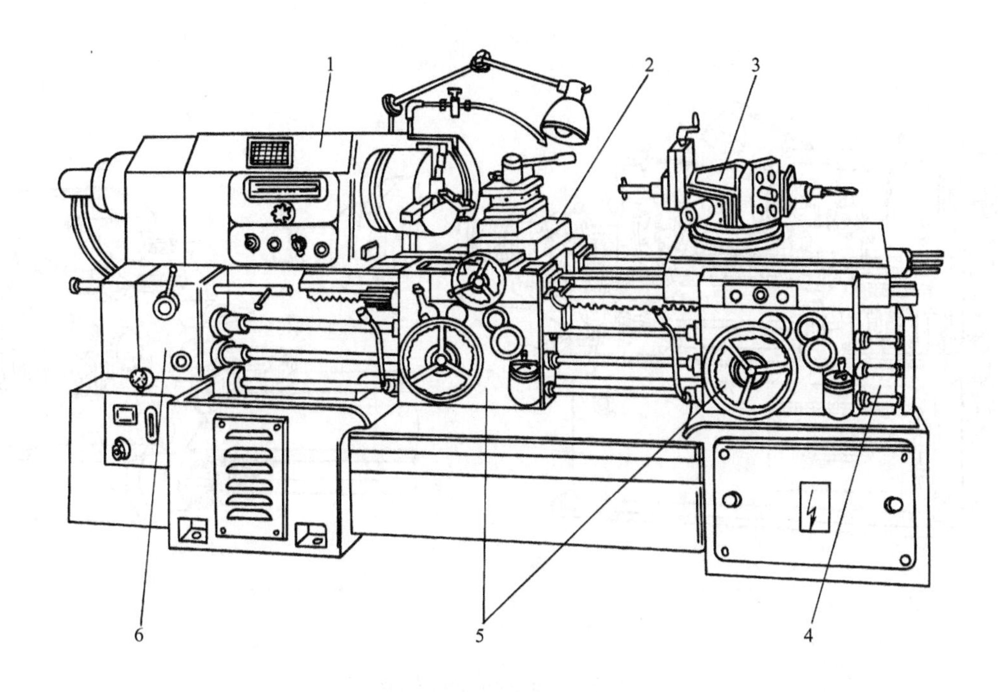


图7-6　转塔车床

1—主轴箱　2—前刀架　3—转塔刀架　4—床身　5—溜板箱　6—进给箱

（2）回轮车床　图7-7所示为回轮车床的外形。回轮车床没有前刀架，只有一个可绕水平轴线转位的圆盘形回轮刀架，其回转轴线与主轴轴线平行，刀架上沿圆周均匀分布着许多轴向孔（一般为12～16个），供安装刀具使用，当刀具孔转到最高位置时，其轴线与主轴轴线在同一直线上。回轮刀架随纵向溜板一起，可沿着床身导轨做纵向进给运动，进行车内外圆、钻孔、扩孔、铰孔和加工螺纹等；还可绕自身轴线缓慢旋转，实现横向时给，以进行车削成形面、沟槽、端面和切断等。回轮车床加工工件时，除采用复合刀夹进行多刀切削外，还常常利用装在相邻刀孔中的几个单刀刀夹同时进行切削。

**2. 立式车床**

立式车床主要用于加工径向尺寸大而轴向尺寸相对较小、且形状比较复杂的大型或重型工件。立式车床的结构特点主要是主轴垂直布置，并有一个直径很大的圆形工作台，工作台台面水平布置，方便安装笨重工件。

立式车床分为单柱式和双柱式两种，如图7-8所示。

（1）单柱式立式车床　单柱式立式车床的外形如图7-8a所示，它具有一个箱形立柱，与底座固定地联成一整体，构成机床的支承骨架。在立柱的垂直导轨上装有横梁和侧刀架，在横梁的水平导轨上装有一个垂直刀架。刀架滑座可左右扳转一定角度。工作台装在底座的环形导轨上，工件安装在它的台面上，由工作台带动绕垂直轴线旋转。

（2）双柱式立式车床　双柱式立式车床的外形如图7-8b所示，它具有两个立柱，两个立柱通过底座和上面的顶梁联成一个封闭式框架。横梁上通常装有两个垂直刀架，右立柱的垂直导轨上有的装有一个侧刀架，大尺寸的立式车床一般不带侧刀架。

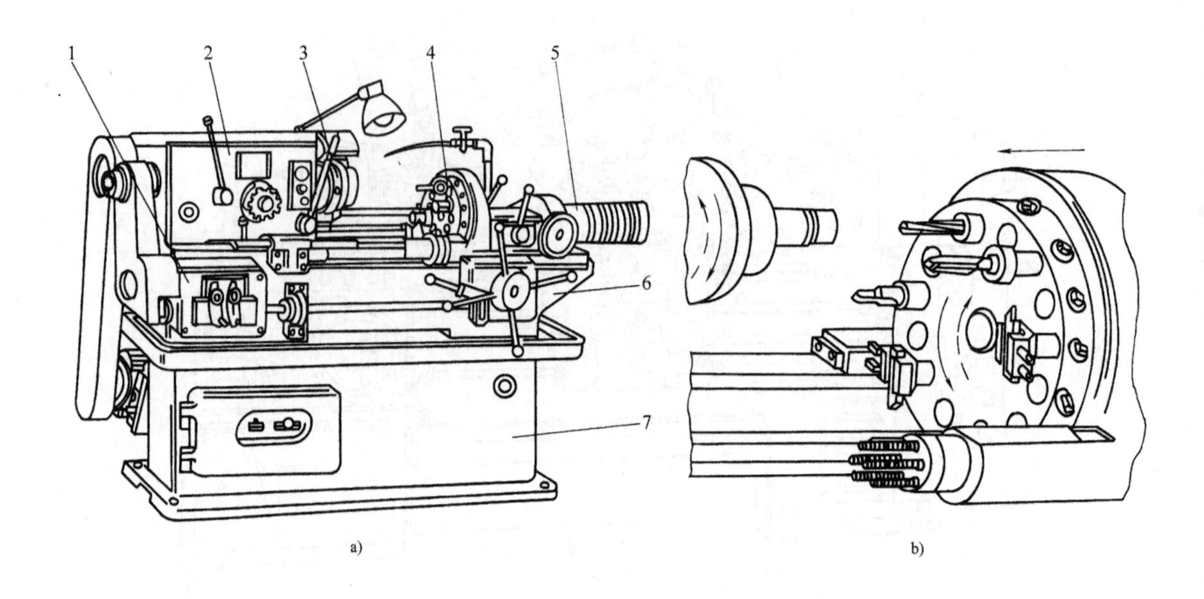


图7-7　回轮车床的外形

1—进给箱　2—主轴箱　3—夹头　4—回轮刀架　5—挡块轴　6—床身　7—底座

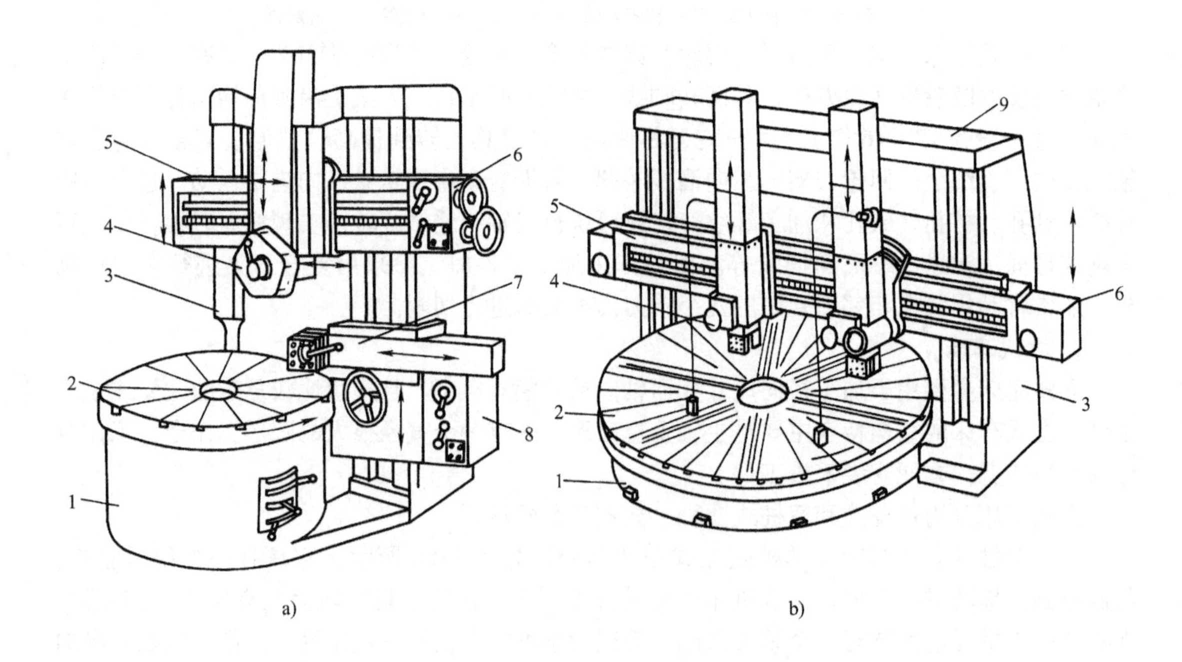


图7-8　立式车床

1—底座　2—工作台　3—立柱　4—垂直刀架　5—横梁　6—垂直刀架进给箱　7—侧刀架
8—侧刀架进给箱　9—横梁

# 第三节 磨 床

用砂轮、砂带、油石和研磨剂等磨料磨具为工具进行切削加工的机床，统称为磨床。

磨床工艺范围十分广泛，可以用来加工内外圆柱面和圆锥面、平面、渐开线齿廓面、螺旋面以及各种成形面，还可以刃磨刀具和进行切断等。

磨床主要用于零件的精加工，尤其是淬硬钢和高强度特殊材料零件的精加工。目前也有少数高效磨床用于粗加工。由于各种高硬度材料应用的增多以及精密毛坯制造工艺的发展，很多零件甚至不经其他切削加工工序而直接由磨削加工成成品。因此，磨床在金属切削机床中的比重正在不断上升。

磨床的种类很多，主要有外圆磨床、内圆磨床、平面磨床、工具磨床和专门用来磨削特定表面和工件的专门化磨床（如花键轴磨床、凸轮轴磨床、曲轴磨床、导轨磨床等）。以上均为使用砂轮作磨削工具的磨床，此外还有以柔性砂带为磨削工具的砂带磨床和以油石及研磨剂为切削工具的精磨磨床等。

## 一、M1432A 型万能外圆磨床

万能外圆磨床是应用最普遍的一种外圆磨床，其工艺范围较宽，除了能磨削外圆柱面和圆锥面外，还可磨削内孔和台阶面等。M1432A 型万能外圆磨床则是一种最具典型性的外圆磨床，主要用于磨削公差等级 IT6～IT7 的圆柱形或圆锥形的外圆和内孔，表面粗糙度 $Ra$ 值在 0.08～1.25μm 之间。

万能外圆磨床的外形如图 7-9 所示，由床身、砂轮架、内磨装置、头架、尾座、工作台、横向进给机构、液压传动装置和冷却装置等组成。

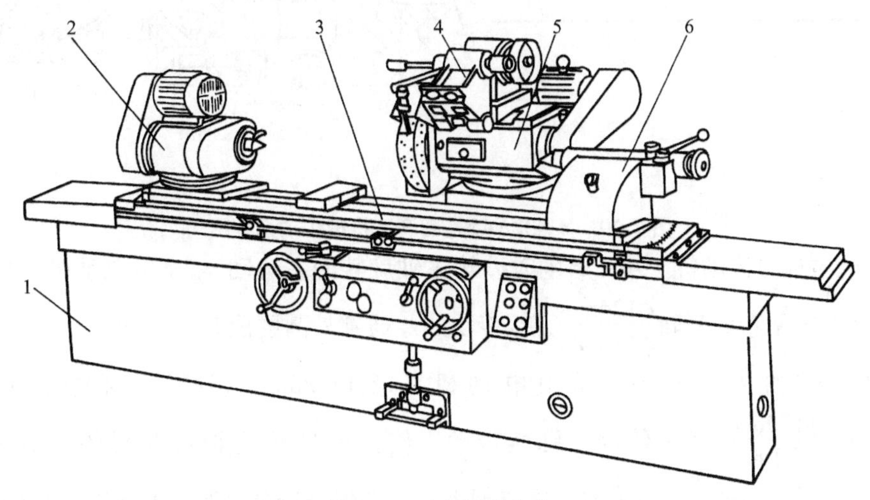


图 7-9 万能外圆磨床

1—床身 2—头架 3—工作台 4—内磨装置 5—砂轮架 6—尾座

### 1. 机床的运动与传动系统

（1）机床的运动 为了实现磨削加工，M1432A 型万能外圆磨床具有以下运动：

1）外磨和内磨砂轮的旋转主运动，用转速 $n_{砂}$ 或线速度 $v_{砂}$ 表示。

2）工件的旋转进给运动，用转速 $n_{工}$ 或线速度 $v_{工}$ 表示。

3）工件的纵向往复进给运动，用 $f_{纵}$ 表示。

4）砂轮的横向进给运动，用 $f_{横}$ 表示。

（2）机床的机械传动系统　M1432A 型万能外圆磨床的机械传动系统如图 7-10 所示。

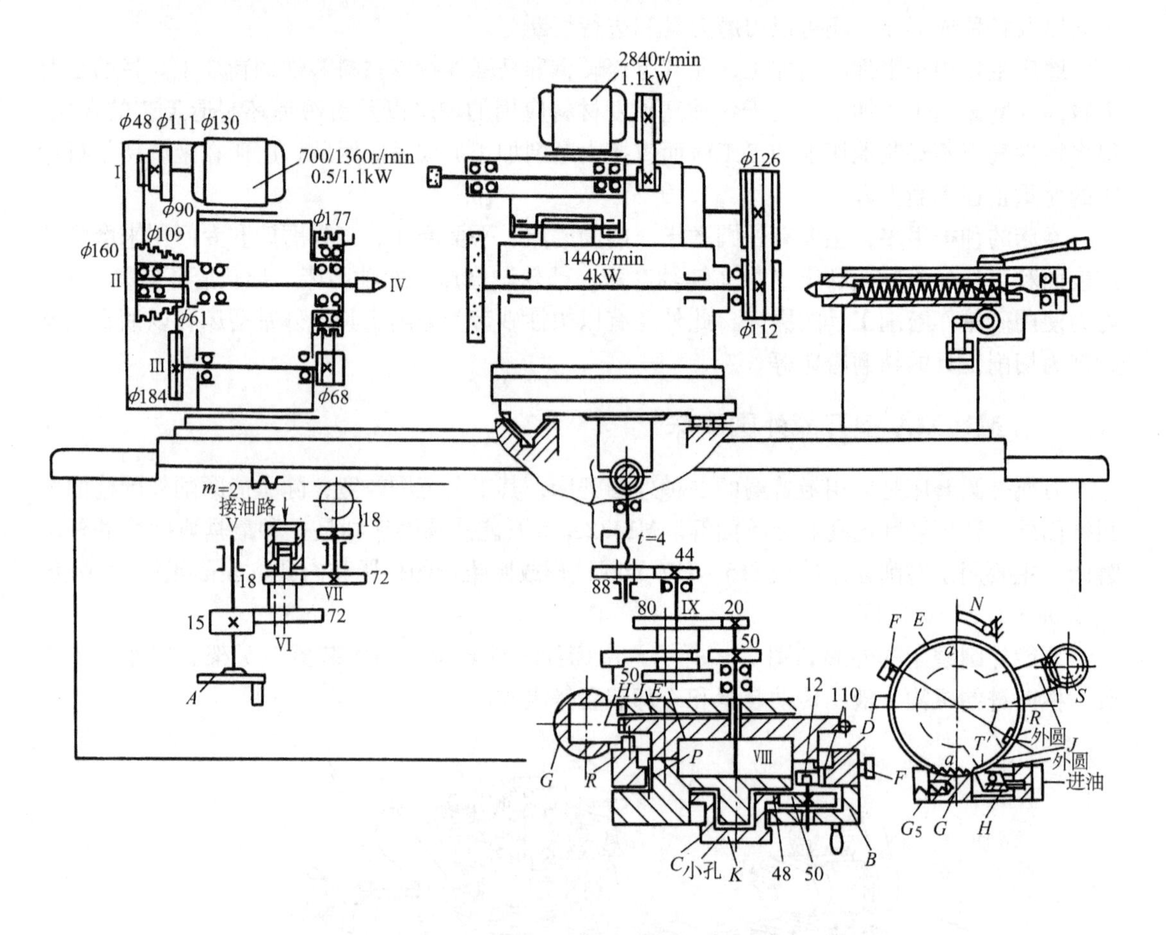


图 7-10　M1432A 型外圆磨床机械传动系统图

1）砂轮主轴的传动链。外圆磨削时砂轮主轴旋转的主运动 $n_{砂}$ 是由电动机（1440r/min、4kW）通过 4 根 V 带和带轮$\frac{\phi 126\text{mm}}{\phi 112\text{mm}}$直接传动的。通常外圆磨削时 $v_{砂}\approx 35\text{m/s}$。内圆磨削时砂轮主轴旋转的主运动 $n_{砂}$ 是由电动机（2840r/min、1.1kW）通过平带和带轮$\left(\frac{\phi 170\text{mm}}{\phi 50\text{mm}}\text{或}\frac{\phi 170\text{mm}}{\phi 32\text{mm}}\right)$直接传动，更换带轮，使内圆砂轮主轴可获得约 10000r/min 和 15000r/min 两种高转速。内圆磨具装在支架上，为了保证安全生产，内圆砂轮电动机的起动与内圆磨具支架的位置有联锁作用，只有支架翻到工作位置时，内圆砂轮电动机才能起动，这时外圆砂轮架快速进退手柄在原位上自动锁住，不能快速移动。

2）头架拨盘的传动链。这一传动用于实现工件的圆周进给运动。工件由双速电动机，经 V 带塔轮及两级 V 带传动，使头架的拨盘或卡盘驱动工件，并可获得 6 种转速。

3）滑鞍及砂轮架的横向进给传动链。滑鞍及砂轮架的横向进给可用手摇手轮 $B$ 实现，也可由进给液压缸的活塞 $G$ 驱动，实现周期自动进给。

手轮刻度盘的圆周分度为200格，采用粗进给时每格进给量为0.01mm，采用细进给时每格进给量为0.0025mm。

4）工作台的驱动。工作台的驱动通常采用液压传动，以保证运动的平稳性，并可实现无级调速和往复运动循环自动化；调整机床及磨削阶梯轴的台阶面和倒角时，工作台也可由手轮 $A$ 驱动。手轮转1转，工作台纵向进给量约为6mm。工作台的液压传动和手动驱动之间有互锁装置，以避免因工作台移动时带动手轮转动而引起伤人事故。

**2. 机床的主要结构**

（1）砂轮架　砂轮架的组成如图7-11所示，砂轮架中的砂轮主轴及其支承部分结构直

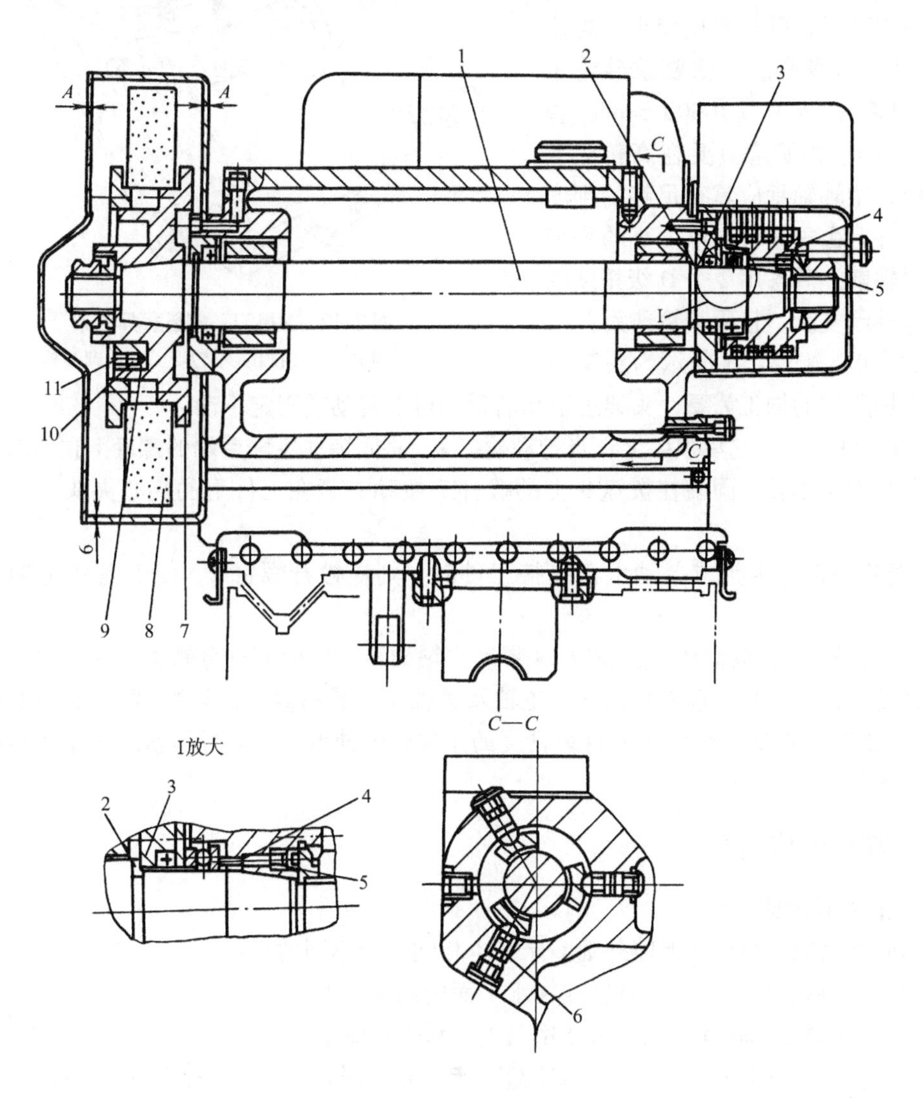


图7-11　M1432A 砂轮架

1—主轴　2—轴肩　3—滑动轴承　4—滑柱　5—弹簧　6—球头销　7—法兰　8—砂轮　9—平衡块　10—钢球　11—螺钉

接影响零件的加工质量，应具有较高的回转精度、刚度、抗振性及耐磨性，是砂轮架中的关键部分。砂轮主轴的前、后径向支承均采用“短三瓦动压型液体滑动轴承”，每一副滑动轴承由三块扇形轴瓦组成，每块轴瓦都支承在球面支承螺钉的球头上，调节球面支承螺钉的位置即可调整轴承的间隙，通常轴承间隙为0.015～0.025mm。砂轮主轴运转的平稳性对磨削表面质量影响很大，所以对于装在砂轮主轴上的零件都要经过仔细平衡，特别是砂轮，安装到机床上之前必须进行静平衡，电动机还需经过动平衡。

（2）内圆磨具及其支架　在砂轮架前方以铰链连接方式安装着一支架，内圆磨具就装在支架孔中，使用时将其翻下，如图7-12所示，不用时翻向上方。磨削内孔时，砂轮直径较小，要达到足够的磨削线速度，就要求砂轮主轴具有很高的转速（10000 r/min和15000 r/min），内圆磨具要在高转速下运转平稳，主轴轴承应具有足够的刚度和寿命，并且由重量轻、厚度小的平带传动，主轴前、后各用2个D级精度的角接触球轴承支承，且用弹簧预紧。

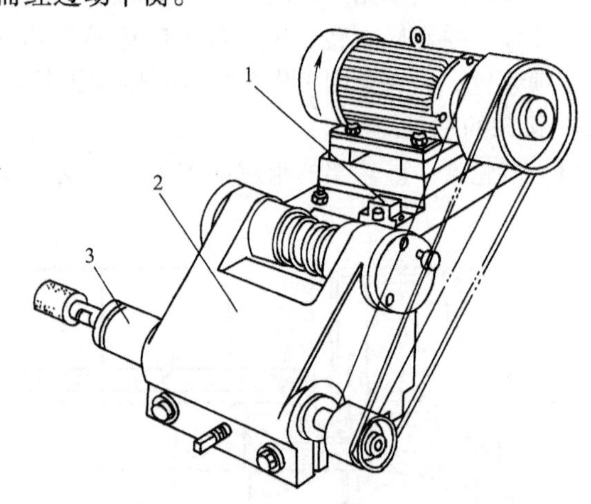

图7-12　M1432A内圆磨具支架

1—挡块　2—内圆磨具支架　3—内圆磨具

（3）头架　图7-13所示为头架装配图。根据不同的加工需要，头架主轴和前顶尖可以转动或固定不动。

1）若工件支承在前后顶尖上，当拧动螺钉2，将固装在主轴后端的螺套1顶紧时，主轴及前顶尖则固定不转，固装在拨盘9上的拨杆7拨动夹紧在工件上的鸡心夹头，使工件转动。

2）若用自定心卡盘或单动卡盘夹持工件时，则应松开螺钉2，使卡盘随主轴一起旋转。

3）松开螺钉2，拨盘9通过拨块19带动主轴旋转，机床可自身修磨顶尖，以提高工件的定位精度。头架主轴直接支承工件，主轴及其轴承应具有高的旋转精度、刚度和抗振性，M1432A的头架主轴轴承采用4个D级精度的角接触球轴承，并进行预紧。头架还可绕底座旋转一定角度。

## 二、其他磨床简介

### 1. 普通外圆磨床

普通外圆磨床的结构与万能外圆磨床基本相同，所不同的是：

1）头架和砂轮架不能绕垂直轴线在水平面内调整角度。

2）头架主轴不能转动，工件只能用顶尖支承进行磨削。

3）没有配置内圆磨具，因此普通外圆磨床工艺范围较窄，只能磨削外圆柱面，或依靠调整工作台的角度磨削较小的外圆锥面。但由于主要部件结构层次减少，刚性提高，故而可采用较大的磨削用量，提高生产效率，同时也易于保证磨削质量。

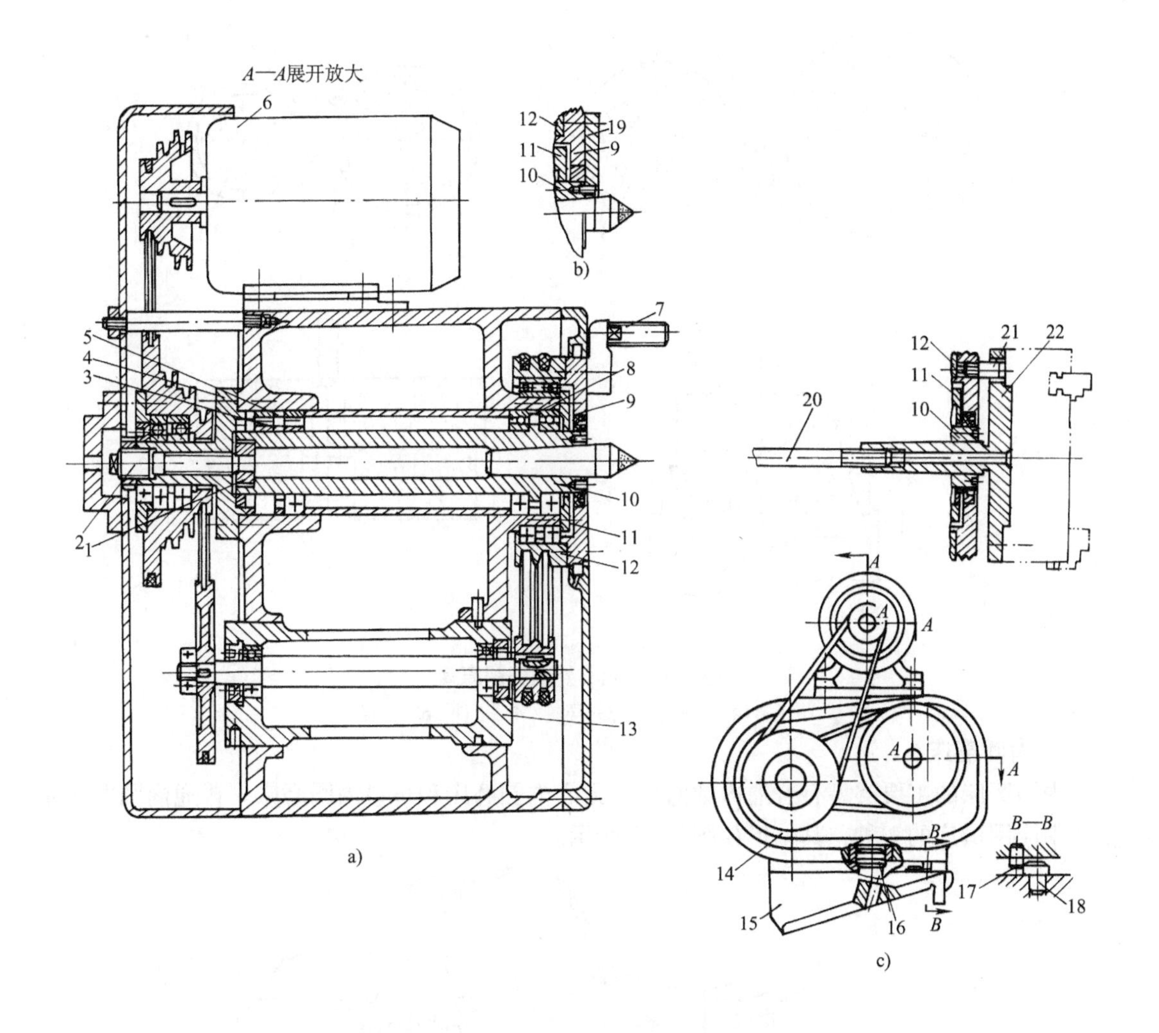


图 7-13　M1432A 头架

1—螺套　2—螺钉　3—后轴承盖　4、5、8—隔套　6—双速电动机　7—拨杆　9—拨盘　10—主轴　11—前轴承盖　12—带轮　13—偏心套　14—壳体　15—底座　16—轴销　17、18—定位销　19—拨块　20—拉杆　21—拨销　22—卡盘

**2. 无心磨床**

无心磨床通常是指无心外圆磨床，它适用于大批大量磨削细长轴以及不带孔的轴、套、销等零件。无心外圆磨削时，工件不是支承在顶尖上或夹持在卡盘中，而是直接放在砂轮和导轮之间，由托板和导轮支承，工件被磨削的表面本身就是定位基准面。无心外圆磨削的工作原理如图 7-14 所示。无心磨削有纵磨法（又称贯穿磨法）和横磨法（又称切入磨法）两种。纵磨法如图 7-14b 所示，导轮轴线相对于工件轴线倾斜 $\alpha=1°\sim6°$的角度，粗磨时取大值，精磨时取小值。横磨法如图 7-14c 所示，工件无轴向运动，导轮作横向进给，为使工件在磨削时紧靠挡块，一般取 $\alpha=0.5°\sim1°$的角度。无心磨削时，工件中心必须高于导轮和砂轮中心连线，高出的距离一般等于 0.15～0.25 倍工件直径，使工件与砂轮、导轮间的接触点不在工件的同一直径线上，从而工件在多次转动中逐渐被磨圆。

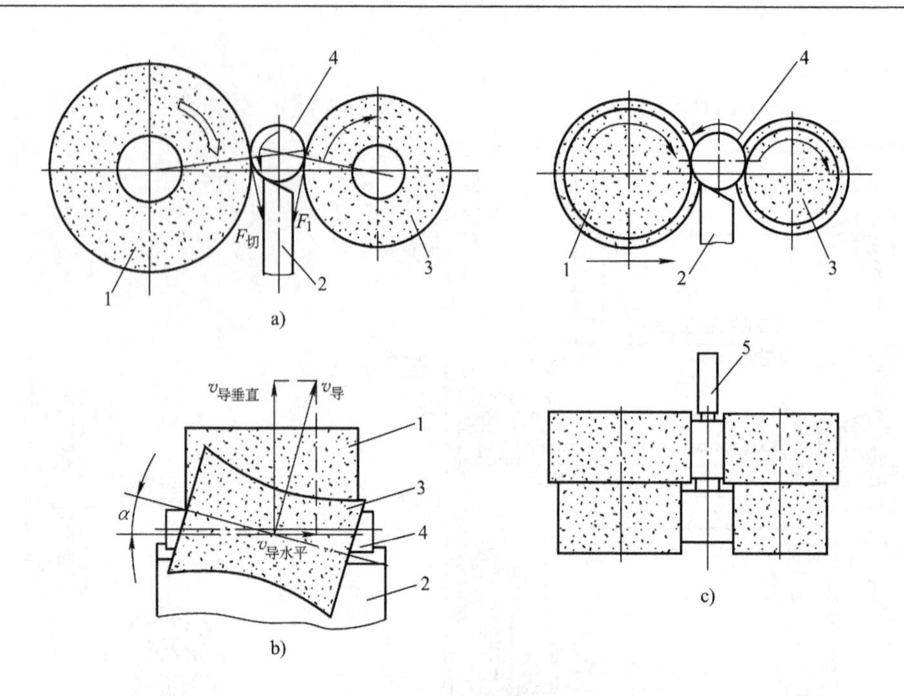


图7-14　无心外圆磨削原理

1—砂轮　2—托板　3—导轮　4—工件　5—挡板

### 3. 内圆磨床

内圆磨床的主要类型有普通内圆磨床、无心内圆磨床和行星内圆磨床。普通内圆磨床是生产中应用最广的一种，其外形如图7-15所示。

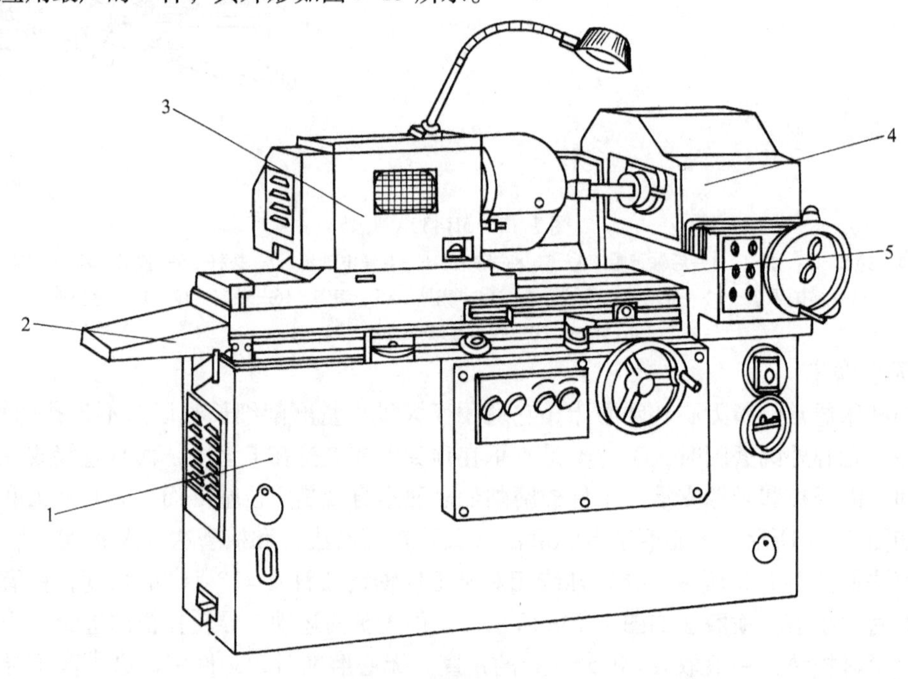


图7-15　普通内圆磨床

1—床身　2—工作台　3—头架　4—砂轮架　5—滑鞍

内圆磨床可以磨削圆柱形或圆锥形的通孔、不通孔和阶梯孔。内圆磨削大多采用纵磨法，也可用切入法。

磨削内圆还可采用无心磨削。如图 7-16 所示，无心内圆磨削时，工件支承在滚轮和导轮上，压紧轮使工件紧靠导轮，工件即由导轮带动旋转，实现圆周进给运动。砂轮除了完成主运动外，还做纵向进给运动和周期横向进给运动。加工结束时，压紧轮沿箭头 $A$ 方向摆开，以便卸下工件。

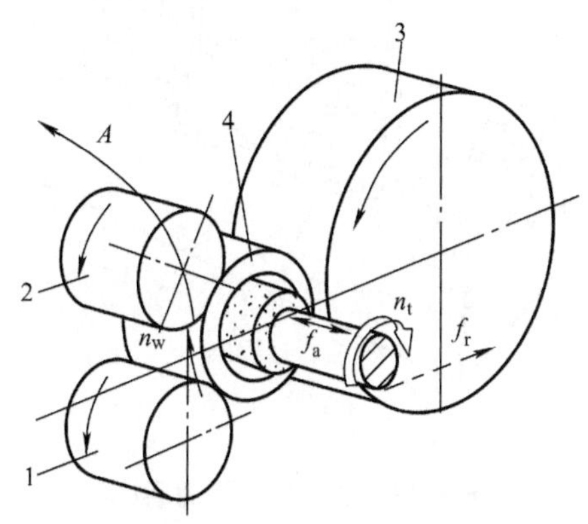


图 7-16　无心内圆磨削方式

1—滚轮　2—压紧轮　3—导轮　4—工件

**4. 平面磨床**

平面磨床用于磨削各种零件的平面。根据砂轮的工作面不同，可分为用砂轮周边进行磨削的平面磨床，其砂轮主轴常处于水平位置即卧式；用砂轮端面进行磨削的平面磨床，其砂轮主轴常为立式。根据工作台形状的不同，平面磨床又可分为矩形工作台和圆形工作台平面磨床。所以，根据砂轮工作面和工作台形状的不同，平面磨床主要有以下四种类型：卧轴矩台平面磨床、卧轴圆台平面磨床、立轴矩台平面磨床和立轴圆台平面磨床，其中卧轴矩台平面磨床和立轴圆台平面磨床最为常见，其外形及结构如图 7-17 和图 7-18 所示。

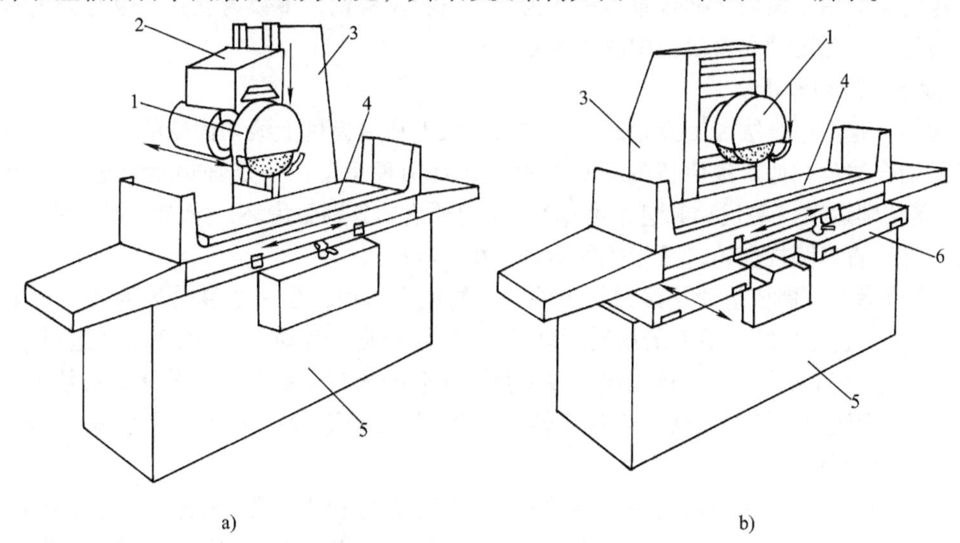


图 7-17　卧轴矩台平面磨床

1—砂轮架　2—滑鞍　3—立柱　4—工作台　5—床身　6—床鞍

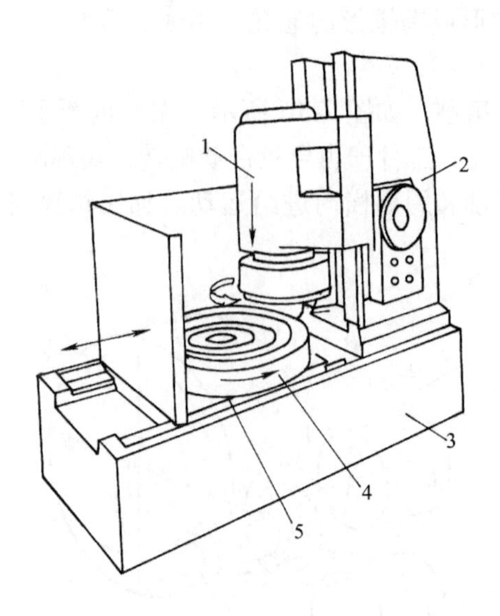


图 7-18　立轴圆台平面磨床
1—砂轮架　2—立柱　3—床身
4—工作台　5—床鞍

## 第四节　齿轮加工机床

齿轮种类较多，根据齿轮应用的场合不同，对其精度要求也不相同，为了满足各种齿轮加工的需要，齿轮加工机床分为滚齿机、插齿机和磨齿机。

### 一、滚齿机

滚齿机主要用于滚切外啮合直齿和斜齿圆柱齿轮及蜗轮，多数为立式，也有卧式的，用于加工齿轮轴、花键轴和仪表类中的小模数齿轮。

**1. 滚齿机运动分析**

滚齿加工是按包络法加工齿轮的一种方法。滚刀在滚齿机上滚切齿轮的过程，与一对螺旋齿轮的啮合过程相似。滚齿机的滚切过程应包括两种运动：一是强迫啮合运动（包络运动），二是切削运动（主运动和进给运动）。这两种运动分别由齿坯、滚刀和刀架来完成。

（1）加工直齿圆柱齿轮时滚齿机的运动分析

1）展成运动。展成运动是滚刀与工件之间的包络运动，是一个复合表面成形运动，如图 7-19 所示，它可分解为滚刀的旋转运动 $B_{11}$ 和齿坯的旋转运动 $B_{12}$，由于是强迫啮合运动，所以 $B_{11}$ 和 $B_{12}$ 之间需要一个内传动链，以保持其正确的相对运动关系，若滚刀头数为 $K$，工件齿数为 $z$，则滚刀每转 $1/K$ 转，工件应转 $1/z$ 转，该传动链为：滚刀—4—5—$i_x$—6—7—工件，如图 7-20 所示。

2）主运动。展成运动还应有一条外联系传动链与动力源联系起来，这条传动链在图 7-20 中为：电动机—1—2—$i_v$—3—4—滚刀，它使滚刀和工件共同获得一定的速度和方向的运动，故称为主运动链。

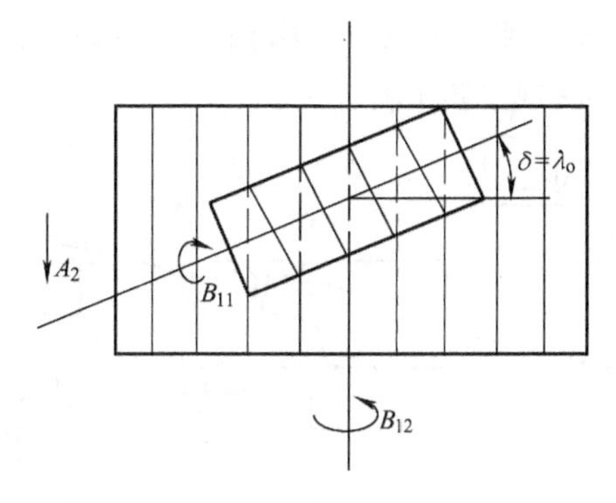

图 7-19　滚切直齿圆柱齿轮时所需的运动

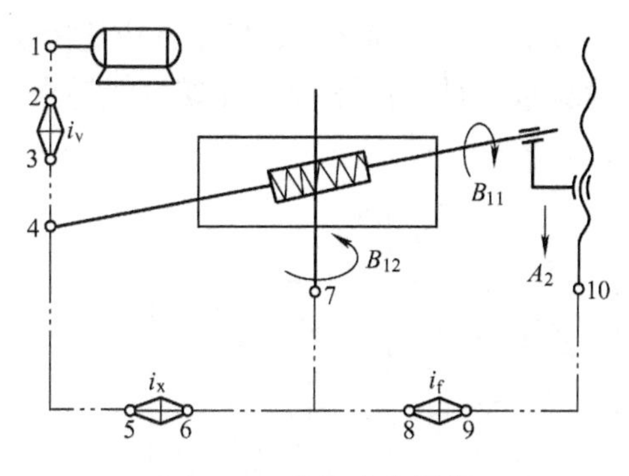

图 7-20　滚切直齿圆柱齿轮的传动链

3）垂直进给运动。为了形成直齿，如图 7-19 所示，滚刀还需做轴向的直线运动 $A_2$，该运动使切削得以连续进行，是进给运动。垂直进给运动链在图 7-20 中为：工件—7—8—$i_f$—9—10—刀架升降丝杠，这是一条外联系传动链，工作台可视为间接动力源，轴向进给量是以工作台每转一转时刀架的位移量（mm）来表示的。通过改变传动链中换置机构的传动比 $i_f$，可调整轴向进给量的大小，以适应表面质量的不同要求。

4）滚刀的安装。因为滚刀实质上是一个大螺旋角齿轮，其螺旋升角为 $\lambda_o$，加工直齿齿轮时，为了使滚刀的齿向与被切齿轮的齿槽方向一致，滚刀轴线应与被切齿轮端面倾斜 $\delta$ 角，这个角称为安装角，在数值上等于滚刀的螺旋升角 $\lambda_o$。用右旋滚刀滚切直齿齿轮时，滚刀的安装如图 7-19 所示；如用左旋滚刀滚切，则倾斜方向相反。图中虚线表示滚刀与齿坯接触一侧的滚刀螺旋线方向。

（2）加工斜齿圆柱齿轮时滚齿机的运动分析

1）运动分析。斜齿圆柱齿轮与直齿圆柱齿轮的端面齿廓都为渐开线，不同之处在齿线，前者为螺旋线，后者为直线。因此，在滚切斜齿圆柱齿轮时，除了同滚切直齿时一样，需要展成运动、主运动、垂直进给运动之外，为了形成螺旋齿线，在滚刀做垂直进给运动的同时，工件还必须在参与展成运动的基础上，再做一附加旋转运动，而且垂直进给运动与附加运动之间，必须保持严格的运动匹配关系，即滚刀沿工件轴向移动一个工件的螺旋线导程时，工件应准确地附加转动 ±1 转。滚切斜齿轮所需的运动如图 7-21 所示，其实际传动原理图如图 7-22 所示。滚切斜齿的附加运动传动链为：刀架（滚刀移动）—12—13—$i_y$—14—15—合成—6—7—$i_x$—8—9—工作台（工件附加转动）。由此可知，滚切斜齿圆柱齿轮需要两个复合运动，而每个复合运动必须有一条外联系传动链和一条或几条内联系传动链，这里则需要四条传动链：两条内联系传动链及与之配合的两条外联系传动链。

2）滚刀的安装。滚切斜齿圆柱齿轮时，滚刀的安装角 $\delta$ 不仅与滚刀的螺旋线方向和螺旋升角 $\lambda_o$ 有关，而且还与被加工齿轮的螺旋线方向及螺旋角 $\beta$ 有关。当滚刀与齿轮的螺旋线方向相同时，滚刀的安装角 $\delta=\beta-\lambda_o$，当滚刀与齿轮的螺旋线方向相反时，滚刀的安装角 $\delta=\beta+\lambda_o$，如图 7-23 所示。

3）工件附加转动的方向。工件附加转动 $B_{22}$ 的方向如图 7-24 所示，图中 $ac'$ 是斜齿圆柱齿轮的齿线。滚刀在位置Ⅰ时，切削点在 $a$ 点；滚刀下降 $\Delta f$ 到达位置Ⅱ时，需要切削的是 $b'$ 点而不是 $b$ 点。如果用右旋滚刀滚切右旋齿轮，则工件应比滚切直齿时多转一些，如图 7-

24a 所示；滚切左旋齿轮，则工件应比滚切直齿时少转一些，如图 7-24b 所示。滚切斜齿圆柱齿轮时，刀架向下移动一个螺旋线导程，工件应多转或少转 1 转。

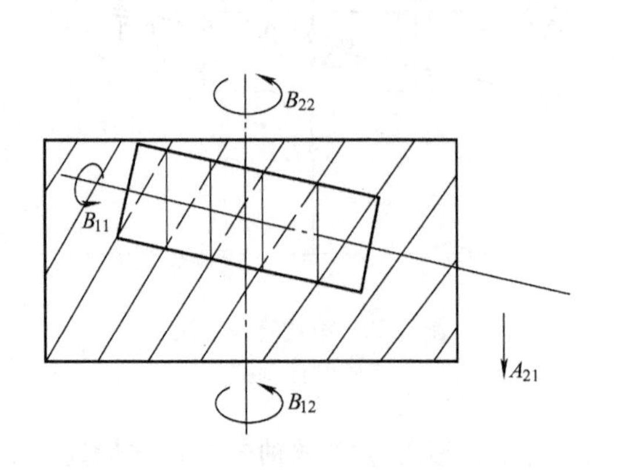


图 7-21　滚切斜齿圆柱齿轮所需的运动

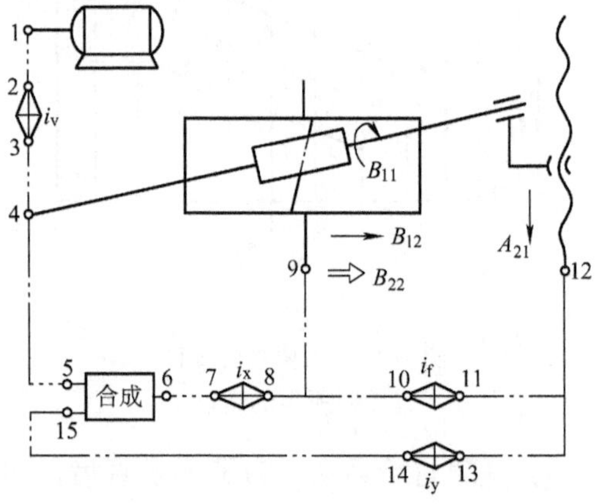

图 7-22　滚切斜齿圆柱齿轮的传动原理图

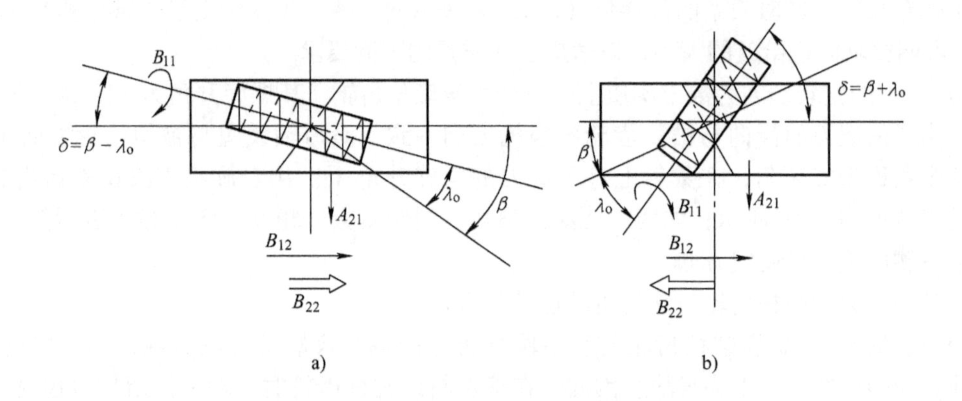


图 7-23　滚切斜齿圆柱齿轮时滚刀的安装角

a）右旋滚刀加工右旋齿轮　b）右旋滚刀加工左旋齿轮

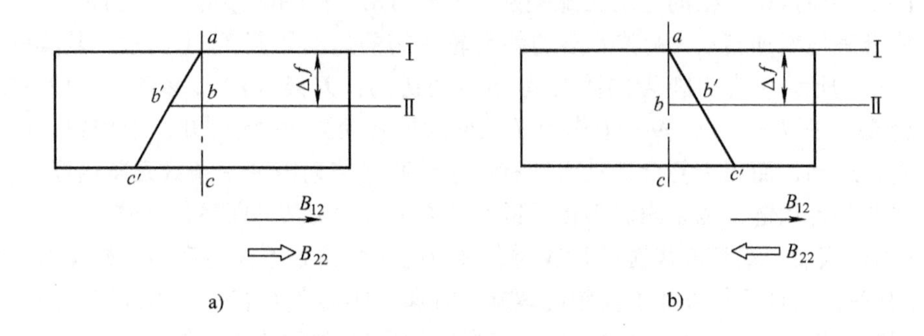


图 7-24　用右旋滚刀滚切斜齿轮时工件的附加转动方向

a）右旋滚刀加工右旋齿轮　b）右旋滚刀加工左旋齿轮

## 2. 滚齿机的结构

滚齿机有立柱移动式和工作台移动式两种，图 7-25 所示 Y3150E 型滚齿机是一种中型

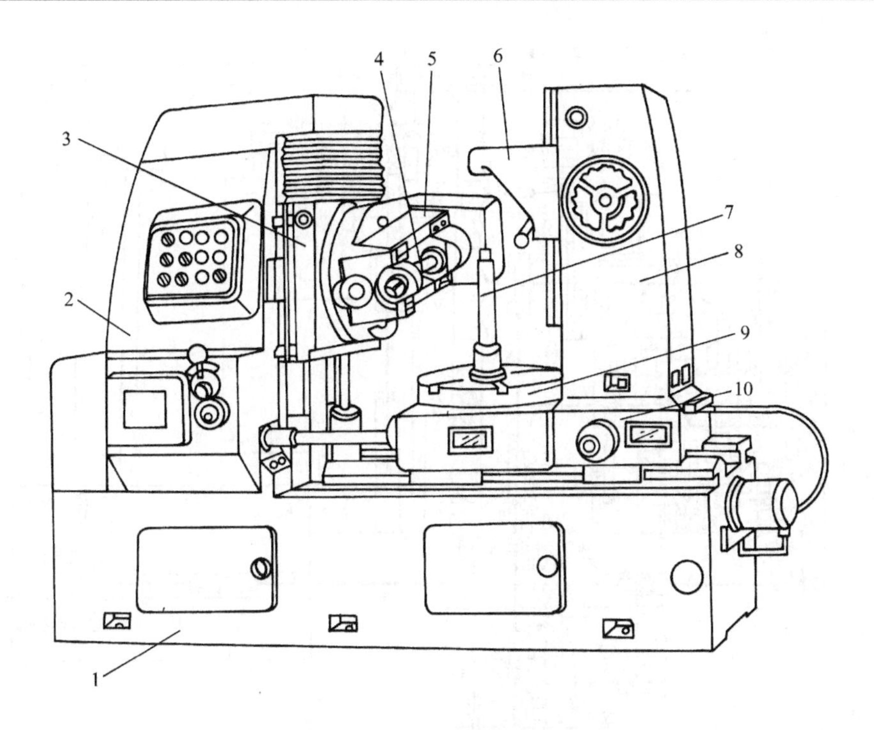


图 7-25 Y3150E 型滚齿机

1—床身 2—立柱 3—刀架溜板 4—刀杆 5—刀架体 6—支架
7—心轴 8—后立柱 9—工作台 10—床鞍

通用工作台移动式滚齿机。该机床主要用于加工直齿和斜齿圆柱齿轮，也可用径向切入法加工蜗轮，但径向进给只能手动，可加工工件最大直径为500mm，最大模数为8mm。Y3150E型滚齿机的传动系统只有主运动、展成运动、垂直进给和附加运动传动链，另外还有一条刀架空行程传动链，用于快速调整机床部件，其运动传动系统图如图 7-26 所示。

在 Y3150E 型滚齿机上加工斜齿圆柱齿轮时，需要通过运动合成机构将展成运动和附加运动合成为工件的运动，其原理如图 7-27 所示，该机构由模数 $m=3$mm，齿数 $z=30$，螺旋角 $\beta=0°$的四个弧齿锥齿轮组成。当加工斜齿圆柱齿轮时，合成机构应做如图 7-27a 所示的调整，在Ⅸ轴上先装上套筒 $G$，并用键连接，再将离合器 $M_2$ 空套在套筒 $G$ 上，使 $M_2$ 的端面齿与空套齿轮 $z_1$ 的端面齿及转臂 $H$ 端面齿同时啮合，此时可通过齿轮 $z_1$ 将运动传递给转臂 $H$，根据行星传动原理对合成机构进行分析得出，Ⅸ轴与齿轮套Ⅺ的传动式为

$$u_{合_1} = n_{Ⅸ}/n_{Ⅺ} = -1 \tag{7-3}$$

Ⅸ轴与转臂的传动比为

$$u_{合_2} = n_{Ⅸ}/n_{H} = 2 \tag{7-4}$$

因此，加工斜齿圆柱齿轮时，展成运动和附加运动分别由Ⅺ轴与齿轮 $z_f$ 输入合成机构，其传动比分别为 $u_{合_1}=-1$ 及 $u_{合_2}=2$，经合成后由Ⅸ轴上的齿轮 $E$ 传出。当加工直齿圆柱齿轮时，工件不需要附加运动，合成机构应做如图 7-27b 所示的调整，卸下离合器 $M_2$ 及套筒 $G$，在Ⅸ轴上装上离合器 $M_2$，通过端面齿和键连接，将转臂 $H$ 与Ⅸ轴连接成一体，此时 4 个锥齿轮之间无相对运动，齿轮 $z_c$ 的转动经Ⅺ轴直接传至Ⅸ轴和齿轮 $E$，这时 $u_{合}=n_{Ⅸ}/n_{Ⅺ}=1$，即Ⅸ轴与Ⅺ轴同速同向转动。

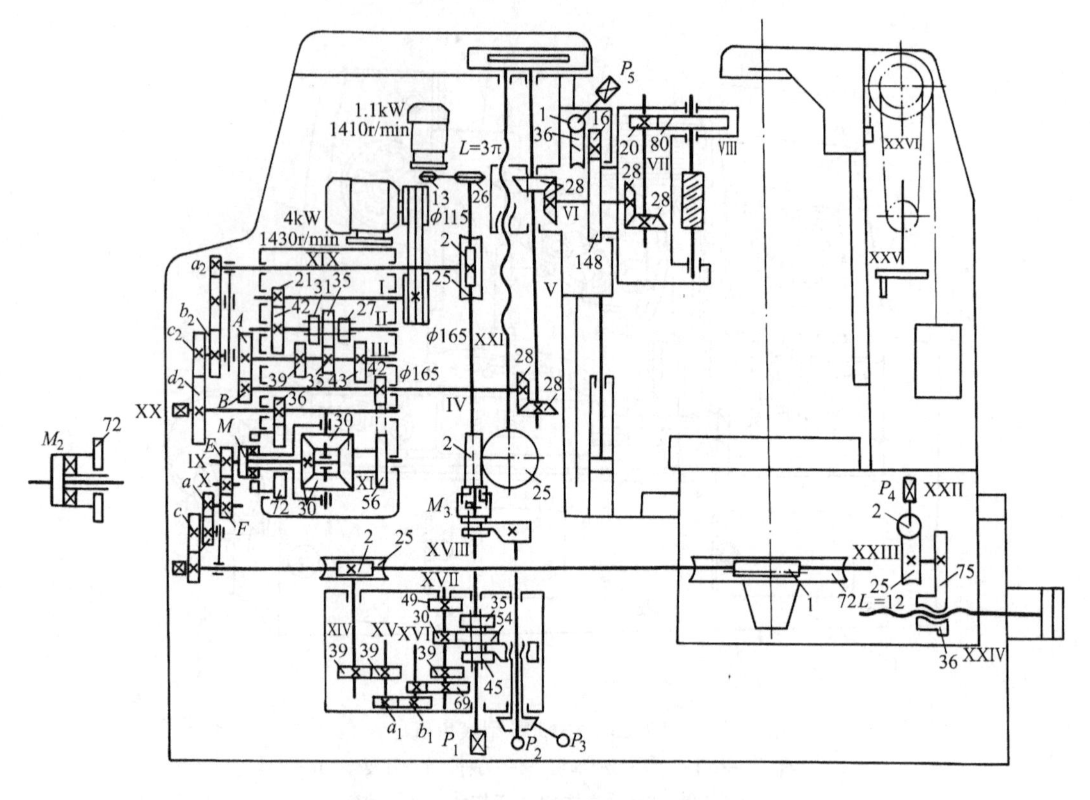


图 7-26　Y3150E 型滚齿机传动系统图

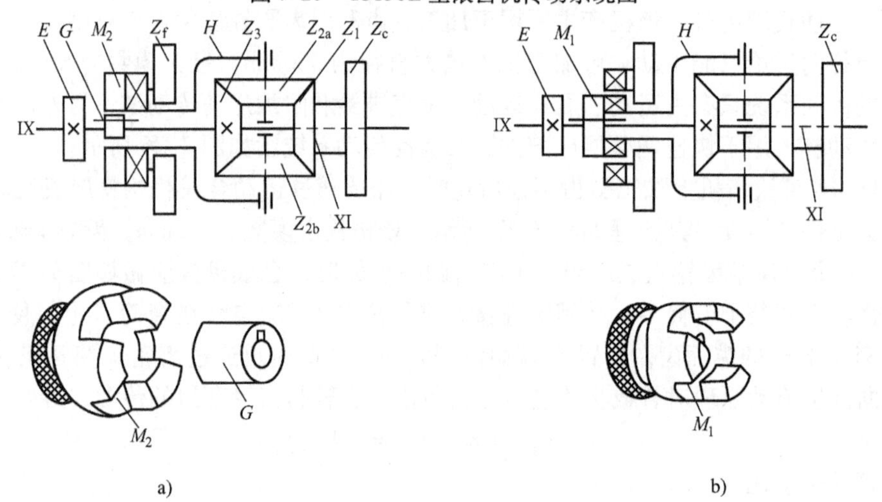


图 7-27　Y3150E 型滚齿机运动合成机构工作原理

a）加工斜齿圆柱齿轮时　b）加工直齿圆柱齿轮时

$E$、$Z$—齿轮　$G$—套筒　$H$—转臂　$M$—离合器

## 二、插齿机

插齿机可以用来加工外啮合和内啮合的直齿圆柱齿轮，如果采用专用的螺旋导轨和斜齿轮插齿刀，还可以加工外啮合的斜齿圆柱齿轮，特别适合于加工多联齿轮。

插齿加工时，机床必须具备切削加工的主运动、展成运动、径向进给运动、圆周进给运动和让刀运动；图7-28所示为插齿机的传动原理图，其中电动机$M$—1—2—$u_v$—3—5—曲柄偏心盘$A$—插齿刀为主运动传动链，$u_v$为换置机构，用于改变插齿刀每分钟往复行程数；曲柄偏心盘$A$—5—4—6—$u_s$—7—8—9—插齿刀主轴套上的蜗杆副$B$—插齿刀为圆周进给运动传动链，$u_s$为调节插齿刀圆周进给量的换置机构；插齿刀—蜗杆副$B$—9—8—10—$u_c$—11—12—蜗杆副$C$—工件为展成运动传动链，$u_c$为调节插齿刀与工件之间传动比的换置机构，当刀具转$1/z_刀$转时，工件转$1/z_c$转；由于让刀运动及径向切入运动不直接参加工件表面成形运动，因此图中未表示出来。

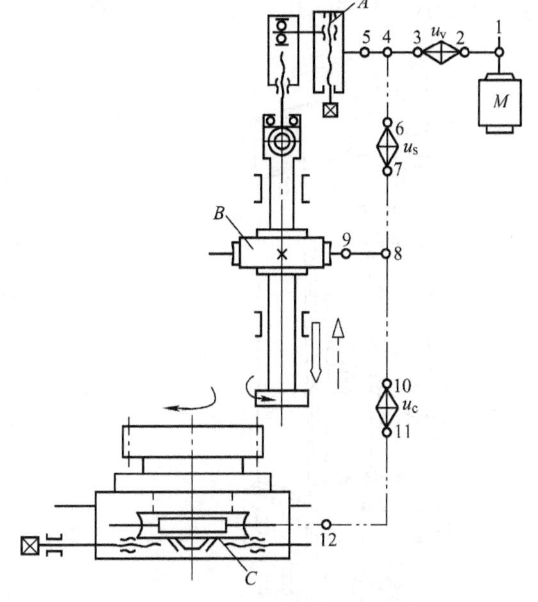

图7-28　插齿机的传动原理图

## 三、磨齿机

磨齿机多用于淬硬齿轮的齿面精加工，有的还可直接用来在齿坯上磨制小模数齿轮。磨齿能消除淬火后的变形，加工精度最低为6级，有的可磨出3、4级精度齿轮。

磨齿机有成形法磨齿和展成法磨齿两大类，多数磨齿机为展成法磨齿。展成法磨齿又分为连续磨齿和分度磨齿两类（见图6-46），其中蜗杆形砂轮磨齿机的效率最高，而大平面砂轮磨齿机的精度最高。磨齿加工加工精度高，修正误差能力强，而且能加工表面硬度很高的齿轮，但磨齿加工效率低，机床复杂，调整困难，因此加工成本高，适用于齿轮精度要求很高的场合。

# 第五节　其他机床

## 一、钻床、镗床

钻床和镗床都是孔加工用机床，主要加工外形复杂、没有对称放置轴线的工件，如杠杆、盖板、箱体、机架等零件上的单孔或孔系。

### 1. 钻床

钻床一般用于加工直径不大、精度要求较低的孔，可以完成钻孔、扩孔、铰孔、刮平面以及攻螺纹等工作（见图6-18）。钻床的主参数是最大钻孔直径。根据用途和结构的不同，钻床可分为：台式钻床、立式钻床、摇臂钻床、深孔钻床以及专门化钻床（如中心孔钻床）等。

（1）立式钻床　立式钻床的外形及结构如图7-29所示，主要由底座、工作台、立柱、电动机、传动装置、主轴变速箱、进给箱、主轴和操纵手柄组成。进给箱右侧的手柄用于使主轴升降；工件安放在工作台上，工作台和进给箱都可沿立柱调整其上下位置，以适应不同高度的工件。立式钻床是用移动工件的办法来使主轴轴线对准孔中心的，因而操作不便，常用于中、小型工件的孔加工，工件上的孔径一般大于13mm。

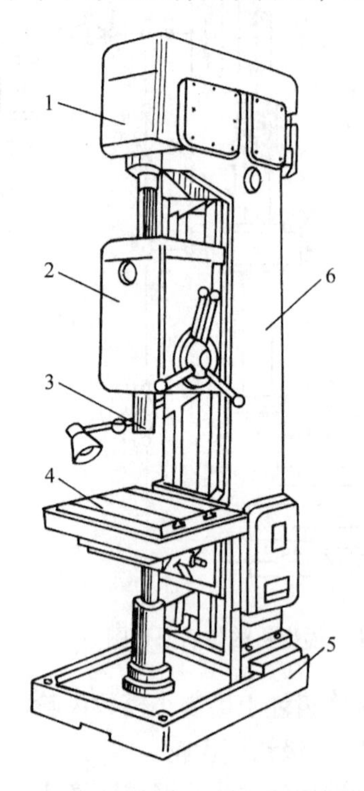


图7-29　立式钻床的外形及结构

1—变速箱　2—进给箱　3—主轴

4—工作台　5—底座　6—立柱

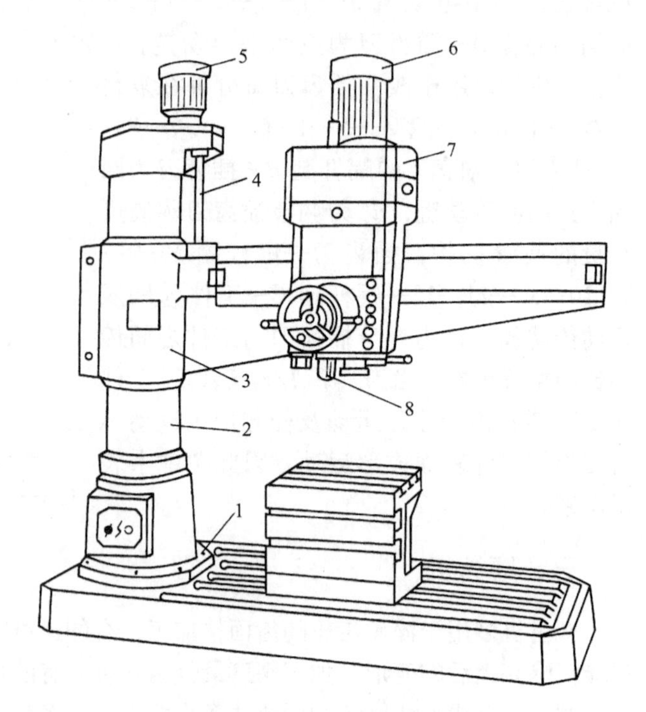


图7-30　摇臂钻床的外形及结构

1—底座　2—立柱　3—摇臂　4—丝杠

5、6—电动机　7—主轴箱　8—主轴

(2) 摇臂钻床　在大型工件上钻孔，通常希望工件不动，而让钻床主轴能任意调整其位置，以适应加工需要，这就需要用摇臂钻床。摇臂钻床的外形及结构如图7-30所示，主要由底座、工作台、立柱、摇臂、电动机、传动装置、主轴变速箱、进给箱、主轴和操纵手柄组成，摇臂能绕立柱旋转，主轴箱可在摇臂上横向移动，同时还可松开摇臂锁紧装置，根据工件高度，使摇臂沿立柱升降。摇臂钻床可以方便地调整刀具的位置以对准被加工孔的中心，而不需要移动工件，因此适用于大直径、笨重的或多孔的大、中型工件上加工孔。

(3) 其他钻床　台式钻床是一种主轴垂直布置、钻孔直径小于15mm的小型钻床，由于加工孔径较小，台钻主轴转速可以很高，适用于加工小型零件上的各种孔。深孔钻床是使用特制的深孔钻头，专门加工深孔的钻床，如加工炮筒、枪管和机床主轴等零件上的深孔；为避免机床过高和便于排屑，深孔钻床一般采用卧式布置；为减少孔中心线的偏斜，通常是由工件转动作为主运动，钻头只作直线进给运动而不旋转。

**2. 镗床**

镗床用于加工尺寸较大、精度要求较高的孔，内成形表面或孔内环槽，特别是分布在不同位置，轴线间距离精度和相互位置精度要求很严格的孔系，其主要加工工艺如图7-31所示。通常，镗刀旋转为主运动，镗刀或工件的移动为进给运动。根据用途，镗床可分为卧式镗铣床、坐标镗床、金刚镗床、落地镗床以及数控镗铣床等。

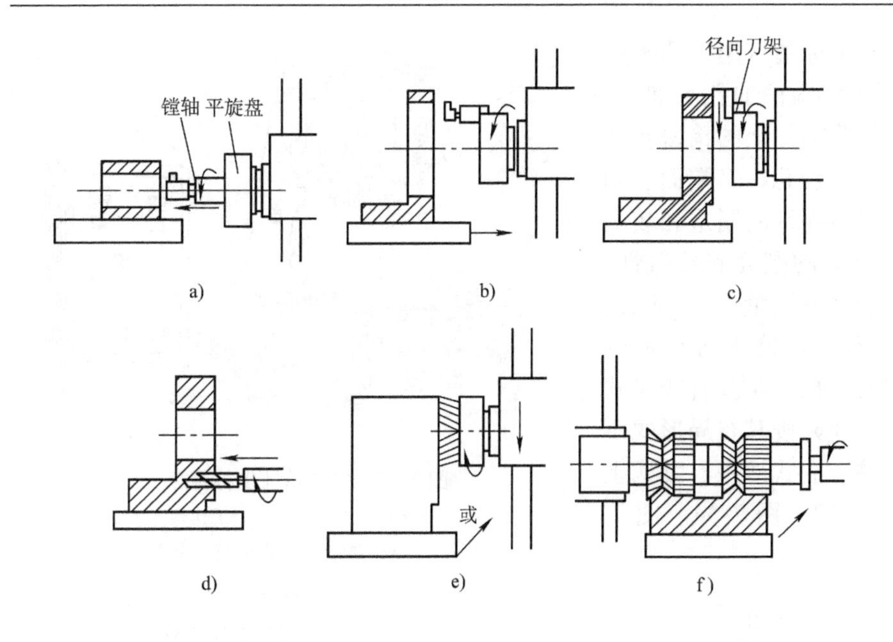


图 7-31　卧式镗铣床的主要加工工艺

a）镗小孔　b）镗大孔　c）车端面　d）钻孔　e）铣端面　f）铣成形面

（1）卧式镗铣床　卧式镗铣床的外形结构如图 7-32 所示，其主轴水平布置并可轴向进给，主轴箱可沿前立柱导轨垂直移动，主轴箱前端有一个大转盘，转盘上装有刀架，它可在转盘导轨上做径向进给；工件装在工作台上，工作台可旋转并可实现纵向或横向进给；镗刀装在主轴或镗杆上，较长镗杆的尾部可由能在后立柱上作上、下调整的后支承来支持。

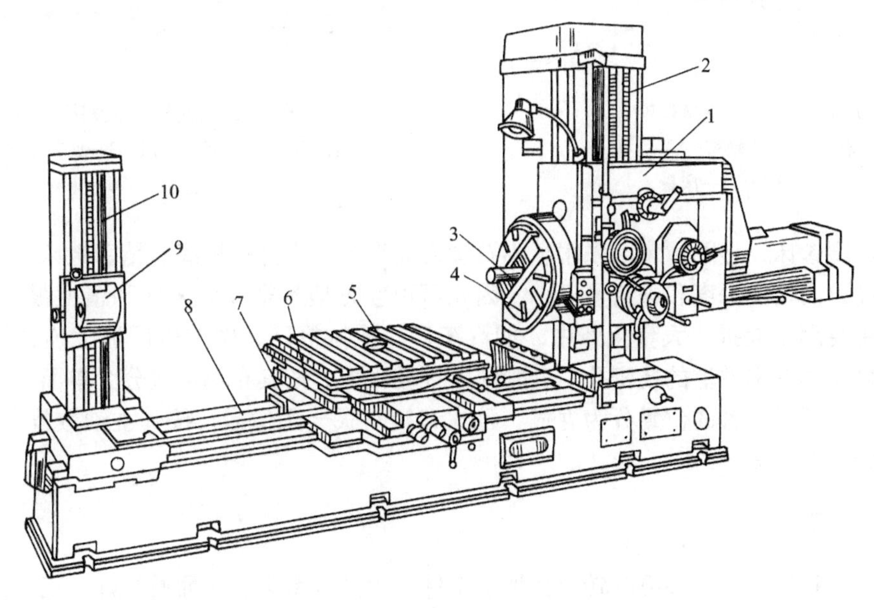


图 7-32　卧式镗铣床的外形结构

1—主轴箱　2—前立柱　3—镗轴　4—平旋盘　5—工作台　6—上滑座
7—下滑座　8—床身　9—后支承　10—后立柱

(2) 坐标镗床 坐标镗床用于孔本身精度及位置精度要求都很高的孔系加工，如钻模、镗模和量具等零件上的精密孔加工，也能钻孔、扩孔、铰孔、锪端面、切槽等。坐标镗床主要零部件的制造和装配精度都很高，具有良好的刚度和抗振性，并配备有坐标位置的精密测量装置，除进行孔系的精密加工外，还能进行精密刻度、样板的精密划线、孔间距及直线尺寸的精密测量等。坐标镗床按其布局形式不同，可分为立式单柱、立式双柱、卧式坐标镗床，分别如图7-33、图7-34、图7-35所示。

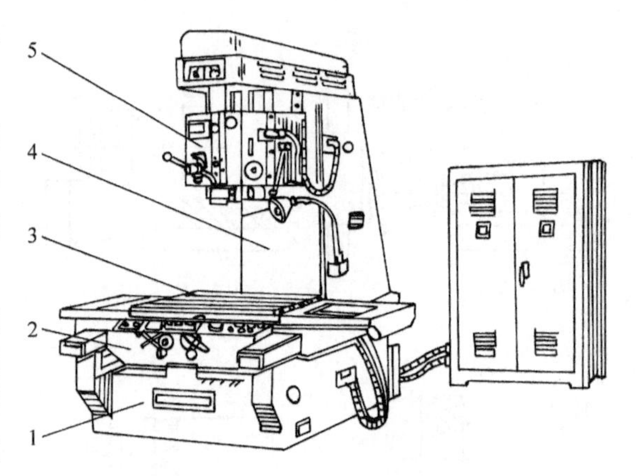


图7-33 立式单柱坐标镗床
1—床身 2—床鞍 3—工作台
4—立柱 5—主轴箱

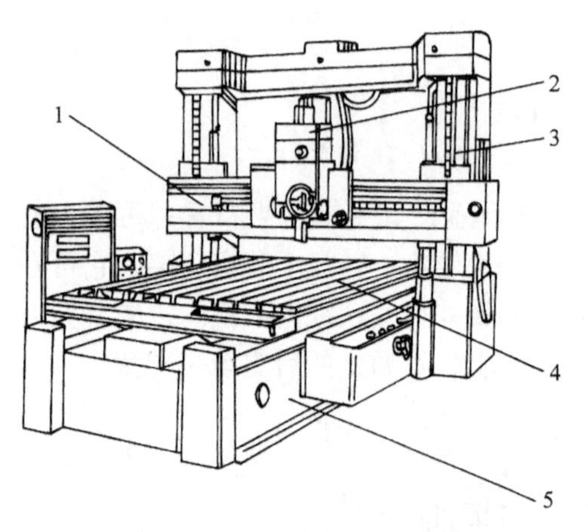


图7-34 立式双柱坐标镗床
1—横梁 2—主轴箱 3—立柱
4—工作台 5—床身

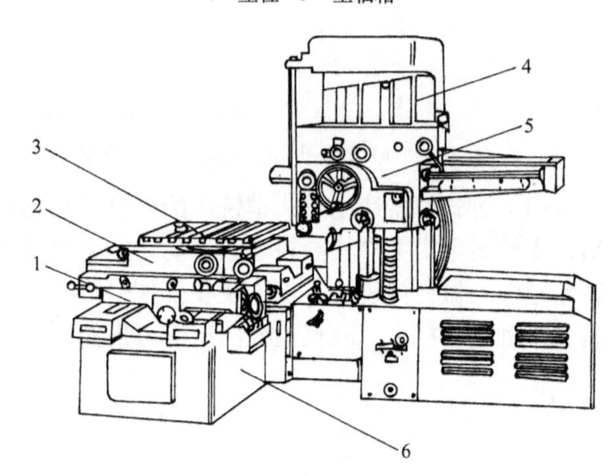


图7-35 卧式坐标镗床
1—横向滑座 2—纵向滑座 3—回转工作台
4—立柱 5—主轴箱 6—床身

(3) 金刚镗床 金刚镗床因采用金刚石镗刀而得名，它是一种高速精密镗床，其特点是切削速度高，而切削深度和进给量极小，因此可以获得质量很高的表面和精度很高的尺寸。金刚镗床主要用于成批、大量生产中，如汽车厂、拖拉机厂、柴油机厂加工连杆轴瓦、活塞、液压泵壳体等零件上的精密孔。金刚镗床种类很多，按其布局形式分为单面、双面和多面金刚镗床；按其主轴的位置分为立式、卧式和倾斜式金刚镗床；按其主轴数量分为单轴、双轴和多轴金刚镗床。

## 二、铣床

铣床是一种用多齿、多刃旋转刀具加工工件、生产效率高、表面质量好、工艺范围十分广泛（见图6-10）的金属切削机床，是机械制造业的重要设备。

铣床的种类很多，主要类型有卧式铣床、立式铣床、圆工作台铣床、龙门铣床、工具铣床、仿形铣床以及各种专门化铣床等。

**1. 卧式铣床**

卧式铣床的主要特征是机床主轴轴线与工作台台面平行，铣刀安装在与主轴相连接的刀轴上，由主轴带动做旋转主运动，工件装夹在工作台上，由工作台带动工件做进给运动，从而完成铣削工作。卧式铣床又分为卧式升降台铣床和万能升降台铣床，其外形结构分别如图7-36和图7-37所示。万能升降台铣床与卧式升降台铣床的结构基本相同，只是在工作台5和床鞍6之间增加了一副转盘，使工作台可以在水平面内调整角度，以便于加工螺旋槽。

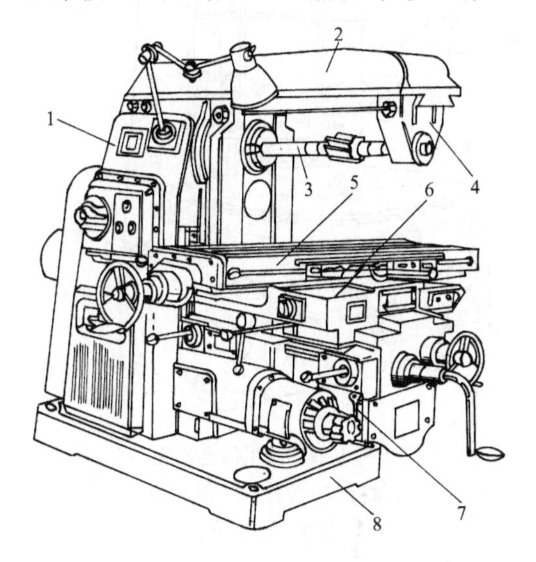


图7-36　卧式升降台铣床

1—床身　2—悬臂　3—铣刀心轴　4—挂架
5—工作台　6—床鞍　7—升降台　8—底座

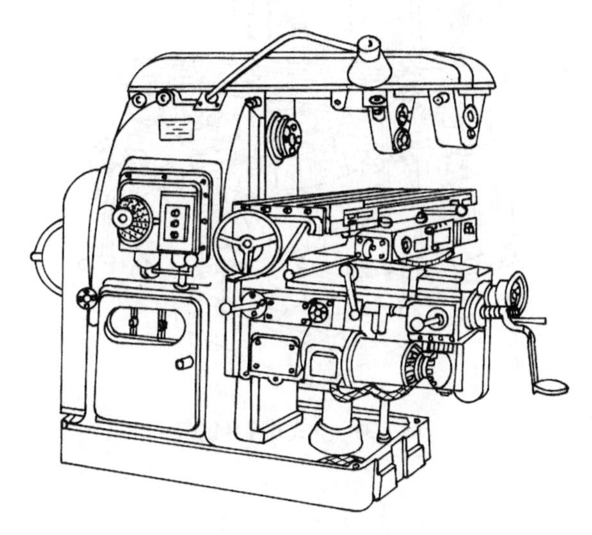

图7-37　万能升降台铣床

**2. 立式铣床**

立式铣床与卧式铣床的主要区别在于其主轴是垂直安置的。图7-38所示为常见的一种立式升降台铣床，其工作台、床鞍及升降台与卧铣相同，铣头可根据加工需要在垂直平面内调整角度，主轴可沿轴线方向进给或调整位置。

**3. 圆工作台铣床**

图7-39所示为一种双柱圆工作台铣床，它有两根主轴，在主轴箱的两根主轴上可分别安装粗铣和半精铣用的端铣刀；圆工作台上可装夹多个工件，加工时，圆工作台缓慢转动，完成进给运动，从铣刀下通过的工件便已铣削完毕，这种铣床装卸工件的辅助时间可与切削时间重合，因而生产效率高，适用于大批、大量生产中通过设计专用夹具，铣削中、小型零件。

**4. 龙门铣床**

龙门铣床是一种大型高效能的铣床，主要用于加工各类大型、重型工件上的平面和沟槽，借助附件还可以完成斜面和内孔等的加工。龙门铣床的主体结构呈龙门式框架，如图7-40所示，其横梁上装有两个铣削主轴箱（立铣头），可在横梁上水平移动，横梁可在立柱上升降，以适应不同高度的工件的加工；两个立柱上又各装一个卧铣头，卧铣头也可在立柱上升降；每个铣头都是一个独立部件，内装主运动变速机构、主轴及操纵机构，各铣头的水平或垂直运动都可以是进给运动，也可以是调整铣头与工件间相对位置的快速调位运动；铣刀的旋转为主运动。龙门铣床的刚度高，可多刀同时加工多个工件或多个表面，生产效率高，适用于成批大量生产。

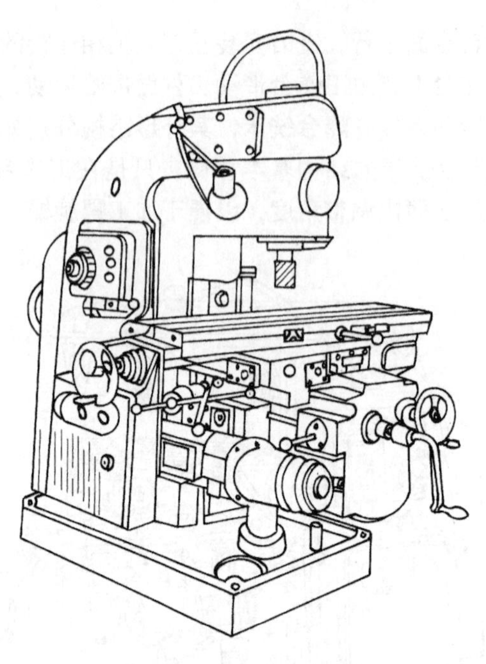

图 7-38 立式升降台铣床

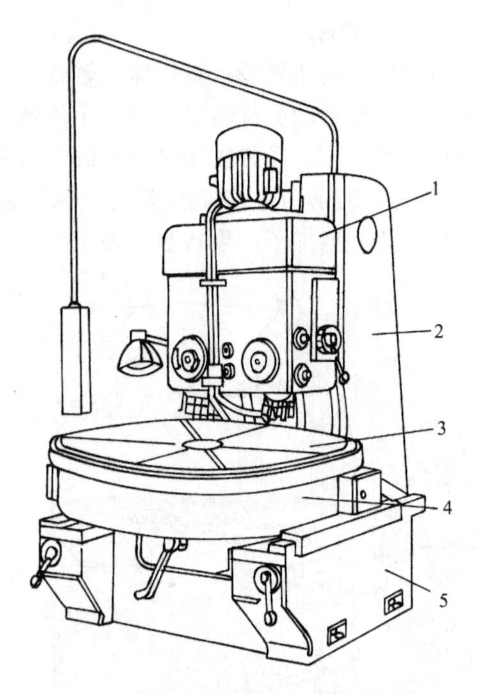


图 7-39 双柱圆工作台铣床

1—主轴箱 2—立柱 3—圆工作台 4—滑座 5—底座

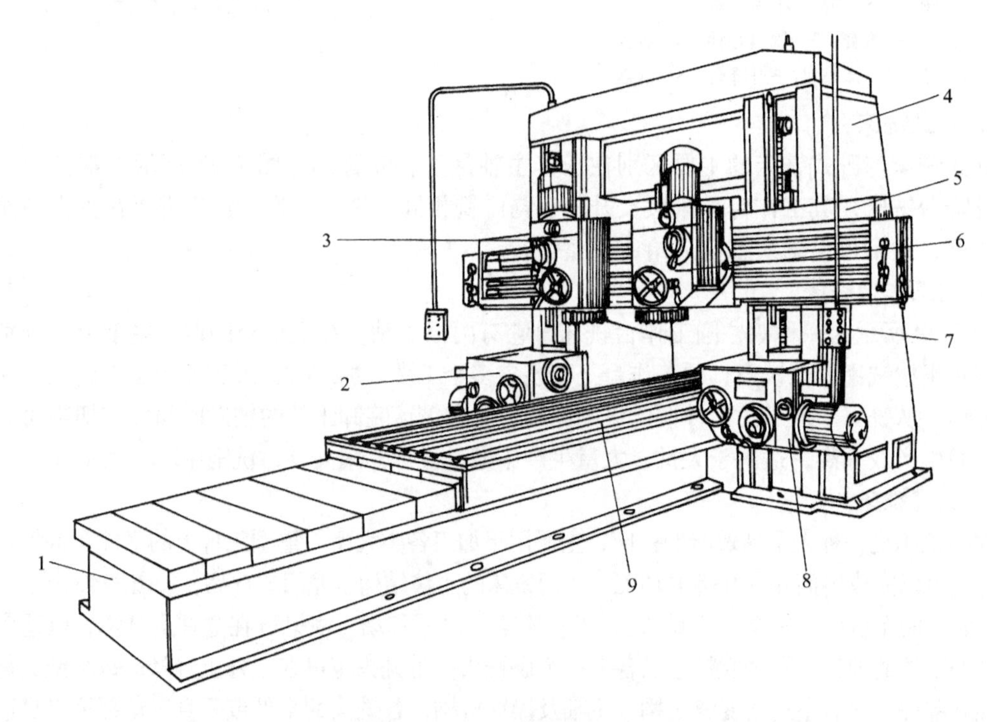


图 7-40 龙门铣床外形结构

1—床身 2、8—卧铣头 3、6—立铣头 4—立柱 5—横梁 7—控制器 9—工作台

## 三、刨床、插床、拉床

刨床、插床、拉床均属直线运动机床，主要用于加工各种平面、沟槽、通孔以及其他成形表面。

**1. 牛头刨床**

牛头刨床的外形结构如图 7-41 所示，因其滑枕和刀架形似牛头而得名。牛头刨床工作时，装有刀架的滑枕由床身内部的摆杆带动，沿床身顶部的导轨做直线往复运动，使刀具实现切削过程的主运动，滑枕的运动速度和行程长度均可调节；工件安装在工作台上，并可沿横梁上的导轨做间歇的横向移动，实现切削过程的进给运动；横梁可沿床身的竖直导轨上、下移动，以调整工件与刨刀的相对位置。

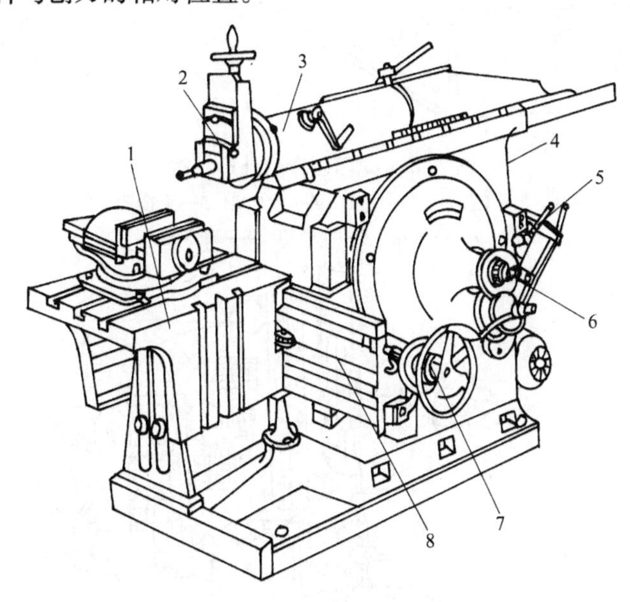


图 7-41　牛头刨床的外形结构

1—工作台　2—刀架　3—滑枕　4—床身　5—变速手柄

6—滑枕行程调节柄　7—横向进给手柄　8—横梁

**2. 龙门刨床**

龙门刨床的外形结构如图 7-42 所示，其结构呈龙门式布局，以保证机床有较高的刚度。龙门刨床主要适用于加工大平面，尤其是长而窄的平面，如导轨面和沟槽。工件安装在工作台上，工作台沿床身的导轨做纵向往复主切削运动；装在横梁上的两个立刀架可沿横梁导轨做横向运动，立柱上的两个侧刀架可沿立柱做升降运动，这两个运动可以是间歇进给运动，也可以是快速调位运动；两个立刀架的上滑板还可扳转一定的角度，以便做斜向进给运动；横梁可沿立柱的垂直导轨做调整运动，以适应加工不同高度的工件。

**3. 插床**

插床实质上就是立式刨床，其外形结构如图 7-43 所示，滑枕带动刀具沿立柱导轨做直线往复主运动；工件安装在工作台上，工作台可做纵向、横向和圆周方向的间歇进给运动；工作台的旋转运动还可进行圆周分度，加工按一定角度分布的键槽；滑枕还可以在垂直平面内相对立柱倾斜 0°~8°，以便加工斜槽和斜面。

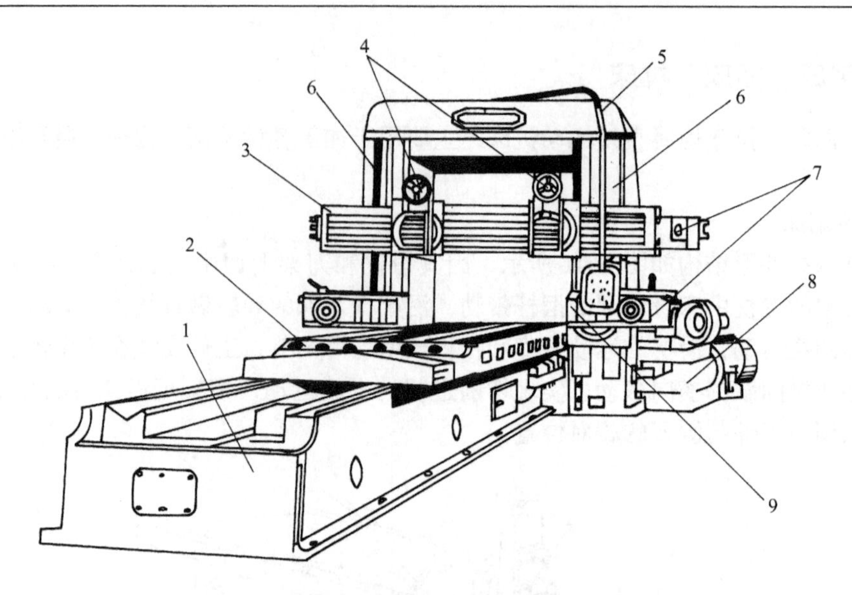


图7-42 龙门刨床的外形结构

1—床身 2—工作台 3—横梁 4—立刀架 5—上横梁 6—立柱
7—进给箱 8—变速箱 9—侧刀架

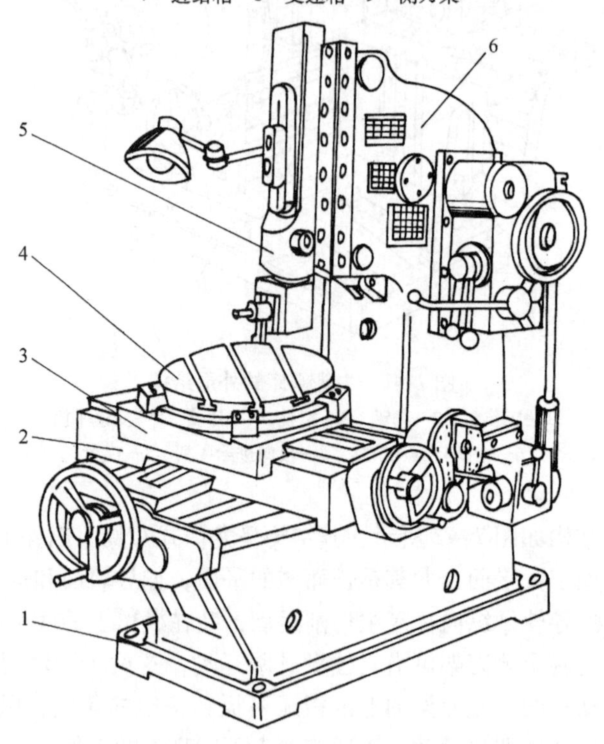


图7-43 插床的外形结构

1—底座 2—托板 3—滑台 4—工作台 5—滑枕 6—立柱

**4. 拉床**

拉床是用拉刀加工各种内、外成形表面的机床。拉床按加工表面种类不同可分为内拉床和外拉床，按机床的布局又可分为立式和卧式。卧式内拉床最为常用。拉床的主要类型如

图7-44所示。拉削时，拉刀使被加工表面一次拉削成形，因此拉床只有主运动，无进给运动，进给量是由拉刀的齿升量来实现的。

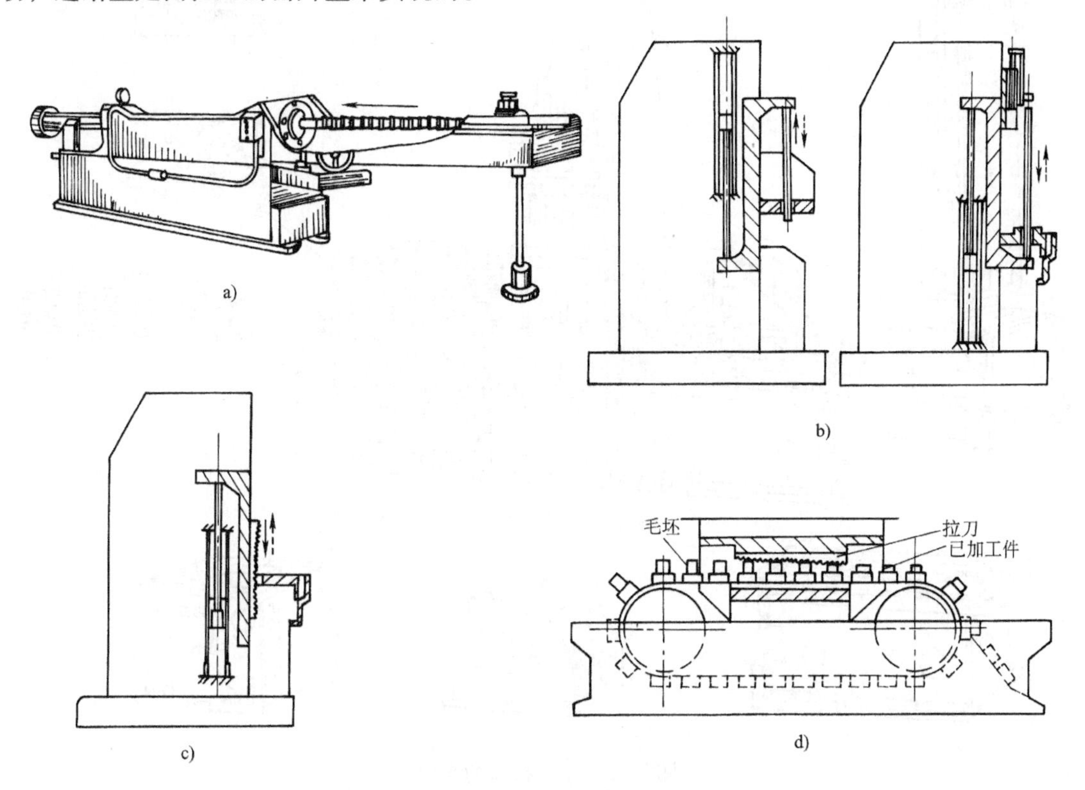


图7-44　拉床的主要类型

a）卧式内拉床　b）立式内拉床　c）立式外拉床　d）连续式拉床

## 四、组合机床

组合机床是以系列化、标准化的通用部件为基础，配以少量的专用部件组成的高效自动化专用机床，它既具有一般专用机床结构简单、生产效率高、易保证精度的特点，又能适应工件的变化，重新调整和重新组合，对工件采用多刀、多面及多工位加工，特别适用于大批、大量生产中对一种或几种类似零件的一道或几道工序进行加工。组合机床可以完成钻、扩、铰、镗孔和攻螺纹、滚压以及车、铣、磨削等工序，最适合箱体类零件的加工。

图7-45所示为一立卧复合式三面钻孔组合机床。

组合机床与一般专用机床相比，具有以下特点：

1）设计组合机床只需选用通用零部件和设计少量专用零部件，缩短了设计与制造周期，经济效果好。

2）组合机床选用的通用零部件一般由专门厂家成批生产，是经过了长期生产考验的，其结构稳定、工作可靠、易于保证质量，而且制造成本低、使用维修方便。

3）当加工对象改变时，组合机床的通用零部件可以重复使用，有利于产品更新和提高设备利用率。

4）组合机床易于联成组合机床自动生产线，以适应大规模生产的需要。

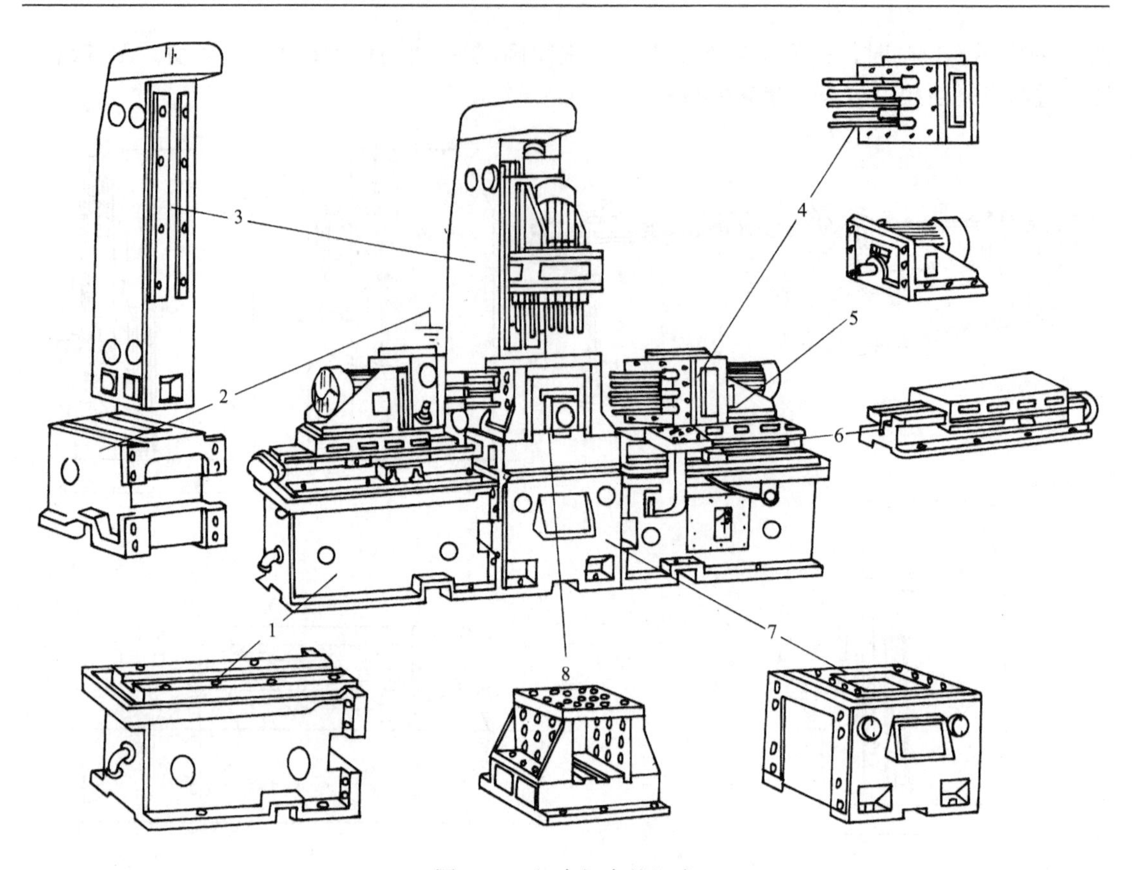


图 7-45　组合机床的组成

1—侧底座　2—立柱底座　3—立柱　4—主轴箱　5—动力箱　6—滑台　7—中间底座　8—夹具

组合机床的基础部件是通用部件，通用部件是具有特定功能，按标准化、系列化和通用化原则设计制造的，按功能分为动力部件、支承部件、输送部件、控制部件和辅助部件。

动力部件——传递动力并实现主运动和进给运动。实现主运动的动力部件有动力箱和完成各种专门工艺的切削头；实现进给运动的动力部件为动力滑台。

支承部件——用来安装动力部件、输送部件等。

输送部件——用来安装工件并将其输送到预定的工位。

控制部件——用来控制组合机床按规定程序实现工作循环。

辅助部件——主要包括冷却、润滑、排屑等辅助装置以及各种实现自动夹紧的机械扳手。

## 五、数控机床

随着科学技术的飞速发展，机械制造技术发生了深刻的变化。现代机械产品的一些关键零部件，往往都精密复杂，加工批量小，改型频繁，显然不能在专用机床或组合机床上加工。而借助靠模和仿形机床，或者借助划线和样板用手工操作的方法来加工，加工精度和生产效率受到很大程度的限制。特别对空间的复杂曲线曲面，在普通机床上根本无法实现。

为了解决上述问题，一种新型的数字程序控制机床，即数控机床应运而生，它极其有效地解决了上述矛盾，为单件、小批量生产，特别是复杂型面零件的生产提供了自动化加工手段。

数控机床是一种以数字量作为指令信息，通过计算机或专用电子逻辑计算装置控制的机床；它综合应用了计算机、自动控制、伺服驱动、精密测量和新型机械结构等多方面的技术成果，是今后机床控制的发展方向。数控机床采用微处理器及大规模或超大规模集成电路组成的现代数控系统后，具有很强的程序存储能力和控制功能，是新一代生产技术——柔性制造系统（FMS）、计算机集成制造系统（CIMS）等的技术基础。

**1. 数控机床的工作原理**

数控机床加工工件时，应预先将加工过程所需要的全部信息利用数字或代码化的数字量表示出来，编制出控制程序作为数控机床的工作指令，输入专用的或通用的数控装置，再由数控装置控制机床主运动的变速、起停，进给运动的方向、速度和位移量，以及其他如刀具的选择交换、工件的夹紧松开和冷却润滑的开、关等动作，使刀具与工件及其他辅助装置严格地按照加工程序规定的顺序、轨迹和参数进行工作，从而加工出符合技术要求的零件。

**2. 数控机床的组成**

根据上述原理，数控机床主要由信息载体、数控装置、伺服系统和机床本体四部分组成，其组成框图如图7-46所示。

(1) 信息载体与信息输入装置　用数控机床加工工件，必须事先根据图样上规定的形状、尺寸、材料和技术要求，进行工艺设计和有关计算，即确定加工工艺过程、刀具相对工件的运动轨迹和位移量以及方向、主轴转速和进给速度以及其他各种辅助动作（如变速、变向、换刀、夹紧和松开、开关切削液等），然后将这些内容转换为数控装置能够接受的文字和数字代码，并按一定格式编写成程序单。加工程序单上的内容即为数控系统的指令信息。常用的指令信息载体有标准纸带、磁带和磁盘等。常用的信息输入装置有光电纸带输入机、磁带录音机和磁盘驱动器；对于用计算机或PLC控制的数控机床，也可通过操作面板上的键盘用手直接将加工指令逐条输入。

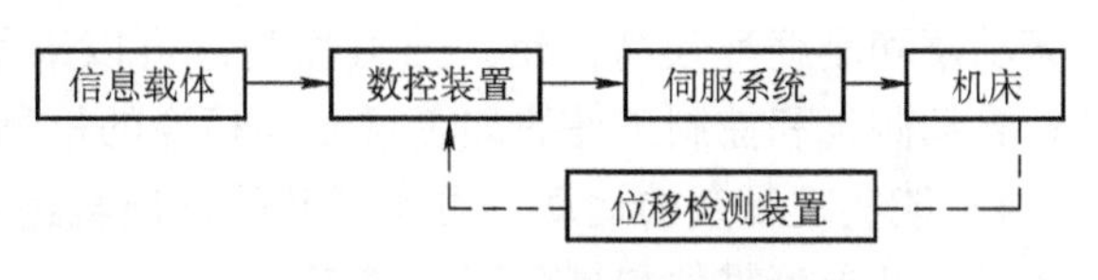

图7-46　数控机床的组成框图

(2) 数控装置　数控装置是数控机床的核心，它的功能是接受输入装置输入的加工信息，经过数控装置的系统软件或逻辑电路进行译码、运算和逻辑处理后，发出相应的脉冲送给伺服系统，通过伺服系统控制机床各个运动部件按规定要求动作。数控装置通常由输入装置、控制器、运算器、输出装置四大部分组成。

(3) 伺服系统及位置检测装置　伺服系统由伺服驱动电动机和伺服驱动装置组成，它是数控机床的执行器官，其作用是把来自数控装置的脉冲信号，转换为机床相应部件的机械运动，控制执行部件的进给速度、方向和位移量。伺服系统有开环、闭环和半闭环之分，在闭环和半闭环伺服系统中，还需配置位置测量装置，直接或间接测量执行部件的实际位移量。

(4) 机床本体及机械部件　数控机床本体及机械部件包括主运动部件、进给运动执行部件（如工作台）、刀架及其传动部件和床身立柱等支承部件，此外还有冷却、润滑、转位和夹紧等辅助装置。数控机床的本体和机械部件的结构，其设计方法与普通机床基本相同，只是在精度、刚度、抗振性等方面要求更高，尤其是要求相对运动表面的摩擦因数要小，传动部件间的间隙要小，而且其传动和变速系统要便于实现自动化控制。

**3. 数控机床的特点**

（1）数控机床的性能特点　数控机床与普通机床相比，在性能上大致有以下几个特点：

1）具有较强的适应性和通用性。指随生产对象变化而变化的适应能力强。加工对象改变时，只需重新编制相应程序输入计算机，不需重新设计工装，就可以自动加工出新的工件；同类工件系列中不同尺寸、不同精度的工件，只需局部修改或增删零件程序的相应部分。

2）能获得更高的加工精度和稳定的加工质量。数控机床本身精度高，还可利用软件进行精度校正和补偿，加工零件按数控程序自动进行，可以避免人为误差。数控机床是以数字形式给出的脉冲进行加工的，机床移动部件的位移量目前已普遍达到0.001mm；进给传动链的反向间隙和丝杠的导程误差等均可由数控装置进行补偿；加工轨迹是曲线时，数控机床可使进给量保持恒定，因此加工精度和表面质量可以不受零件复杂程度的影响；并且重复精度高，加工质量稳定。数控机床加工精度已由原来的±0.01mm提高到了±0.005mm甚至更高；定位精度已达到±0.002～±0.005mm甚至更高。

3）具有较高的生产效率，能获得良好的经济效益。数控机床不需人工操作，可以自动换刀，自动变换切削用量，快速进退等，大大缩短了辅助时间；主轴和进给采用无级变速，机床功率和刚度都较高，允许强力切削，可以采用较大的切削用量，有效地缩短了切削时间；自动测量和控制工件的加工尺寸和精度的检测系统可以减少停机检验的时间。

4）能实现复杂的运动。可实现几乎任何轨迹的运动和加工任何形状的空间曲面，适应于各种复杂异型零件和复杂型面加工。

5）改善劳动条件，提高劳动生产率。工人无需直接操纵机床，免除了繁重的手工操作，减轻了劳动强度；一人能管理几台机床，大大地提高了劳动生产率。

6）便于实现现代化的生产管理。数控机床的切削条件、切削时间等都由预先编制的程序决定，能准确计算工时和费用，有效地简化检验、工夹具和模具的管理工作，这就便于准确地编制生产计划，为计算机控制和管理生产创造条件；数控机床适宜于与计算机联机，目前已成为CAD/CAM、FMS、CIMS的基础。

（2）数控机床的使用特点

1）数控机床对操作维修人员的要求。数控机床采用计算机控制，驱动系统具有较高的技术复杂性，机械部分的精度要求也比较高。因此，要求数控机床的操作、维修及管理人员有较高的文化水平和综合技术素质。

数控机床的加工是根据程序进行的，零件形状简单时可采用手工编制程序。当零件形状比较复杂时，编程工作量大，手工编程较困难且往往易出错，因此必须采用计算机自动编程。所以，数控机床的操作人员除了应具有一定的工艺知识和普通机床的操作经验之外，还应对数控机床的结构特点、工作原理非常了解，具有熟练操作计算机的能力，必须在程序编制方面进行专门的培训，考核合格才能上机操作。

正确的维护和有效的维修也是使用数控机床中的一个重要问题。数控机床的维修人员应有较高的理论知识和维修技术，要了解数控机床的机械结构，懂得数控机床的电气原理及电子电路，还应有比较宽的机、电、气、液专业知识，这样才能综合分析、判断故障的根源，正确地进行维修，保证数控机床的良好运行。因此，数控机床维修人员和操作人员一样，必须进行专门的培训。

2）数控机床对夹具和刀具的要求。数控机床对夹具的要求比较简单，单件生产时一般采用通用夹具。而批量生产时，为了节省加工工时，应使用专用夹具。数控机床的夹具应定位可靠，可自动夹紧或松开工件。夹具还应具有良好的排屑、冷却性能。

由于数控机床的加工过程是自动进行的，因此要求刀具切削性能稳定、可靠，卷屑和断屑可靠，具有高的精度，能精确而迅速地调整，能快速或自动更换，应实现“三化”（参见第六章第六节）；同时为了方便刀具的存储、安装和自动换刀，应具有一套刀具柄部标准系统。

在数控加工中，产品质量和劳动生产率在相当大的程度上受到刀具的制约。由于数控加工特殊性的要求，在刀具的选择上，特别是切削刃的几何参数必须进行专门的设计，才能满足数控加工的要求，充分发挥数控机床的效益。

**4. 数控机床的分类**

数控机床种类很多，按其工艺用途分类有：

（1）普通数控机床　在加工工艺过程中的一个工序上实现数字控制的自动化机床，有数控车、铣、钻、镗、磨床等。

（2）数控加工中心　带有刀库和自动换刀装置的数控机床。

**5. 数控机床举例**

（1）数控车床

1）数控车床的功能与分类。数控车床能对轴类或盘类零件自动地完成内、外圆柱面，圆锥面，圆弧面和直、锥螺纹等工序的切削加工，并能进行切槽、钻、扩和铰等工作。与普通车床相比，数控车床的加工精度高，精度稳定性好，适应性强，操作劳动强度低，特别适合复杂形状的零件或对精度保持性要求较高的中、小批量零件的加工。

数控车床的分类方法较多，基本与普通车床的分类方法相似：

① 按车床主轴位置分类：a）立式数控车床；b）卧式数控车床，又分为水平导轨卧式数控车床和倾斜式导轨卧式数控车床。

② 按加工零件的基本类型分类：a）卡盘式数控车床；b）顶尖式数控车床。

③ 按刀架数量分类：a）单刀架数控车床；b）双刀架数控车床。

④ 其他分类方法：按数控系统的控制方式分为直线控制数控车床，轮廓控制数控车床等；按特殊的或专门的工艺性能分为螺纹数控车床，活塞数控车床，曲轴数控车床等。

2）数控车床的典型结构。数控车床品种很多，结构也有所不同，但在很多地方是有共同之处的。下面以 CK7815 型数控车床为例介绍数控车床的典型结构。

① 机床的使用范围：CK7815 型数控车床是长城机床厂的产品，配有 FANUC-6T CNC 系统。用于加工圆柱形、圆锥形和特种成形回转表面，可车削各种螺纹，以及对盘形零件进行钻、扩、铰和镗孔加工。其外形如图 7-47 所示。

② 机床的布局：机床为两坐标联动半闭环控制。在床体的导轨 5 为 60°的倾斜布置，以利于排屑。导轨截面为矩形，刚性很好。床体左端是主轴箱。主轴由直流或交流调速电动机驱动，故箱体内部结构十分简单。可以无级调速和进行恒线速切削，这样有利于提高端面加工时的表面质量，也便于选取最能发挥刀具切削性能的切削速度。为了快速装夹工件，主轴尾端带有液压夹紧液压缸。

床身右边是尾座 8，床上的床鞍溜板导轨与床身导轨横向平行。上面装有横向进给驱动装置和转塔刀架。转塔刀架见右上角放大部分。刀架 6 有三种：8 位、12 位小刀盘和 12 位大刀盘，可选样订货。

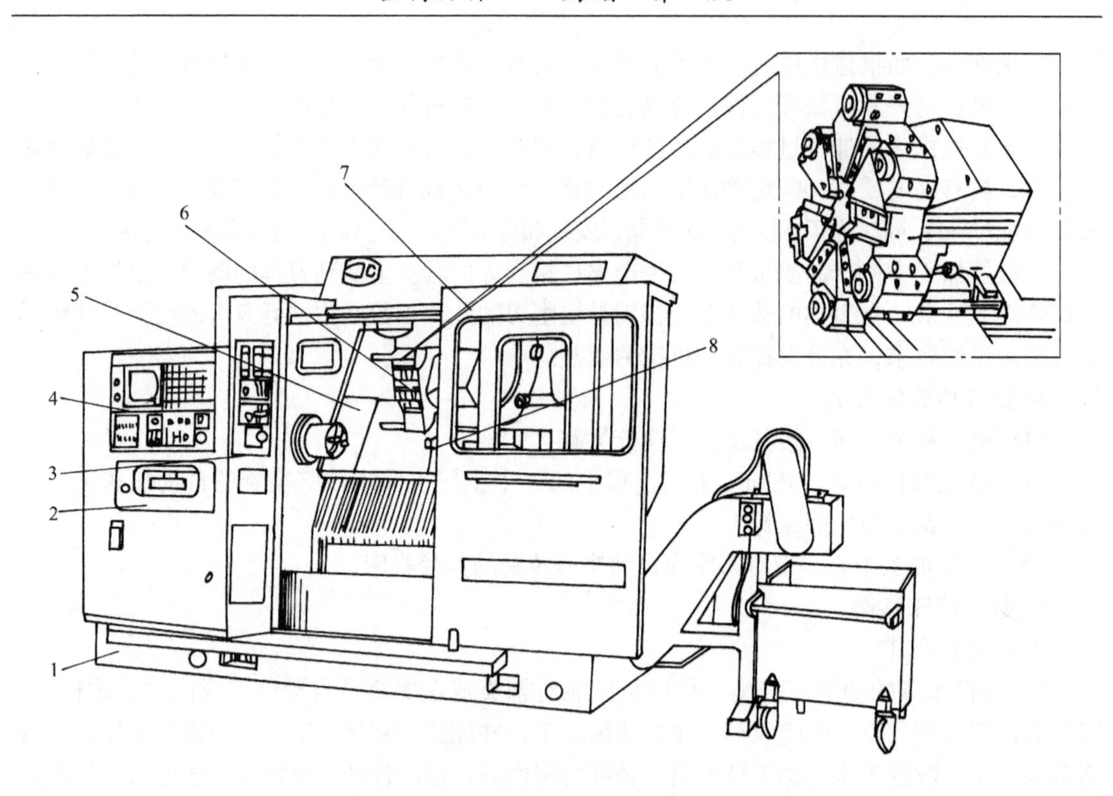


图 7-47　CK7815 型数控车床外形

1—底座　2—光电读带机　3—机床操纵台　4—数控系统操作面板　5—导轨　6—刀架　7—防护门　8—尾座

纵向驱动装置安装在纵向床身导轨之间，纵横向进给系统采用直流伺服电动机带动滚珠丝杠，使刀架做进给运动；2 为光电读带机，3 和 4 是机床操纵台和数控系统操作面板。防护门 7 可以手动或液压开闭。液压泵及操纵板，位于机床后面油箱上。

（2）数控铣床

1）数控铣床的功能与分类：数控铣床一般能对板类、盘类、壳具类、模具类等复杂零件进行加工。数控铣床除 $X$、$Y$、$Z$ 三轴外，还可配有旋转工作台，它可安装在机床工作台的不同位置，这对凸轮和箱体类零件的加工带来方便。与普通铣床相比，数控铣床的加工精度高，精度稳定性好，适应性强，操作劳动强度低，特别适应于复杂形状的零件或对精度保持性要求较高的中、小批量零件的加工。

数控铣床按其主轴位置的不同，可分为以下三类：

① 数控立式铣床。其主轴垂直于水平面。是数控铣床数量最多的一种，应用范围也最为广泛。

② 卧式数控铣床。其主轴平行于水平面。为了扩大加工范围和扩充功能，卧式数控铣床通常采用增加数控转盘或万能数控转盘来实现 4 ~5 坐标加工。

③ 立、卧两用数控铣床。这类机床目前正在增多，它的主轴方向可以更换，能达到一台机床上既可以进行立式加工，也可以进行卧式加工。其使用范围更广，功能更齐全，选择的加工对象和余地更大。

立、卧两用数控铣床主轴方向的更换有手动和自动两种。采用数控万能主轴头的立、卧两用数控铣床其主轴头可任意转换方向，可以加工出与水平面呈各种不同角度的工件表面。

2）数控铣床的典型结构：下面以图 7-48 所示的 JZK7532-1 型多功能数控铣床为例介绍数控铣床的典型结构。

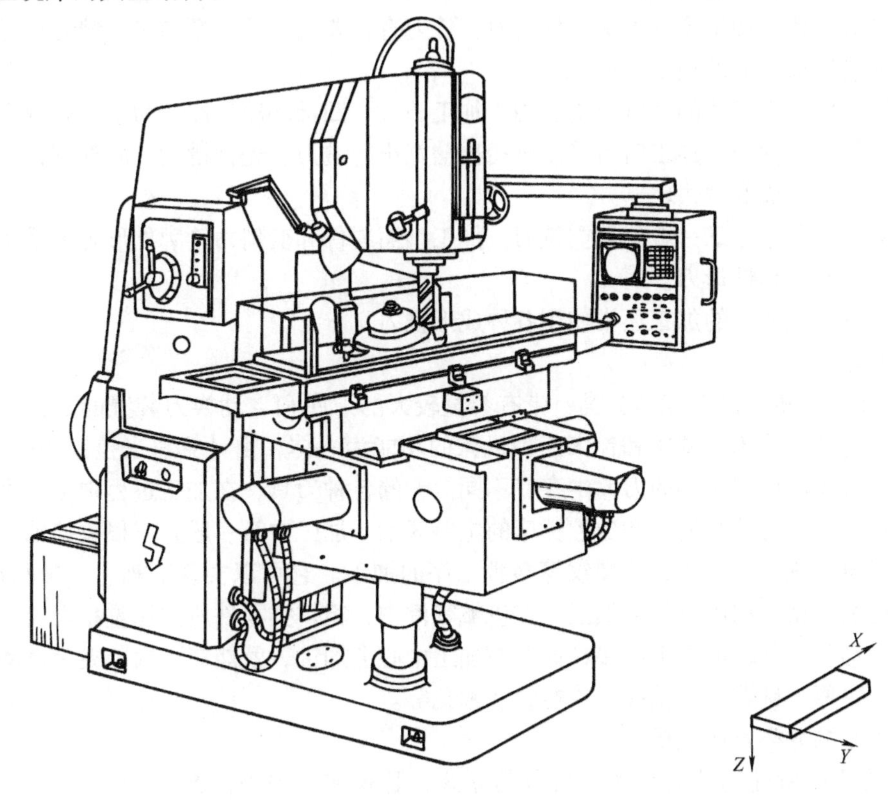


图 7-48　JZK7532-1 型多功能数控铣床

① 数控铣床的使用范围。JZK7532-1 型多功能数控铣床是一种三轴经济型铣床。可使钻削、铣削、扩孔、铰孔和镗孔等多工序实现自动循环。既可进行坐标镗孔，又可精确、高效地完成复杂曲线如凸轮、样板、冲模、压模、弧形槽等零件的自动加工，尤其适合模具、异型零件的加工。

② 数控铣床的主要结构。数控铣床主要由工作台、主轴箱、立柱、电气柜、CNC 系统等组成。

一般采用三坐标数控铣床加工，常用的加工方法主要有下列两种：a）采用两轴半坐标行切法加工。行切法是在加工时只有两个坐标联动，另一个坐标按一定行距周期性进给。这种方法常用于不太复杂的空间曲面的加工。b）采用三轴联动方法加工。所用的铣床必须具有 $x$、$y$、$z$ 三坐标联动加工功能，可进行空间直线插补。这种方法常用于发动机及模具等较复杂空间曲面的加工。

③ 数控铣床的刀具。数控铣床，特别是加工中心，其主轴转速较普通机床的主轴转速高 1 ~2 倍，某些特殊用途的数控铣床、加工中心，其主轴转速高达数万转，因此数控刀具的强度与寿命至关重要。目前硬质合金、涂镀刀具已广泛用于加工中心，陶瓷刀具与立方氮化硼等刀具也开始在加工中心上应用。一般来说，数控机床所用刀具应具有较高的寿命和刚度，刀具材料抗脆性好，有良好的断屑性能和可调、易更换等特点。

平面铣削应选用不重磨硬质合金面铣刀或立铣刀。一般采用两次进给，第一次进给最好用面铣刀粗铣，沿工件表面连续进给。注意选好每次进给宽度和铣刀直径，使接刀刀痕不影响精切进给精度。因此，加工余量大又不均匀时，铣刀直径要选小些。精加工时铣刀直径要选大些，最好能包容加工面的整个宽度。

立铣刀和镶硬质合金刀片的面铣刀主要用于加工凸台、凹槽和箱口面。为了提高槽宽的加工精度，减少铣刀的种类，加工时可采用直径比槽宽小的铣刀，先铣槽的中间部分，然后用刀具半径补偿功能铣槽的两边。

铣削平面零件的周边轮廓一般采用立铣刀。加工型面零件和变斜角轮廓外形时常采用球头刀、环形刀、鼓形刀和锥形刀。

另外，对于一些成形面的加工还常使用各种成形铣刀。

（3）加工中心

1）数控加工中心机床的功能与分类：带有容量较大的刀库和自动换刀装置的数控机床称为加工中心。它是集钻床、铣床和镗床三种机床的功能为一体，由计算机来控制的高效、高自动化程度的机床。加工中心的刀库中存有不同数量的各种刀具，在加工过程中由程序自动选用和更换，这是它与数控铣床和数控镗床的主要区别。加工中心一般有三根数控轴，工件装夹完成后可自动铣、钻、铰、攻螺纹等多种工序的加工。它可以实现五轴、六轴联动，从而保证产品的加工精度和进行复杂加工。在机械零件中，箱体类零件所占比重相当大，这类零件重量大、形状复杂、加工工序多，如果在加工中心上加工，就能在一次装夹后自动完成大部分工序，主要是铣端面、钻孔、攻螺纹、镗孔等。

数控加工中心的分类方法主要有：

① 按主轴在空间所处的状态分类，可分为立式、卧式加工中心；图7-49所示为JCS-018型立式加工中心，图7-50所示为XH-754型卧式加工中心。

② 按运动坐标数和同时控制的坐标数分类，可分为三轴二联动、三轴三联动、四轴三联动、五轴四联动、六轴五联动等。

③ 按工作台数量和功能分类，可分为单工作台加工中心、双工作台加工中心、多工作台加工中心。

2）自动换刀装置：数控机床为了能在工件一次安装中完成多种甚至所有加工工序，以缩短辅助时间和减少多次安装工件所引起的误差，必须带有自动换刀装置，数控车床上的转塔刀架就是一种最简单的自动换刀装置，所不同的是在加工中心出现之后，逐步发展和完善了各类刀具的自动换刀装置（见表7-5），扩大了换刀数量，从而能实现更为复杂的换刀操作。

自动换刀装置应具备换刀时间短、刀具重复定位精度高、刀具储备量足够、刀具占地面积小以及安全可靠等基本要求。

**6. 数控机床的发展趋势**

数控机床是综合应用了当代最新科技成果而发展起来的新型机械加工机床。近40年来，数控机床在品种、数量、加工范围与加工精度等方面有了惊人的发展。大规模集成电路和微型计算机的发展和完善，使数控系统的价格逐年下降，而精度和可靠性却大大提高。

数控机床不仅表现为数量迅速增长，而且在质量、性能和控制方式上也有明显改善。目前，数控机床的发展主要体现在以下几个方面。

（1）数控机床结构的发展　数控机床加工工件时，完全根据计算机发出的指令自动进

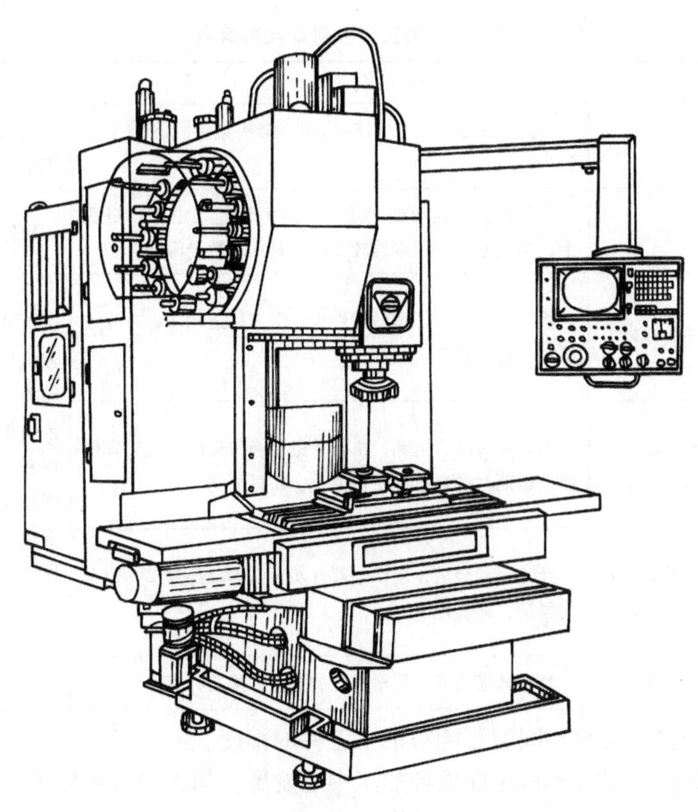

图 7-49　JCS-018 型立式加工中心

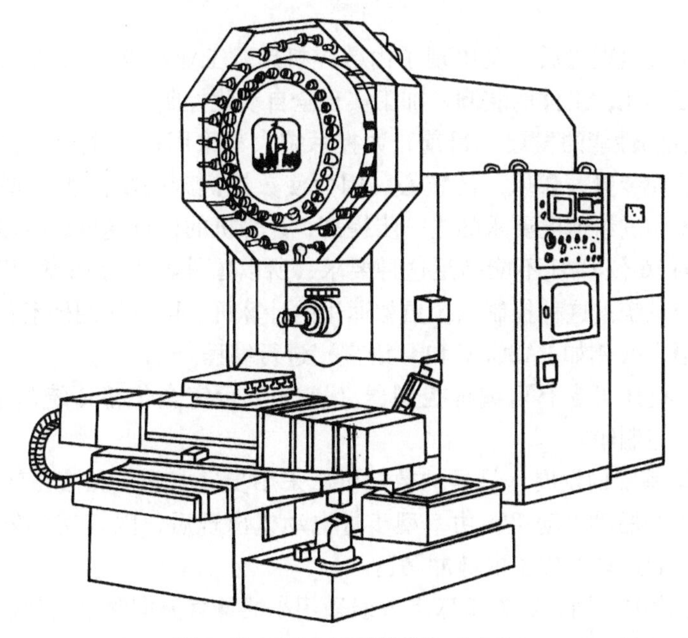

图 7-50　XH-754 型卧式加工中心

行加工，不允许频繁测量和进行手动补偿，这就要求机床结构具有较高的静刚度与动刚度，同时要提高结构的热稳定性，提高机械进给系统的刚度并消除其中的间隙，消除爬行。这样可

**表7-5 加工中心自动换刀装置**

| 类别形式 | | 特　点 | 使用范围 |
|---|---|---|---|
| 转塔式 | 回转刀架 | 多为顺序换刀，换刀时间短，结构紧凑，容纳刀具较少 | 数控车床、数控车削加工中心机床 |
| | 转塔头 | 顺序换刀，换刀时间短，刀具主轴都集中在转塔头上，结构紧凑，但刚性较差，刀具主轴数受限制 | 数控钻、镗、铣床 |
| 刀库式 | 刀库与主轴之间直接换刀 | 换刀运动集中，运动部件少，但刀库运动多，布局不灵活，适应性差 | 各种类型的自动换刀数控机床，尤其是对使用回转类刀具的数控镗铣、数控钻铣类立式、卧式加工中心机床；要根据工艺范围和机床特点，确定刀库容量和自动换刀装置类型；用于加工范围广的立、卧式车削中心机床 |
| | 用机械手配合刀库进行换刀 | 刀库只有选刀运动，机械手进行换刀运动，比刀库做换刀运动时的惯性小，速度快，布局灵活 | |
| | 用机械手、运输装置配合刀库进行换刀 | 换刀运动分散，由多个部件实现，运动部件多，但布局灵活，适应性好 | |
| 有刀库的转塔头式换刀装置 | | 弥补转塔头换刀数量不足的缺点，换刀时间短 | |

以避免振动、热变形、爬行和间隙影响被加工工件的精度。

同时数控机床由一般数控机床向数控加工中心发展。加工中心可使工序集中在一台机床上完成，减少了机床数量，压缩了半成品库存量，减少了工序的辅助时间，提高了生产率和加工质量。

继数控加工中心出现之后，又出现了由数控机床、工业机器人（或工件交换机）和工作台架组成的加工单元，工件的装卸、加工实现全自动化控制。

（2）计算机控制性能的发展　目前，数控系统大都采用多个微处理器（CPU）组成的微型计算机作为数控装置（CNC）的核心，因而使数控机床的功能得到增强。但随着人们对数控机床的精度和进给速度要求的进一步提高，计算机的运算速度就要求更高，现在计算机控制系统使用的16位CPU不能满足这种要求，所以国外各大公司竞相开发有32位微处理器的计算机数控系统。这种控制系统更像通用的计算机，可以使用硬盘作为外存储器，并且允许使用高级语言（例如PASCAL和C语言）进行编程。

计算机数控系统还可含有可编程控制器（PLC），可完全代替传统的继电器逻辑控制，取消了庞大的电气控制箱。

（3）伺服驱动系统的发展　最早的数控机床采用步进电动机和液压转矩放大器（又称电液脉冲马达）作为驱动电动机。功率型步进电动机出现后，因其功率较大，可直接驱动机床，使用方便，而逐渐取代了电脉冲马达。

20世纪60年代中后期，数控机床上普遍采用小惯量直流伺服电动机。小惯量直流伺服电动机最大的特点是转速高，用于机床进给驱动时，必须使用齿轮减速箱。为了省去齿轮箱，在20世纪70年代，美国盖梯茨公司首先研制成功了大惯量直流伺服电动机（又称宽调速直流伺服电动机），该电动机可以直接与机床的丝杠相连。目前，许多数控机床都是使用大惯量直流伺服电动机。

直流伺服电动机结构复杂，经常需要维修。20 世纪 80 年代初期，美国通用电气公司研制成功笼型异步交流伺服电动机。交流伺服电动机的优点是没有电刷，避免了滑动摩擦，运转时无火花，进一步提高了可靠性。交流伺服电动机也可以直接与滚珠丝杠相互连接，调速范围与大惯量直流伺服电动机相近。根据统计，欧、美、日近年生产的数控机床，采用交流伺服电动机进行调速的占 80% 以上，采用直流伺服电动机所占比例不足 20%。由此可以看出，采用交流伺服电动机的调速系统已经成为数控机床的主要调速方法。

（4）自适应控制　闭环控制的数控机床，主要监控机床和刀具的相对位置或移动轨迹的精度。数控机床严格按照加工前编制的程序自动进行加工，但是有一些因素，例如，工件加工余量不一致、工件的材料质量不均匀、刀具磨损等引起的切削的变化以及加工时温度的变化等，在编制程序时无法准确考虑，往往根据可能出现的最坏情况估算，这样就没有充分发挥数控机床的能力。如果能在加工过程中，根据实际参数的变化值，自动改变机床切削进给量，使数控机床能适应任一瞬时的变化，始终保持在最佳加工状态，这种控制方法叫自适应控制方法。

计算机装置为自适应控制提供了物质条件，只要在传感器检测技术方面有所突破，数控机床的自适应能力必将大大提高。

（5）计算机群控　计算机群控可以简单地理解为用一台大型通用计算机直接控制一群机床，简称 DNC 系统。根据机床群与计算机连接的方式不同，DNC 系统可以分为间接型、直接型和计算机网络三种。

间接型 DNC 系统是使用主计算机控制每台数控机床，加工程序全部存放在主计算机内，加工工件时，由主计算机将加工程序分送到每台数控机床的数控装置中，每台数控机床还保留插补运算等控制功能。

在直接型 DNC 系统中，机床群中每台机床不再安装数控装置，只有一个由伺服驱动电路和操作面板组成的机床控制器。加工过程所需要的插补运算等功能全部集中，由主计算机完成。这种系统内的任何一台数控机床都不能脱离主计算机单独工作。

计算机网络 DNC 系统使用计算机网络协调各个数控机床工作，最终可以将该系统与整个工厂的计算机联成网络，形成一个较大的、较完整的制造系统。

（6）柔性制造系统（FMS）　柔性制造系统是一种把自动化加工设备、物流自动化加工处理和信息流自动处理融为一体的智能化加工系统。进入 20 世纪 80 年代之后，柔性制造系统得到了迅速发展。

柔性制造系统由三个基本部分组成：

1）加工子系统。根据工件的工艺要求，加工子系统差别很大，它由各类数控机床等设备组成。

2）物流子系统。该系统由自动输送小车、各种输送机构、机器人、工件装卸站、工件存储工位、刀具输入输出站、刀库等构成。物流子系统在计算机的控制下自动完成刀具和工件的输送工作。

3）信息流子系统。由主计算机、分级计算机及其接口、外围设备和各种控制装置的硬件和软件组成。信息流子系统的主要功能是实现各子系统之间的信息联系，对系统进行管理，确保系统的正常工作。

## 思考题与习题

7-1　金属切削机床如何进行分类？常用的分类方法是怎样的？

7-2　金属切削机床为什么要进行型号编制？最近一次型号编制方法的要点是什么？

7-3　分析 CA6140 型卧式车床的传动路线，回答下列问题：

（1）列出计算主轴最高转速 $n_{max}$ 和最低转速 $n_{min}$ 的运动平衡式；（2）分析车削模数螺纹的传动路线，列出运动平衡式，并说明为什么能车削出标准模数螺纹？（3）当主轴转速分别为 20、40、160 及 400 r/min 时，能否实现螺距扩大 4 倍及 16 倍，为什么？

7-4　欲在 CA6140 型卧式车床上车削 $L=10$mm 的米制螺纹，能加工这一螺纹的传动路线有哪几条？

7-5　按图 7-51a 所示传动系统做下列各题：（1）写出传动路线表达式；（2）分析主轴的转速级数；（3）计算主轴的最高、最低转速（图中 $M_1$ 为齿轮式离合器）。按图 7-51b 所示传动系统做下列各题：（4）计算轴 $A$ 的转速（r/min）；（5）计算轴 $A$ 转 1 转时，轴 $B$ 转过的转数；（6）计算轴 $B$ 转 1 转时，螺母 $C$ 移动的距离。

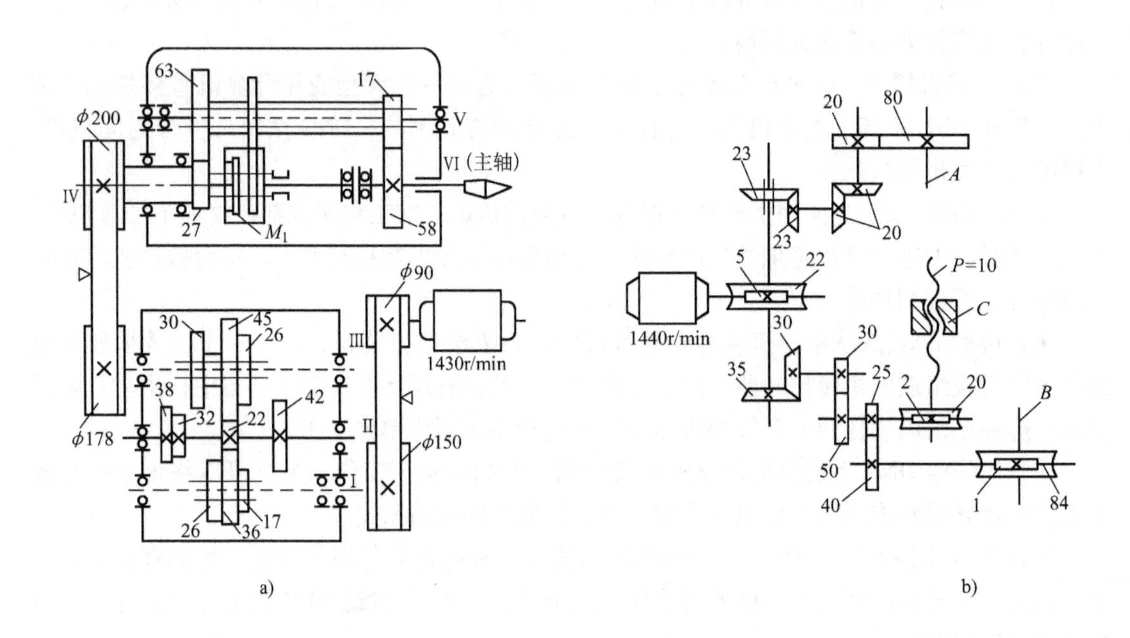


图 7-51　题 7-5 图

7-6　M1432A 型万能外圆磨床需用哪些运动？能进行哪些工作？

7-7　无心磨床与普通外圆磨床在加工原理及加工性能上有何区别？

7-8　外圆磨床如头架和尾座锥孔中心线在垂直平面内不等高，磨削的工件将产生什么误差？如何解决？如两者在水平面内不同轴，磨削的工件又将产生什么误差？如何解决？

7-9　试分别指出滚齿机和插齿机能完成下列零件中哪些齿面的加工：（1）蜗轮；（2）内啮合直齿圆柱齿轮；（3）外啮合直齿圆柱齿轮；（4）外啮合斜齿圆柱齿轮；（5）圆锥齿轮；（6）人字齿轮；（7）齿条；（8）扇形齿轮；（9）花键轴。

7-10　滚齿机加工斜齿圆柱齿轮时，工件的展成运动和附加运动的方向应如何确定?

7-11　滚齿机加工直齿、斜齿圆柱齿轮时，如何确定滚刀架的扳转角度和方向? 当扳转角度有误差时将会产生什么后果?

7-12　钻床和镗床可完成哪些工作? 各应用于什么场合?

7-13　铣床主要有哪些类型? 主要加工哪些零件?

7-14　各类机床中，可用来加工外圆表面、内孔、平面和沟槽的各有哪些机床? 它们的适用范围有何区别?

7-15　何谓数控机床? 何谓组合机床? 何谓加工中心? 它们各有哪些特点?

# 第八章　典型表面加工

机器零件的结构形状虽然多种多样，但都是由外圆、孔、平面等这些最基本的几何表面组成的，零件的加工过程就是获得这些零件上基本几何表面的过程。同一种表面，可选用加工精度、生产率和加工成本各不相同的加工方法进行加工。工程技术人员的任务就是要根据具体的生产条件选用最适当的加工方法，制订出最佳的加工工艺路线，加工出符合图样技术要求的零件，并获得最好的经济效益。

## 第一节　外圆加工

外圆面是各种轴、套筒、盘类、大型筒体等回转体零件的主要表面，常用的加工方法有车削、磨削和光整加工。

### 一、外圆车削

车外圆是车削加工中加工外圆表面最常见、最基本和最具有代表性的主要加工方法，既适用于单件、小批量生产，也适用于成批、大量生产。单件、小批量生产常采用卧式车床加工；成批、大量生产常采用转塔车床或自动、半自动车床加工。大尺寸工件常采用大型立式车床加工；复杂零件的高精度表面宜采用数控车床加工。

车削外圆一般分为粗车、半精车、精车和精细车。

（1）粗车　粗车的主要任务是迅速切除毛坯上多余的金属层，通常采用较大的背吃刀量、较大的进给量和中速车削，以尽可能提高生产率。车刀应选取较小的前角、后角和负值的刃倾角，以增强切削部分的强度。粗车尺寸公差等级为IT11～IT13，表面粗糙度值 $Ra$ = 12.5～50μm，故可作为低精度表面的最终加工和半精车、精车的预加工。

（2）半精车　半精车是在粗车之后进行的加工，可作为磨削或精车前的预加工；它可进一步提高工件的精度和降低表面粗糙度值，因此也可作为中等精度表面的终加工。半精车尺寸公差等级为IT9～IT10，表面粗糙度值 $Ra$ = 3.2～6.3μm。

（3）精车　精车一般是指在半精车之后进行的加工，可作为较高精度外圆的终加工或作为光整加工的预加工。精车通常在高精度车床上进行，以确保零件的加工精度和表面粗糙度值符合图样要求。一般精车采用很小的背吃刀量和进给量进行低速或高速车削。低速精车一般采用高速钢车刀，高速精车常采用硬质合金车刀。车刀应选用较大的前角、后角和正值的刃倾角。精车尺寸公差等级为IT6～IT8，表面粗糙度值 $Ra$ = 0.8～1.6μm。

（4）精细车　精细车所用车床应具有很高的精度和刚度，刀具采用经仔细刃磨和研磨后获得很锋利切削刃的金刚石或细晶粒硬质合金刀具。切削时，采用高切削速度、小背吃刀量和小进给量，其加工的公差等级可达IT6，表面粗糙度 $Ra$ 值可达0.4μm。精细车常用于高精度中、小型非铁金属零件的精加工或镜面加工，也可用来代替磨削加工大型精密外圆表面，以提高生产率。

大批、大量生产要求加工效率高，为此可采取如下措施提高外圆表面车削生产率：

1）高速车削，强力车削。提高切削用量，即增大切削速度 $v_c$、背吃刀量 $a_p$ 和进给量 $f$，这是缩短基本时间、提高外圆车削生产率的最有效措施之一。

2）采用加热车削、低温冷冻车削、激光和水射流等特种加工方法辅助车削、振动车削等方法加工，以减少切削阻力，提高刀具寿命。

3）采用多刀同时进行的复合车削。

## 二、外圆磨削

磨削是外圆表面精加工的主要方法，既能加工淬火的钢铁材料零件，也可以加工不淬火的钢铁材料和非铁金属零件。外圆磨削根据加工质量等级分为粗磨、半精磨、精密磨削、超精密磨削和镜面磨削。一般磨削加工后工件的公差等级可达到 IT7 ~ IT8，表面粗糙度值 $Ra=0.8\sim1.6\mu m$；精磨后工件的公差等级可达 IT6 ~ IT7，表面粗糙度值 $Ra=0.2\sim0.8\mu m$。常见的外圆磨削加工应用如图 8-1 所示。

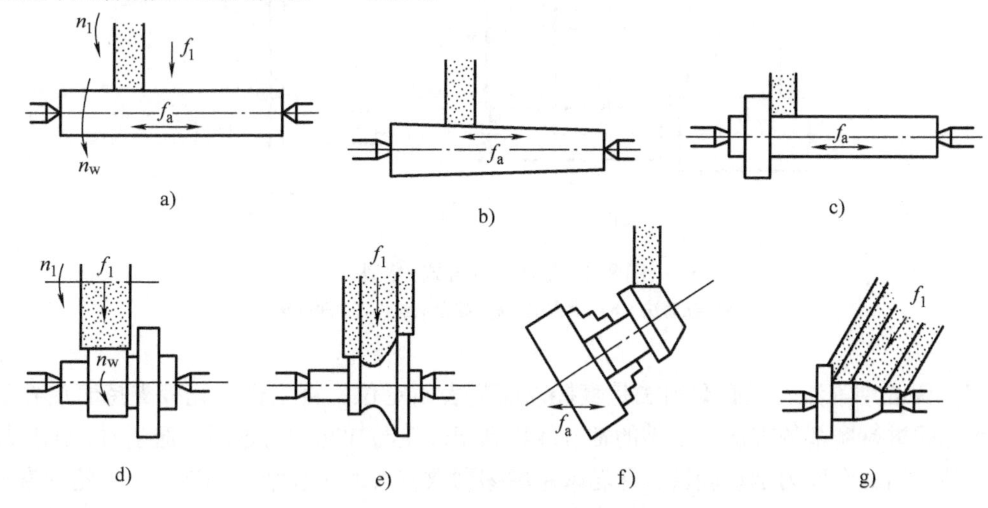


图 8-1　常见的外圆磨削加工应用

a）纵磨法磨外圆　b）、f）磨锥面　c）纵磨法磨外圆靠端面　d）横磨法磨外圆
e）横磨法磨成形面　g）斜向横磨法磨成形面

### 1. 普通外圆磨削

根据工件的装夹状况，普通外圆磨削可分为中心磨削法和无心磨削法两类。

（1）中心磨削法　工件以中心孔或外圆定位。根据进给方式的不同，中心磨削法又可分为纵磨法、横磨法、综合磨法和深磨法，如图 8-2 所示。

1）纵磨法。如图 8-2a 所示，磨削时工件随工作台做直线往复纵向进给运动，工件每往复一次（或单行程）砂轮横向进给一次。由于纵磨法进给次数多，故生产率较低，但能获得较高的加工精度和较小的表面粗糙度值，因而应用较广，适于磨削长度与砂轮宽度之比大于 3 的工件。

2）横磨法。如图 8-2b 所示，工件不做纵向进给运动，砂轮以缓慢的速度连续或断续地向工件做径向进给运动，直至磨去全部余量为止。横磨法生产率高，但磨削时发热量大，散热条件差，且径向力大，故一般只用于大批大量生产中磨削刚性较好、长度较短的外圆及两端都有台阶的轴颈。若将砂轮修整为成形砂轮，可利用横磨法磨削曲面（见图 8-1e、g）。

3）综合磨法。如图 8-2c 所示，先用横磨法分段粗磨被加工表面的全长，相邻段搭接处重叠磨削 3 ~5mm，留下 0. 01 ~0. 03mm 余量，然后用纵横法进行精磨。此法兼有横磨法的高效率和纵磨法的高质量，适用于成批生产中加工刚性好、长度长、余量多的外圆面。

4）深磨法。图 8-2d 所示是一种生产率较高的深磨法，磨削余量一般为 0. 1 ~0. 35mm，纵向进给长度较小（1 ~2mm），适用于在大批大量生产中磨削刚性较好的短轴。

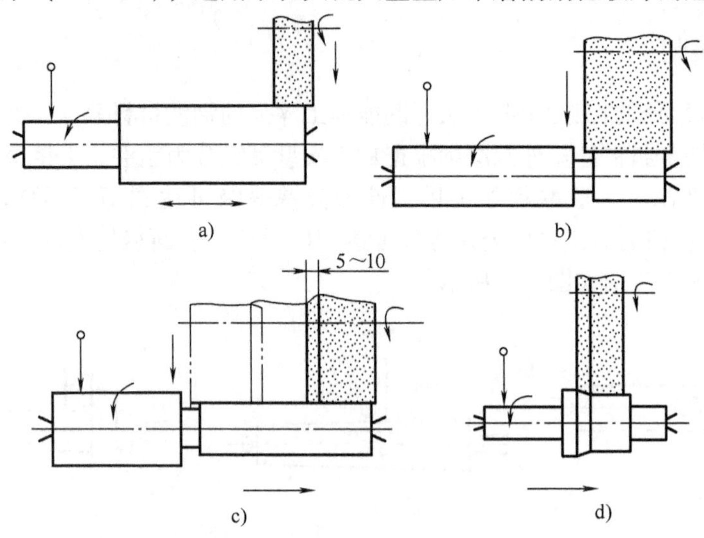


图 8-2　外圆磨削方式/类型

a）纵磨法　b）横磨法　c）综合磨法　d）深磨法

（2）无心磨削法　无心磨削法是直接以磨削表面定位，将工件用托板支持着放在砂轮与导轮之间进行磨削的方法，工件的轴心线稍高于砂轮与导轮中心连线。磨削时，工件靠导轮与工件之间的摩擦力带动旋转，导轮采用摩擦因数较大的橡胶结合剂砂轮。导轮的直径较小、速度较低（一般为 20 ~ 80m/min）；而砂轮速度则大大高于导轮速度，是磨削的主运动，它担负着磨削工件表面的重任。无心磨削操作简单、效率较高，容易实现自动加工，但机床调整较为复杂，故只适用于大批生产。无心磨削前工件的形状误差会影响磨削的加工精度，且不能改善加工表面与工件上其他表面的位置精度，也不能磨削有断续表面的轴。根据工件是否需要轴向运动，无心磨削方法可分为适用于加工不带台阶的圆柱形工件的通磨（贯穿纵磨）法和适用于加工阶梯轴且有成形回转表面工件的切入磨（横磨）法。

与中心磨削相比，无心磨削具有以下工艺特征：

1）无需钻中心孔，且安装工件省时省力，可连续磨削，故生产率高。

2）尺寸精度较好，但不能改变工件原有的位置误差。

3）支承刚度好，刚度差的工件也可采用较大的切削用量进行磨削。

4）容易实现工艺过程的自动化。

5）产生一定的圆度误差，圆度误差一般不大于 0. 002mm。

6）所能加工的工件有一定的局限性，不能磨削带槽的工件，也不能磨内、外圆同轴度要求较高的工件。

**2. 高效磨削**

以提高效率为主要目的磨削均属高效磨削，其中高速磨削、宽砂轮磨削、多砂轮磨削、强力磨削和砂带磨削在外圆加工中较为常用。

（1）高速磨削　高速磨削是指砂轮速度大于50m/s的磨削。提高砂轮速度，单位时间内参与磨削的磨粒数增加。如果保持每颗磨粒切去的厚度与普通磨削时一样，即进给量成比例增加，磨去同样余量的时间则按比例缩短；如果进给量仍与普通磨削相同，则每颗磨粒切去的切削厚度减少，提高了砂轮的使用寿命，减少了修整次数。由此可见，高速磨削可以提高生产率。此外，由于每颗磨粒的切削厚度减少，可减小工件的表面粗糙度值；同时，由于切削厚度的减少使作用在工件上的法向磨削力也相应减小，可提高工件的加工精度，这对于磨削细长轴类零件十分有利。高速磨削时应采用高速砂轮，磨床也应作适当调整、改进。

（2）强力磨削　强力磨削是指采用较高的砂轮速度、较大的背吃刀量和较小的轴向进给量，直接从毛坯上磨出加工表面的方法。由于其背吃刀量一次可达6mm，甚至更大，因此，可以代替车削和铣削进行粗加工，生产率很高。但是，强力磨削要求磨床、砂轮以及切削液的供应均应与之相匹配。

（3）宽砂轮和多砂轮磨削　宽砂轮与多砂轮磨削，实质上就是用增加砂轮的宽度来提高磨削生产率。一般外圆砂轮宽度仅有50mm左右，宽砂轮外圆磨削时砂轮宽度可达300mm。

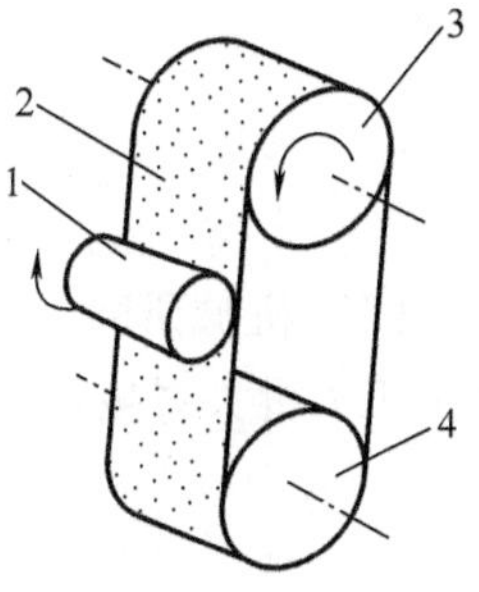

（4）砂带磨削　砂带磨削是根据被加工零件的形状选择相应的接触方式，在一定压力下，使高速运动着的砂带与工件接触而产生摩擦，从而使工件加工表面余量逐步磨除或抛磨光滑的磨削方法，如图8-3所示。砂带是一种单层磨料的涂覆磨具，静电植砂砂带具有磨粒锋利、具有一定弹性的特点。砂带磨削具有生产率高、设备简单等优点。

图8-3　砂带磨削
1—工件　2—砂带
3—接触轮　4—张紧轮

## 三、外圆表面的光整加工

外圆表面的光整加工有高精度磨削、研磨、超精加工、珩磨、抛光和滚压等，这里主要介绍前三种加工方式。

**1. 高精度磨削**

高精度磨削包括以下三种方式

（1）精密磨削　精密磨削采用粒度为F60～F80的砂轮，并对其进行精细修整，磨削时微刃的切削作用是主要的，光磨2～3次，使半钝微刃发挥抛光作用，表面粗糙度 $Ra$ 值可达0.05～0.1μm。精密磨削前 $Ra$ 值应达到0.4μm。

（2）超精密磨削　超精密磨削采用粒度为F80～F220的砂轮，并需进行更精细的修整，选用更小的磨削用量，增加半钝微刃的抛光作用，光磨次数取4～6次，可使表面粗糙度 $Ra$ 值达0.012～0.025μm。超精密磨削前 $Ra$ 值应达到0.2μm。

（3）砂轮镜面磨削　镜面磨削采用金刚石微粉F800、F1000、F1200树脂结合剂砂轮，精细修整后半钝微刃的抛光作用是主要的，将光磨次数增至20～30次，可使表面粗糙度 $Ra$ 值小于0.012μm。镜面磨磨削前 $Ra$ 值应达到0.025μm。

**2. 研磨**

研磨是在研具与工件之间置以半固态状研磨剂（膏），对工件表面进行光整加工的方法。研磨时，研具在一定压力下与工件做复杂的相对运动，通过研磨剂的机械和化学作用，从工件表面切除一层极微薄的材料，同时工件表面形成复杂网纹，从而达到很高的精度和很小的表面粗糙度值的一种光整加工。

（1）手工研磨　如图8-4所示，外圆手工研磨采用手持研具或工件进行。手工研磨劳动强度大，生产率低，多用于单件、小批量生产。

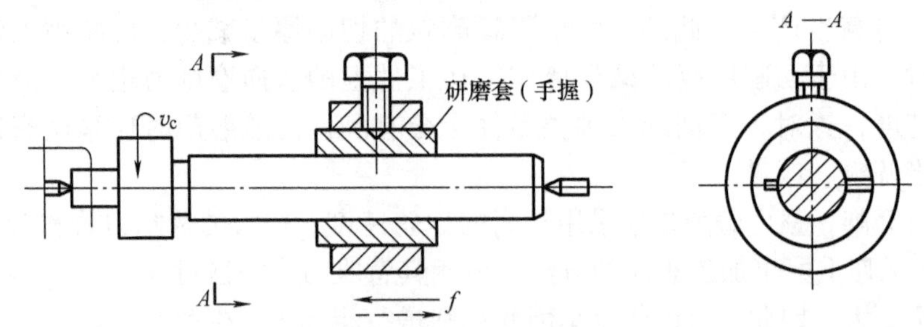


图8-4　外圆的手工研磨

（2）机械研磨　图8-5所示为机械研磨滚柱的外圆。机械研磨在研磨机上进行，一般适用于大批大量生产，但研磨工件的形状受到一定的限制。

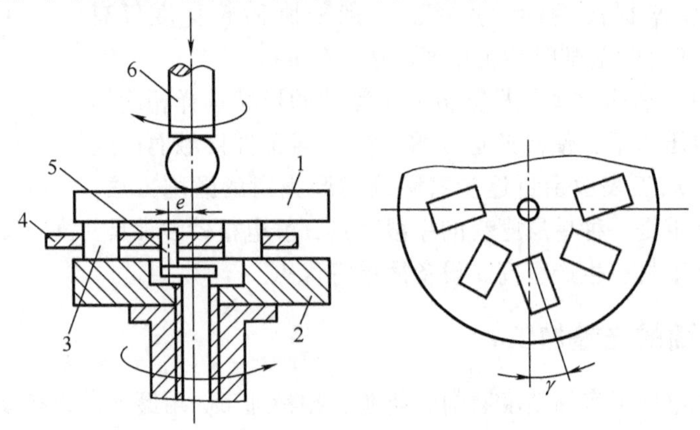


图8-5　机械研磨滚柱的外圆

1—上研磨盘　2—下研磨盘　3—工件　4—隔离盘　5—偏心轴　6—悬臂轴

**3. 超精加工**

如图8-6所示，超精加工是用极细磨粒F230～F1200的低硬度磨石，在一定压力下对工件表面进行光整加工的方法。加工时，装有磨石条的磨头以恒定的压力$p$（0.1～0.3MPa）轻压于工件表面，工件做低速旋转（$v$=15～150m/min），磨头做轴向进给运动（0.1～0.15mm/r），磨石做轴向低频振动（频率8～35Hz，振幅为2～6mm），且在磨石与工件之间注入润滑油，以清除屑末及形成油膜。因磨石运动轨迹复杂，加工后表面具有交叉网纹，利于储存润滑油，耐磨性好。超精加工只能提高加工表面质量（$Ra$ 0.008～0.1μm），不能提高尺寸精度、形状精度和位置精度，主要用于轴类零件的外圆柱面、圆锥面和球面等的光整加工。

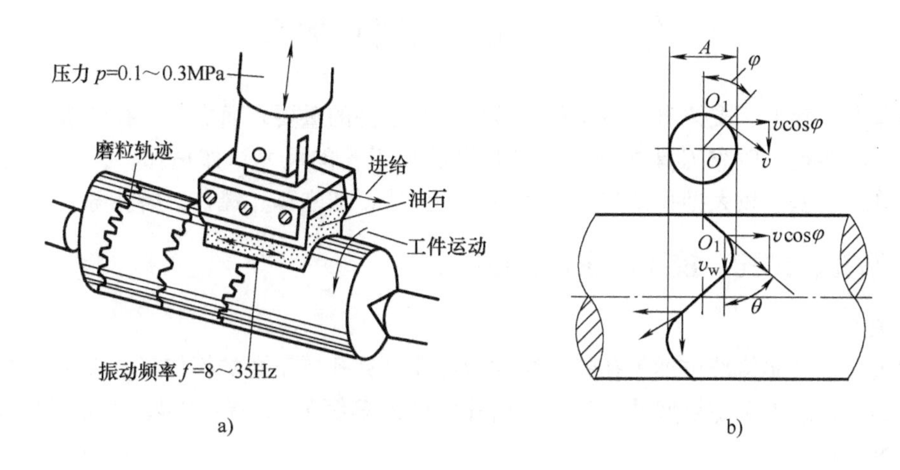


图 8-6　超精加工

## 四、外圆加工方法的选择

选择外圆的加工方法，除应满足图样技术要求之外，还与零件的材料、热处理要求、零件的结构、生产纲领及现场设备和操作者的技术水平等因素密切相关。总体说来，一个合理的加工方案应能经济地达到技术要求，提高生产率，因而，其工艺路线的制订是十分灵活的。

一般说来，外圆加工的主要方法是车削和磨削。对于精度要求较高、表面粗糙度值较小的工件外圆，还需经过研磨、超精加工等才能达到要求；对某些精度要求不高但需表面光亮的工件，可通过滚压或抛光加工获得。常见外圆加工方案可以获得的经济公差等级和表面粗糙度值见表 8-1。

**表 8-1　常见外圆加工方案可以获得的经济公差等级和表面粗糙度值**

| 序号 | 加 工 方 案 | 经济公差等 级 | 表面粗糙度 $Ra/\mu m$ | 适 用 范 围 |
|---|---|---|---|---|
| 1 | 粗车 | IT12 ~ IT14 | 12.5 ~ 50 | 适用于除淬火钢件外的各种金属和部分非金属材料 |
| 2 | 粗车—半精车 | IT9 ~ IT11 | 3.2 ~ 6.3 | |
| 3 | 粗车—半精车—精车 | IT6 ~ IT8 | 0.8 ~ 1.6 | |
| 4 | 粗车—半精车—精车—滚压（抛光） | IT6 ~ IT7 | 0.4 ~ 0.8 | |
| 5 | 粗车—半精车—磨削 | IT6 ~ IT7 | 0.4 ~ 0.8 | 主要用于淬火钢，也可用于未淬火钢及铸铁 |
| 6 | 粗车—半精车—粗磨—精磨 | IT5 ~ IT6 | 0.2 ~ 0.4 | |
| 7 | 粗车—半精车—粗磨—精磨—超精加工 | IT4 ~ IT6 | 0.012 ~ 0.1 | |
| 8 | 粗车—半精车—精车—金刚石精细车 | IT5 ~ IT6 | 0.2 ~ 0.8 | 主要用于非铁金属 |
| 9 | 粗车—半精车—粗磨—精磨—高精度磨削 | IT3 ~ IT5 | 0.008 ~ 0.01 | 主要用于极高精度的外圆加工 |
| 10 | 粗车—半精车—粗磨—精磨—研磨 | IT3 ~ IT5 | 0.008 ~ 0.01 | |

# 第二节 孔（内圆）加工

孔是盘类、套类、支架类、箱体和大型筒体等零件的重要表面之一。孔的机械加工方法较多，中、小型孔一般靠刀具本身尺寸来获得被加工孔的尺寸，如钻孔、扩孔、铰孔、锪孔、拉孔等；大型、较大型孔则需采用其他加工方法，如立车、镗孔、磨孔等。

## 一、钻孔、扩孔、铰孔、锪孔、拉孔

### 1. 钻孔

用钻头在工件实体部位加工孔的方法称为钻孔。钻孔属于孔的粗加工，多用作扩孔、铰孔前的预加工，或加工螺纹底孔和油孔。钻孔的公差等级为IT11～IT14，表面粗糙度 $Ra$ 值为12.5～50μm。

钻孔主要在钻床和车床上进行，也可在镗床和铣床上进行。在钻床、镗床上钻孔时，由于钻头旋转而工件不动，在钻头刚性不足的情况下，钻头引偏就会使孔的中心线发生歪曲，但孔径无显著变化。如果在车床上钻孔，因为是工件旋转而钻头不转动，这时钻头的引偏只会引起孔径的变化并产生锥度等缺陷，但孔的轴线是直的，且与工件回转中心一致，如图8-7所示。故钻小孔和深孔时，为了避免孔的轴线偏移和不直，应尽可能在车床上进行加工。

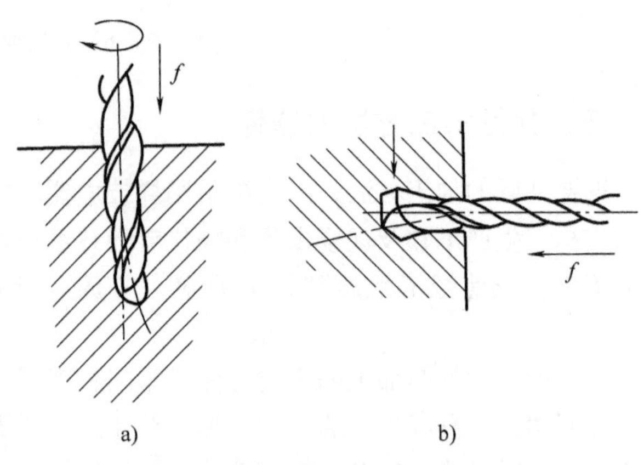


图8-7 钻头引偏引起的加工误差
a）钻床、镗床上钻孔 b）车床上钻孔

钻孔常用的刀具是麻花钻，其加工性能较差，为了改善其加工性能，目前已广泛应用群钻（见图8-8）。钻削本身的效率较高，但是由于普通钻孔需要划线、錾坑等辅助工序，使其生产率降低。为提高生产率，大批大量生产中钻孔常采用钻模和专用的多轴组合钻床，也可采用如图8-9所示的自带中心导向钻的组合钻头，这种钻头可以直接在平面上钻孔，无需錾坑，非常适合数控钻削。

对于深孔加工，由于排屑、散热困难，宜采用切削液内喷麻花钻、错齿内排屑深孔钻和喷吸钻等特殊专用钻头。

### 2. 扩孔

扩孔是用扩孔钻对已钻出、铸出、锻出或冲出的孔进行再加工，以扩大孔径并提高精度和减小表面粗糙度值。扩孔的公差等级可达IT9～IT10，表面粗糙度 $Ra$ 值可达0.8～6.3μm。扩孔属于孔的半精加工，常用作铰孔等精加工前的准备工序，也可作为精度要求不高的孔的最终工序。

扩孔可以在一定程度上校正钻孔的轴线偏斜。扩孔的加工质量和生产率比钻孔高。因为扩孔钻的结构刚性好，切削刃数目较多，且无端部横刃，加工余量较小（一般为2～4mm），故切削时轴向力小，切削过程平稳，因此，可以采用较大的切削速度和进给量。如采用镶有

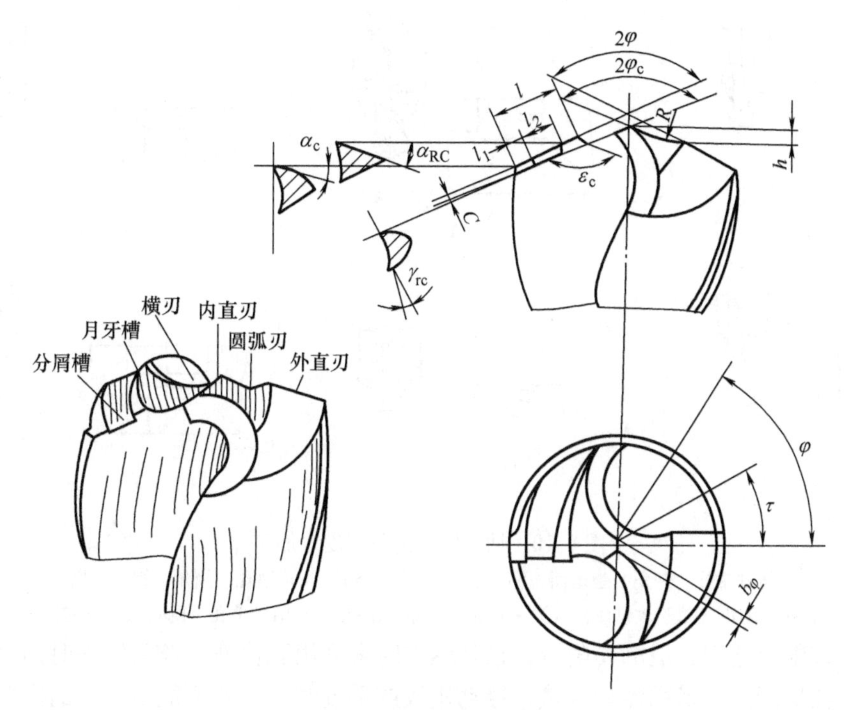


图 8-8　标准群钻结构

硬质合金刀片的扩孔钻，切削速度还可提高 2 ~3 倍，使扩孔的生产率进一步提高。

用于铰孔前的扩孔钻，其直径偏差为负值，用于最终加工的扩孔钻，其直径偏差为正值。

当孔径大于 100mm 时，一般采用镗孔而不用扩孔。扩孔使用的机床与钻孔相同。

**3. 钻、扩复合加工**

由于钻头材料和结构的进步，可以用同一把机夹式钻头实现钻孔、扩孔、镗孔加工，因而用一把钻头可加工通孔沉孔、不通孔沉孔，在斜面上钻孔等，还可一次进行钻孔、倒角（圆）、锪端面等复合加工，如图 8-10 所示。

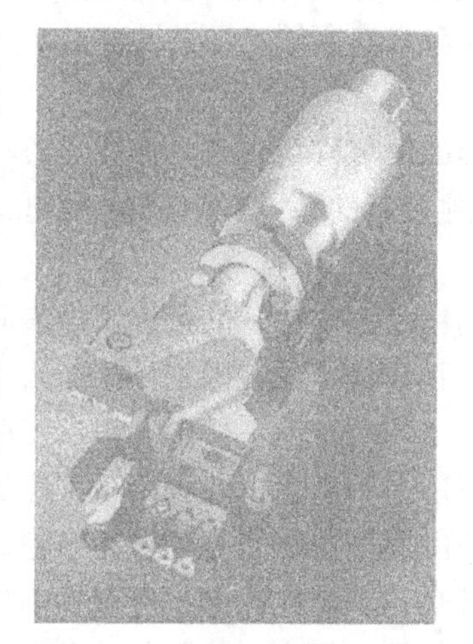

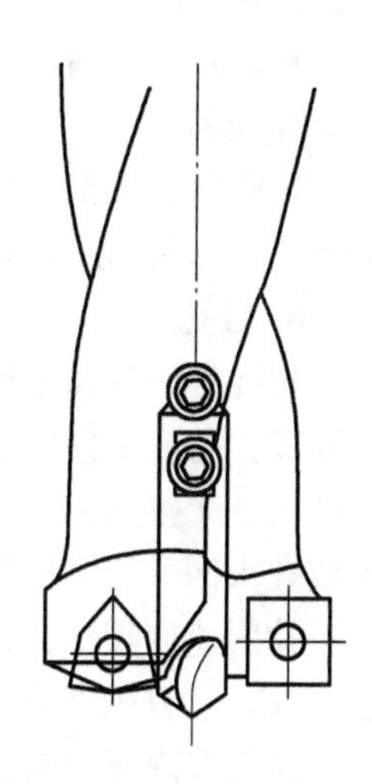

图 8-9　自带中心导向钻的组合钻头

**4. 铰孔**

铰孔是在扩孔或半精镗孔等半精加工基础上进行的一种孔的精加工方法。铰孔的公差等级可达 IT6 ~ IT8，表面粗糙度值 $Ra$ = 0. 4 ~ 1. 6μm。铰孔有手铰和机铰两种方式。

铰孔的加工余量小，一般粗铰余量为 0. 15 ~ 0. 35mm，精铰余量为 0. 05 ~ 0. 15mm。为避免产生积屑瘤和引起振动，铰削应采用低切速，一般粗铰 $v$ = 0. 07 ~ 0. 2m/s，精铰 $v$ = 0. 03 ~ 0. 08m/s。机铰进给量约为钻孔的 3 ~ 5 倍，一般为 0. 2 ~ 1. 2mm/r，以防出现打滑和

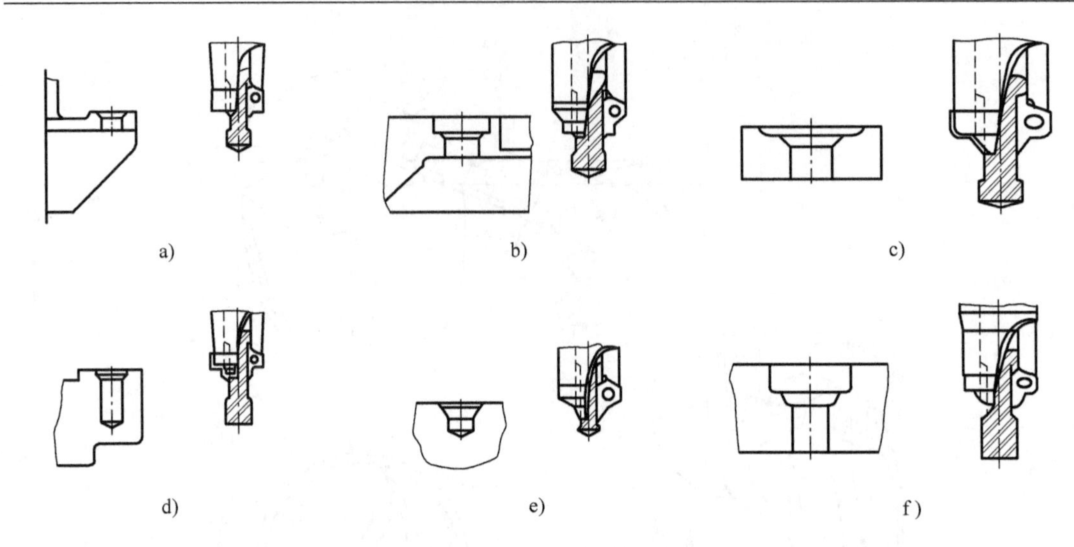


图8-10　钻、锪、倒角等复合加工

a）铸件钻孔、倒角、锪端面　b）钻孔、沉孔、倒角　c）钻孔、倒角、圆弧角加工
d）钻孔、倒角（用于攻螺纹）　e）中心钻、倒角、沉孔　f）铝轮钻孔、倒圆弧、深沉孔加工

啃刮现象。铰削应选用合适的切削液，铰削钢件时常采用乳化液，铰削铸件时则用煤油。

机铰刀在机床上常采用浮动连接。浮动机铰或手铰时，一般不能修正孔的位置误差，孔的位置误差应由铰孔前的工序来保证。铰孔直径一般不大于80mm，铰削也不宜用于非标准孔、台阶孔、不通孔、短孔和具有断续表面的孔。

**5. 锪孔**

用锪钻加工锥形或柱形的沉坑称为锪孔。锪孔一般在钻床上进行，加工的表面粗糙度值 $Ra=3.2\sim6.3\mu m$。锪沉孔的主要目的是为了安装沉头螺钉，锥形锪钻还可用于清除孔端毛刺。

**6. 拉孔**

拉孔是一种高生产率的精加工方法，既可加工内表面也可加工外表面，拉孔前工件须经钻孔或扩孔。工件以被加工孔自身定位并以工件端面为支承面，一次行程便可完成粗加工—精加工—光整加工等阶段的工作。拉孔一般没有粗拉工序、精拉工序之分，除非拉削余量太大或孔太深，用一把拉刀拉削拉刀太长，才分两个工序加工。

拉削速度较低，每齿切削厚度很小，拉削过程平稳，不会产生积屑瘤；同时拉刀是定尺寸刀具，又有校准齿来校准孔径和修光孔壁，所以拉削加工精度高，表面粗糙度值小。拉孔精度主要取决于刀具，机床的影响不大。拉孔的公差等级可达IT6～IT8，表面粗糙度 $Ra$ 值可达 $0.4\sim0.8\mu m$，拉孔难以保证孔与其他表面间的位置精度，因此，被拉孔的轴线与端面之间，在拉削前应保证一定的垂直度。

图8-11所示为拉孔及拉刀刀齿的切削过程。为保证拉刀工作时的平稳性，拉刀同时工作的齿数应在2～8个。由于受到拉刀制造工艺及拉床动力的限制，过小与特大尺寸的孔均不适宜于拉削加工。

当工件端面与工件毛坯孔的垂直度不好时，为改善拉刀的受力状态，防止拉刀崩刃或折断，常采用在拉床固定支承板上装有自动定心的球面垫板作为浮动支承装置，如图8-12所示，拉削力通过球面垫板2作用在拉床的前壁上。

拉刀是定尺寸刀具，结构复杂、排屑困难、价格昂贵、设计制造周期长，故一般用于成

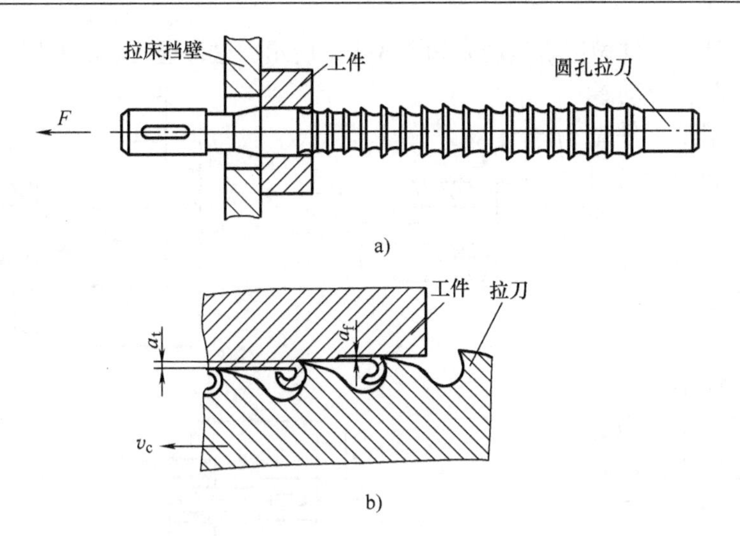


图 8-11　拉孔及拉刀刀齿的切削过程

a）拉孔　b）拉刀刀齿的切削过程

批、大量生产中，不适合于加工大孔，在单件、小批生产中使用也受限制。

拉削不仅能加工圆孔，而且还可以加工成形孔、花键孔。

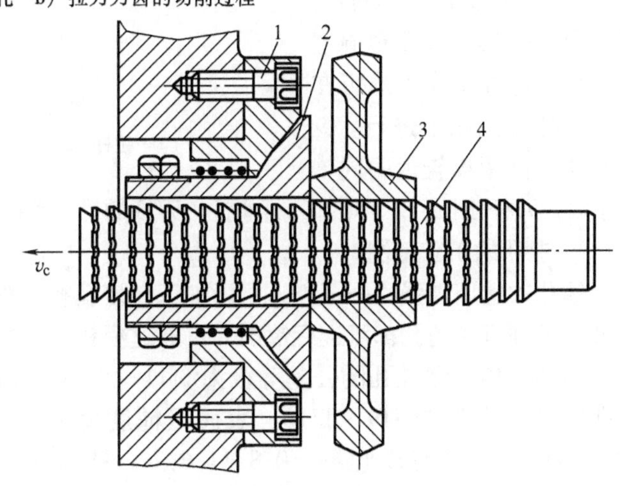


图 8-12　拉孔工件的支承

1—螺钉　2—球面垫板　3—工件　4—拉刀

## 二、镗孔

### 1. 镗孔的工艺特点

镗孔是用镗刀对已钻出、铸出或锻出的孔做进一步的加工。其工艺特点是：

1）加工箱体、机座、支架等复杂大型件的孔和孔系，通过镗模或坐标装置，容易保证加工精度。

2）工艺灵活性大、适应性强，镗孔可以在车床、镗床或铣床上进行；而镗床还可实现钻、铣、车、攻螺纹工艺。

3）对操作人员要求高，生产效率低。

### 2. 镗孔的工作方式

镗孔的工作方式有以下三种：

（1）工件旋转，刀具做进给运动　在车床上镗孔就属于这种工作方式，如图 8-13a 所示。车床镗孔多用于加工盘、套和轴件中间部位的孔以及小型支架的支承孔，孔径大小由镗刀的背吃刀量和进给次数予以控制。

（2）工件不动而刀具做旋转和进给运动　如图 8-13b 所示，这种工作方式通常在镗床上进行。镗床主轴带动镗刀杆旋转，并做纵向进给运动。由于主轴的悬伸长度不断加大，刚性随之减弱，为保证镗孔精度，故一般用来镗削深度较小的孔。

（3）刀具旋转，工件做进给运动　如图 8-13c 所示，这种镗孔方法有以下两种方式：

1）镗床平旋盘带动镗刀旋转，工作台带动工件做纵向进给运动，利用径向刀架使镗刀处于偏心位置，即可镗削大孔。大于 $\phi$200mm 的孔多用此种方式加工，但孔深不宜过大。

2）主轴带动刀杆和镗刀旋转，工作台带动工件做进给运动。这种方式镗削的孔径一般小于 $\phi$120mm；对于悬伸式刀杆，镗刀杆不宜过长，一般用来镗削深度较小的孔，以免弯曲变形过大而影响镗孔精度。这种工作方式可在镗床、卧式铣床上进行。镗削箱体两壁距离较远的同轴孔系时，刀杆较长，为了增加刀杆刚性，刀杆的另一端可支承在镗床后立柱的导套座里。

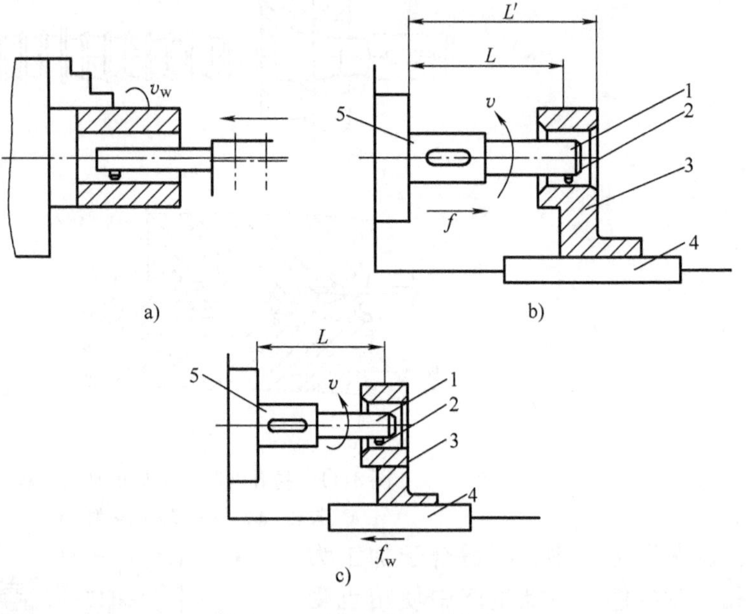


图 8-13　镗孔的几种工作方式

1—镗杆　2—镗刀　3—工件　4—工作台　5—主轴

**3. 镗孔的工艺范围**

镗孔的适用性强，一把镗刀可以加工一定孔径和深度范围的孔，除直径特别小和较深的孔外，各种直径的孔都可进行镗削，可通过粗镗、半精镗、精镗和精细镗达到不同的精度和表面粗糙度值。粗镗孔的公差等级为 IT11 ~ IT13，表面粗糙度值 $Ra$ = 6.3 ~ 12.5μm；半精镗孔的公差等级为 IT9 ~ IT10，表面粗糙度值 $Ra$ = 1.6 ~ 3.2μm；精镗孔的公差等级为 IT7 ~ IT8，表面粗糙度值 $Ra$ = 0.8 ~ 1.6μm；精细镗孔的公差等级为 IT6 ~ IT7，表面粗糙度值 $Ra$ = 0.1 ~ 0.4μm，常在金刚镗床上进行高速镗削。

对于孔径较大（ > $\phi$80mm），精度要求较高和表面粗糙度值较小的孔，可采用浮动镗刀加工，用以补偿刀具安装误差和主轴回转误差带来的加工误差，保证加工尺寸精度，但不能纠正直线度误差和位置误差。浮动镗削操作简单，生产率高，故适用于大批大量生产。

镗孔和钻—扩—铰工艺相比，孔径尺寸不受刀具尺寸的限制，且镗孔具有较强的误差修正能力。镗孔不但能够修正孔中心线偏斜误差，而且还能保证被加工孔和其他表面的相互位置精度。和车外圆相比，由于镗孔刀具、刀杆系统的刚性比较差，散热、排屑条件比较差，工件和刀具的热变形倾向比较大，故其加工质量和生产率都不如车外圆高。

## 三、磨孔

**1. 砂轮磨孔**

砂轮磨孔是孔的精加工方法之一。磨孔的公差等级可达 IT6 ~ IT8，表面粗糙度 $Ra$ 值可达 0.4 ~ 1.6μm。砂轮磨孔可在内圆磨床或万能外圆磨床上进行，如图 8-14 所示。磨削方式可分三类：

（1）普通内圆磨削　工件装夹在机床上回转，砂轮高速回转并做轴向往复进给运动和径向进给运动，在普通内圆磨床上磨孔就是这种方式，如图8-14a所示。

（2）行星式内圆磨削　工件固定不动，砂轮自转并绕所磨孔的中心线做行星运动和轴向往复进给运动，径向进给则通过加大砂轮行星运动的回转半径来实现，如图8-14b所示。此种磨孔方式用得不多，只有在被加工工件体积较大、不便于做回转运动的条件下才采用。

（3）无心内圆磨削　如图8-14c所示，工件3放在滚轮中间，被滚轮2压向滚轮1和导轮4，并由导轮4带动回转，它还可沿砂轮轴心线做轴向往复进给运动。这种磨孔方式一般只用来加工轴承圈等简单零件。

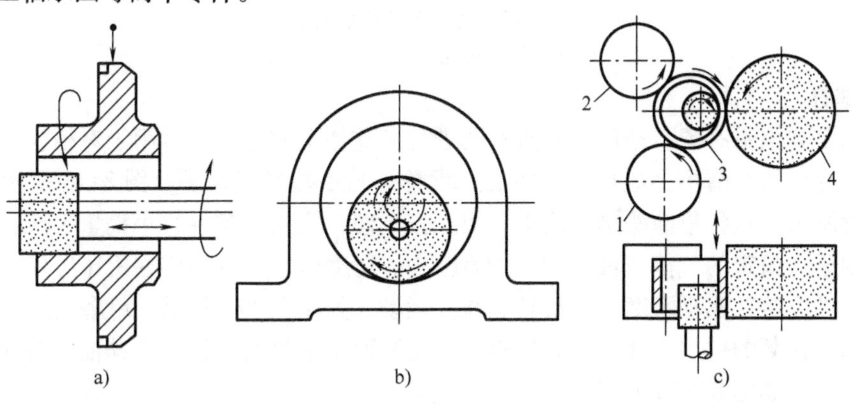


图8-14　砂轮磨孔方式
a）普通内圆磨削　b）行星式内圆磨削　c）无心内圆磨削
1、2—滚轮　3—工件　4—导轮

磨孔适用性较铰孔广，还可纠正孔的轴线歪斜及偏移，但磨削的生产率比铰孔低，且不适于磨削非铁金属，小孔和深孔也难以磨削。磨孔主要用于不宜或无法进行镗削、铰削和拉削的高精度孔及淬硬孔的精加工。

磨孔同磨外圆相比，磨孔效率较低，表面粗糙度值比磨外圆时大，且磨孔的精度控制较磨外圆难，主要原因如下：

1）受被磨孔径大小的限制，砂轮直径一般都很小，且排屑和冷却不便，为取得必要的磨削速度，砂轮转速要非常高。此外，小直径砂轮的磨损快，砂轮寿命低。

2）内圆磨头在悬臂状态下工作，且磨头主轴的直径受工件孔径大小的限制，一般都很小，因此内圆磨头主轴的刚度差，容易产生振动。

3）磨孔时，砂轮与工件孔的接触面积大，容易发生表面烧伤。

4）磨孔时，容易产生圆柱度误差，要求主轴刚性好。

**2. 砂带磨孔**

对于大型筒体内表面的磨削，砂带磨削比砂轮磨削更具灵活性，可以解决砂轮磨削无法实施的加工难题。

## 四、孔的光整加工

**1. 研磨孔**

研磨孔是常用的一种孔的光整加工方法，如图8-15所示，常用于对精镗、精铰或精磨后的孔做进一步加工。研磨孔的特点与研磨外圆相类似，研磨后孔的公差等级可达IT6～

IT7，表面粗糙度 $Ra$ 值可达 0.008 ~ 0.1μm，形状精度也有相应提高。

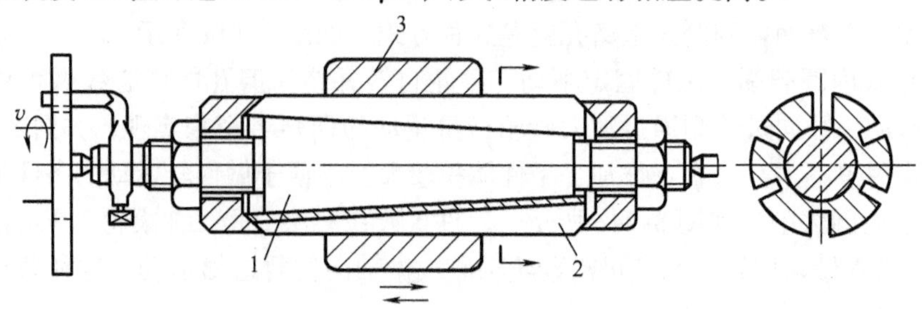


图 8-15　套类零件孔的研磨

1—心棒　2—研套　3—工件（手握）

**2. 珩磨孔**

珩磨孔是利用带有磨石条的珩磨头对孔进行光整加工的方法，常用于对精铰、精镗或精磨过的孔在专用的珩磨机上进行光整加工。珩磨头的结构形式很多，图 8-16 所示为一种机械加压的珩磨头。这种珩磨头结构简单，但操作不便，只用于单件、小批量生产。大批大量生产中常用压力恒定的气体或液体加压的珩磨头。珩磨时，工件固定在机床工作台上，主轴与珩磨头浮动连接并驱动珩磨头做旋转和往复运动，如图 8-17a 所示。珩磨头上的磨条在孔的表面上切去极薄的一层金属，其切削轨迹成交叉而不重复的网纹，有挂油、储油作用，可减少滑动摩擦，如图 8-17b 所示。

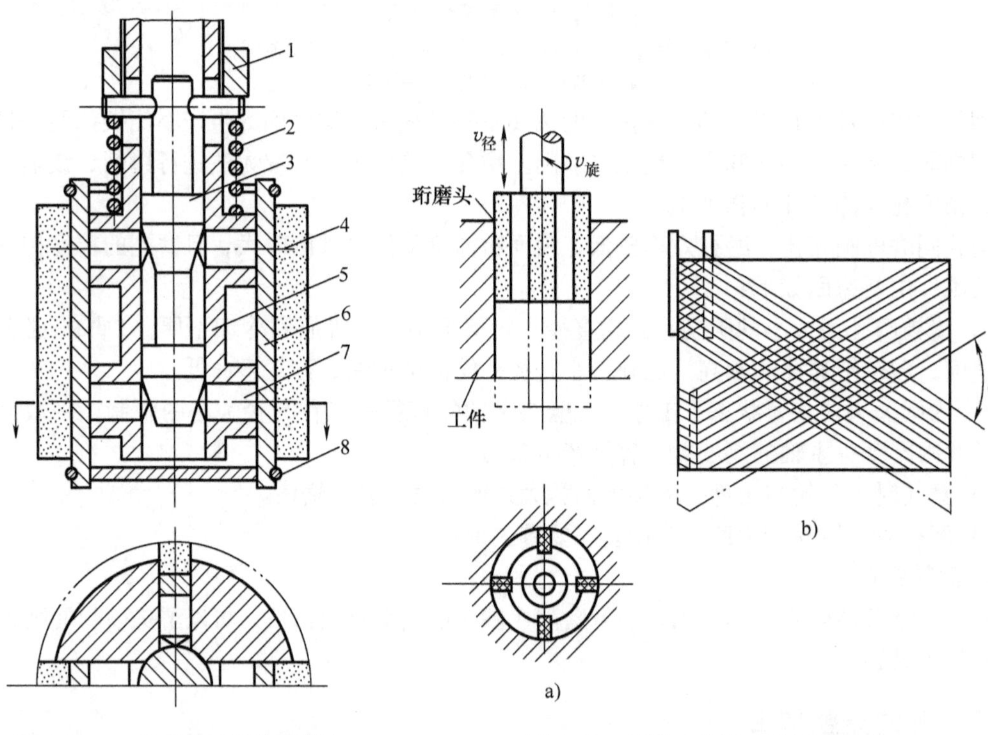


图 8-16　一种机械加压的珩磨头

1—本体　2—弹簧箍　3—磨条顶块　4—磨条座　5—磨条　6—调节锥　7—螺母　8—压力弹簧

图 8-17　珩磨时的运动及切削轨迹

珩磨主要用于精密孔的最终加工工序，能加工直径 φ15～φ500mm 或更大的孔，并可加工深径比大于 10 的深孔。珩磨可加工铸铁件、淬火和不淬火钢件以及青铜件等，但珩磨不宜加工塑性较大的非铁金属，也不能加工带键槽孔、花键孔等断续表面。

## 五、孔加工方案的选择

孔加工方案的选择与机床的选用有着密切的联系，较外圆加工方法的选择要复杂得多，现分别阐述如下。

### 1. 加工方案的选择

常用的孔加工方案见表 8-2。拟订孔加工方案时，除一般因素外，还应考虑孔径大小和深径比。

**表 8-2　孔加工方案**

<table>
<tr><th colspan="2">加工方案</th><th>尺寸公差等级</th><th>表面粗糙度 Ra/μm</th><th colspan="2">适应范围</th></tr>
<tr><td>钻削类</td><td>钻</td><td>IT11～IT14</td><td>12.5～50</td><td colspan="2">用于任何批量生产中工件实体部位的孔加工</td></tr>
<tr><td rowspan="4">铰削类</td><td>钻—铰</td><td>IT8～IT9</td><td>1.6～3.2</td><td>φ10mm 以下</td><td rowspan="3">用于成批生产及单件小批生产中的小孔和细长孔。可加工不淬火的钢件、铸铁件和非铁金属件</td></tr>
<tr><td>钻—扩—铰</td><td>IT7～IT8</td><td>0.8～1.6</td><td rowspan="2">φ10～φ80mm</td></tr>
<tr><td>钻—扩—粗铰—精铰</td><td>IT6～IT7</td><td>0.4～1.6</td></tr>
<tr><td>粗镗—半精镗—铰</td><td>IT7～IT8</td><td>0.8～1.6</td><td colspan="2">用于成批生产中 φ30～φ80mm 铸锻孔的加工</td></tr>
<tr><td>拉削类</td><td>钻—拉　或　粗镗—拉</td><td>IT7～IT8</td><td>0.4～1.6</td><td colspan="2">用于大批、大量生产中，加工不淬火的钢铁材料和非铁金属件的中、小孔</td></tr>
<tr><td rowspan="4">镗削类</td><td>（钻）[①]—粗镗—半精镗</td><td>IT9～IT10</td><td>3.2～6.3</td><td colspan="2" rowspan="4">多用于单件小批生产中加工除淬火钢外的各种钢件、铸铁件和非铁金属件。以珩磨为终加工的，多用于大批、大量生产，并可以加工淬火钢件</td></tr>
<tr><td>（钻）—粗镗—半精镗—精镗</td><td>IT7～IT8</td><td>0.8～1.6</td></tr>
<tr><td>（钻）—粗镗—半精镗—精镗—研磨</td><td>IT6～IT7</td><td>0.008～0.4</td></tr>
<tr><td>（钻）—粗镗—半精镗—精镗—珩磨</td><td>IT5～IT7</td><td>0.012～0.4</td></tr>
<tr><td rowspan="3">镗磨类</td><td>（钻）—粗镗—半精镗—磨</td><td>IT7～IT8</td><td>0.4～0.8</td><td colspan="2" rowspan="3">用于淬火钢、不淬火钢及铸铁件的孔加工，但不宜加工韧性大、硬度低的非铁金属件</td></tr>
<tr><td>（钻）—粗镗—半精镗—粗磨—精磨—精磨</td><td>IT6～IT7</td><td>0.2～0.4</td></tr>
<tr><td>（钻）—粗镗—半精镗—粗磨—精磨—研磨</td><td>IT6～IT7</td><td>0.008～0.2</td></tr>
</table>

① （钻）表示毛坯上若无孔，则需先钻孔；毛坯上若已铸出或锻出孔，则可直接粗镗。

### 2. 机床的选用

对于给定尺寸大小和精度的孔，有时可在几种机床上加工。为了便于工件装夹和孔加工，保证加工质量，提高生产率，机床选用主要取决于零件的结构类型、孔在零件上所处的部位以及孔与其他表面位置精度等条件。

（1）盘、套类零件上各种孔加工的机床选用　盘、套类零件中间部位的孔一般在车床上加工，这样既便于工件装夹，又便于在一次装夹中精加工孔、端面和外圆，以保证位置精度。若采用镗磨类加工方案，在半精镗后再转磨床加工；若采用拉削方案，可先在卧式车床或多刀半自动车床上粗车外圆、端面和钻孔（或粗镗孔）后再转拉床加工。盘、套零件分布在端面上的螺钉孔、螺纹底孔及径向油孔等均应在立式钻床或台式钻床上钻削。

（2）支架箱体类零件上各种孔加工的机床选用　为了保证支承孔与主要平面之间的位置精度并使工件便于安装，大型支架和箱体应在卧式镗床上加工；小型支架和箱体可在卧式铣床或车床（用花盘、弯板）上加工。支架、箱体上的螺钉孔、螺纹底孔和油孔，可根据零件大小在摇臂钻床、立式钻床或台式钻床上钻削。

（3）轴类零件上各种孔加工的机床选用　轴类零件除中心孔外，带孔的情况较少，但有些轴件有轴向圆孔、锥孔或径向小孔。轴向孔的精度差异很大，一般均在车床上加工，高精度的孔则需再转磨床加工。径向小孔在钻床上钻削。

## 第三节　平面加工

平面是盘形和板形零件的主要表面，也是箱体、导轨和支架类零件的主要表面之一。平面加工的方法有车、铣、刨、磨、研磨和刮削等。

### 一、平面车削

平面车削一般用于加工轴、轮、盘、套等回转体零件的端面、台阶面等，也用于其他需要加工孔和外圆零件的端面，通常这些面要求与内、外圆柱面的轴线垂直，与之相关的外圆和内孔可在车床上一次装夹中加工完成。中、小型零件可在卧式车床上进行加工，重型零件可在立式车床上进行加工。平面车削的公差等级可达IT6～IT7，表面粗糙度 $Ra$ 值可达1.6～12.5μm。

### 二、平面铣削

铣削是平面加工的主要方法。中、小型零件的平面铣削，一般可在卧式或立式铣床上进行；铣削大型零件的平面铣削可在龙门铣床进行。

铣削工艺具有工艺范围广，生产率高，容易产生振动，刀齿散热条件较好等特点。

平面铣削按加工质量可分为粗铣和精铣。粗铣的表面粗糙度 $Ra$ 值可达 12.5～50μm，公差等级为 IT12～IT14；精铣的表面粗糙度 $Ra$ 值可达 1.6～3.2μm，公差等级可达 IT7～IT9。按铣刀的切削方式不同，平面铣削可分为周铣与端铣，还可同时进行周铣和端铣。周铣常用的刀具是圆柱铣刀；端铣常用的刀具是面铣刀；同时进行端铣和周铣的铣刀有立铣刀和三面刃铣刀等。

**1. 周铣**

周铣是用铣刀圆周上的切削刃来铣削工件，铣刀的回转轴线与被加工表面平行，如图8-18a 所示。周铣适用于在中、小批生产中铣削狭长的平面、键槽及某些曲面。周铣有顺铣和逆铣两种方式。

（1）逆铣　铣削时，在铣刀和工件接触处，铣刀的旋转方向与工件的进给方向相反时称为逆铣，如图 8-19a 所示。铣削过程中，在刀齿切入工件前，刀齿要在加工面上滑移一小

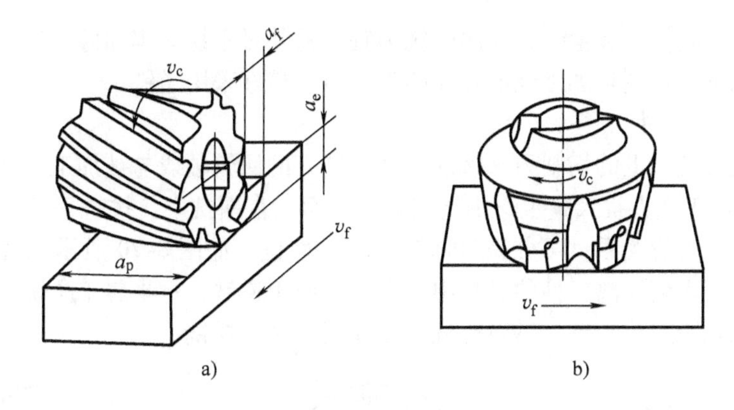


图 8-18　铣削的两种切削方式

a）周铣　b）端铣

段距离，从而加剧了刀齿的磨损，增加了工件表层的硬化程度，并增大了加工表面的粗糙度值。逆铣时有把工件向上挑起的切削垂直分力，影响工件夹紧，需加大夹紧力。但铣削时，水平切削分力有助于丝杠与螺母贴紧，消除丝杠/螺母之间的间隙，使工作台进给运动比较平稳。

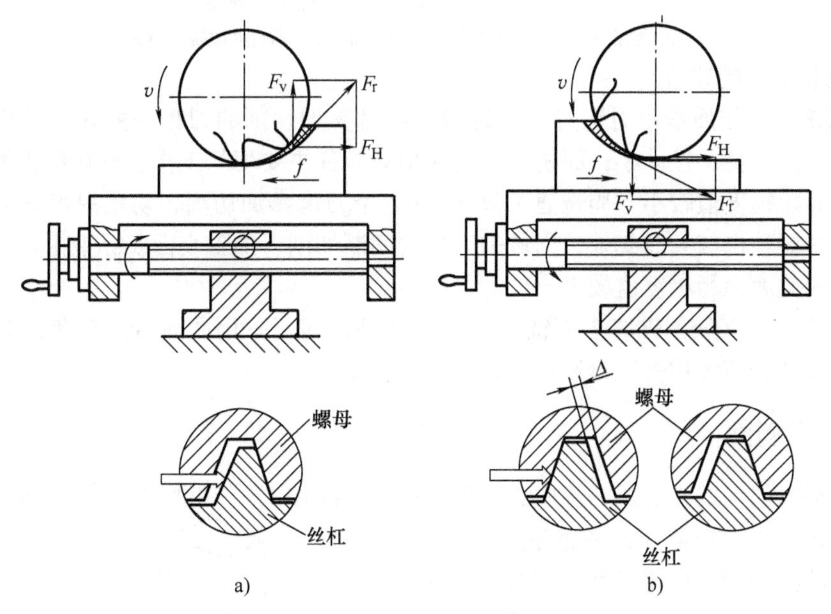


图 8-19　逆铣和顺铣

a）逆铣　b）顺铣

（2）顺铣　铣削时，在铣刀和工件接触处，铣刀的旋转方向与工件进给方向相同时称为顺铣，如图 8-19b 所示。顺铣过程中，刀齿切入时没有滑移现象，但切入时冲击较大。切削时垂直切削分力有助于夹紧工件，而水平切削分力与工件台移动方向一致，当这一切削分力足够大时，即 $F_H$ > 工作台与导轨间摩擦力时，会在螺纹传动副侧隙范围内使工作台向前窜动并短暂停留，严重时甚至引起“啃刀”和“打刀”现象。

综上所述，逆铣和顺铣各有利弊。在切削用量较小（如精铣）、工件表面质量较好或机床有消除螺纹传动副侧隙装置时，采用顺铣为宜。另外对不易夹牢和薄而长的工件，也常用顺铣。一般情况下，特别是加工硬度较高的工件时，最好采用逆铣。

**2. 端铣**

端铣是用铣刀端面上的切削刃来铣削工件，铣刀的回转轴线与被加工表面垂直，如图8-18b所示。端铣适于在大批大量生产中铣削宽大平面。在端铣中，按铣刀轴线移动轨迹与被铣平面中线的相互位置关系，可分为对称铣和不对称铣，如图8-20所示。对称端铣时就某一刀齿而言，从切入到切离工件的过程中，有一半属于逆铣，一半属于顺铣。不对称端铣可分为不对称顺铣和不对称逆铣，不对称铣中多采用不对称逆铣。

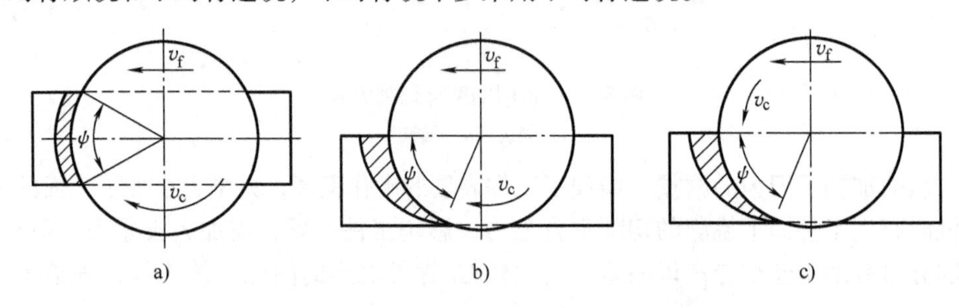


图8-20　端铣的对称与不对称铣削（俯视图）
a）对称端铣平面　b）不对称逆铣台阶面　c）不对称顺铣台阶面

**3. 端铣和周铣的比较**

（1）端铣的加工质量比周铣高　因为端铣同时参加切削的刀齿一般较多，切削厚度比较小，切削较为平稳，振动小；面铣刀的主切削刃担任主要切削工作，副切削刃能起修光作用，所以表面粗糙度值较小。周铣通常只有1～2个刀齿参加切削，切削厚度和切削力变化较大，铣削时振动也较大。此外，周铣的刀齿为间断切削，加工表面实际上由许多波浪式的圆弧组成，因此表面粗糙度值较大。

（2）端铣生产率较周铣高　面铣刀刀杆刚性好，易于采用硬质合金镶齿结构，铣削用量较大；而圆柱铣刀多用高速钢制成，铣削用量较小。

## 三、平面刨削

刨削是平面加工的方法之一。中、小型零件的平面加工，一般多在牛头刨床上进行，龙门刨床则用来加工大型零件的平面和同时加工多个中型工件的平面。刨平面所用机床、工夹具结构简单，调整方便，在工件的一次装夹中能同时加工处于不同位置上的平面，且刨削加工有时可以在同一工序中完成，因此，刨平面具有机动灵活，万能性好的优点。

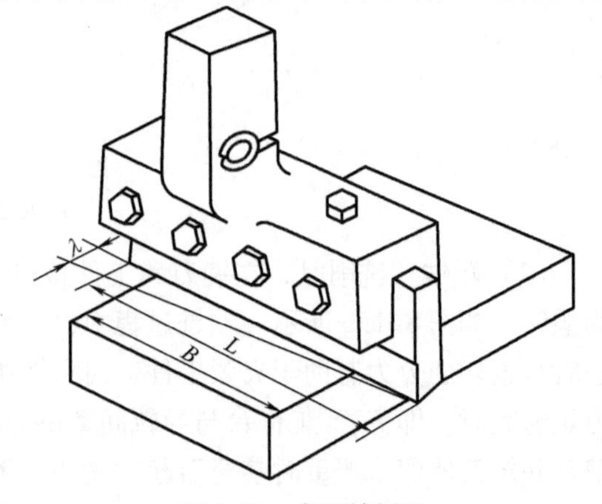


图8-21　宽刃精刨刀

宽刃精刨是在普通精刨基础上，使用高精度龙门刨床和宽刃精刨刀（见图8-21），以5～12m/min的低切速和大进给量在工件表面切去一层极薄的金属。对于接触面积较大的定位平面与支承平面，如导轨、机架、壳体零件上的平面的刮研工作，劳动强度大，生产率低，对操作人员的技术水平要求较高，宽刃精刨工艺可以减少甚至完全取代磨削、刮研工作，在机床制造行业中获得了广泛的应用，能有效地提高生产率。宽刃精刨加工的直线度精度可达到0.02mm/1000mm，表面粗糙度 *Ra* 值可达0.4～0.8μm。

## 四、平面拉削

平面拉削是一种高效率、高质量的加工方法，主要用于大批大量生产中，其工作原理和拉孔相同，平面拉削的公差等级可达IT6～IT7，表面粗糙度 *Ra* 值可达0.4～0.8μm。

## 五、平面磨削

### 1. 平面砂轮磨削

对一些平直度、平面之间相互位置精度要求较高，表面粗糙值要求小的平面进行磨削加工的方法，称为平面磨削，平面磨削一般在铣、刨、车削的基础上进行。随着高效率磨削的发展，平面磨削既可作为精密加工，又可代替铣削和刨削进行粗加工。

平面磨削的方法有周磨和端磨两种（见图7-17、图7-18）。

（1）周磨　周磨平面是指用砂轮的圆周面来磨削平面。这种磨削方式砂轮和工件的接触面小，发热量小，磨削区的散热、排屑条件好，砂轮磨损较为均匀，可以获得较高的精度和表面质量。但在周磨中，磨削力易使砂轮主轴受压弯曲变形，故要求砂轮主轴应有较高的刚度，否则容易产生振纹。周磨适用于在成批生产条件下加工精度要求较高的平面，能获得较高的精度和较小的表面粗糙度值。

（2）端磨　端磨是用砂轮的端面来磨削平面，但砂轮圆周直径不能过大，而且必须是专用端面磨削砂轮。端磨时，磨头伸出短，刚性好，可采用较大的磨削用量，生产率高；但砂轮与工件接触面积大，发热多，散热和冷却较困难，加上砂轮端面各点的圆周线速度不同，磨损不均匀，故加工精度较低。一般用于大批、大量生产中代替刨削和铣削进行粗加工。

平面磨削还广泛应用于平板平面、托板的支承面、轴承、盘类的端面或环端面等大小零件的精密加工及机床导轨、工作台等大型平面以磨代刮的精加工。一般经磨削加工的两平面间的尺寸公差等级可达IT5～IT6，两面的平行度精度可达0.01～0.03 mm，直线度精度可达0.01～0.03mm/1000mm，表面粗糙度 *Ra* 值可达0.2～0.8μm。

### 2. 平面砂带磨削

对于非铁金属、不锈钢、各种非金属的大型平面、卷带材、板材，采用砂带磨削不仅不堵塞磨料，能获得极高的生产率，而且一般采用干式磨削，实施极为方便，目前最大的砂带宽度可以做到5m，在一次贯穿式的磨削中，可以磨出极大的加工表面。

## 六、平面的光整加工

### 1. 平面刮研

平面刮研是利用刮刀在工件上刮去很薄一层金属的光整加工方法。刮研常在精刨的基础上进行，可以获得很高的表面质量。表面粗糙度 *Ra* 值可达0.4～1.6μm，平面的直线度精度可达0.01mm/1000mm，甚至更高可达0.0025～0.005mm/1000mm。刮研既可提高表面的配合精度，又能在两平面间形成储油空隙，以减少摩擦，提高工件的耐磨性，还能使工件表面美观。

刮研劳动强度大，操作技术要求高，生产率低，故多用于单件、小批量生产及修理车间，常用于单件、小批量生产，加工未淬火的要求较高的固定连接面、导向面及大型精密平板和直尺等。在大批、大量生产中，刮研多被专用磨床磨削或宽刃精刨所代替。

**2. 平面研磨**

平面研磨一般在磨削之后进行。研磨后两平面的尺寸公差等级可达IT3 ~ IT5，表面粗糙度 $Ra$ 值可达0.008 ~ 0.1μm，直线度精度可达0.005mm/1000mm。小型平面研磨还可减小平行度误差。

平面研磨主要用来加工小型精密平板、直尺、量规以及其他精密零件的平面。单件、小批量生产中常用手工研磨，大批大量生产则常用机器研磨。

## 七、平面加工方案的选择

常用的平面加工方案见表8-3。在选择平面的加工方案时除了要考虑平面的精度和表面粗糙度要求外，还应考虑零件结构和尺寸、热处理要求以及生产规模等。因此在具体拟订加工方案时，除了参考表中所列的方案外，还要考虑以下情况：

**表8-3　平面加工方案**

| 加工方案 | 尺寸公差等级 | 表面粗糙度 $Ra$/μm | 适用范围 |
| --- | --- | --- | --- |
| 粗车—精车 | IT6 ~ IT7 | 1.6 ~ 3.2 | 不淬火钢、铸铁和非铁金属件的平面。刨削多用于单件小批生产；拉削用于大批大量生产中，精度较高的小型平面 |
| 粗铣或粗刨 | IT12 ~ IT14 | 12.5 ~ 50 | |
| 粗铣—精铣 | IT7 ~ IT9 | 1.6 ~ 3.2 | |
| 粗刨—精刨 | IT7 ~ IT9 | 1.6 ~ 3.2 | |
| 粗拉—精拉 | IT6 ~ IT7 | 0.4 ~ 0.8 | |
| 粗铣（车、刨）—精铣（车、刨）—磨 | IT5 ~ IT6 | 0.2 ~ 0.8 | 淬火及不淬火钢、铸铁的中小型零件的平面 |
| 粗铣（刨）—精铣（刨）—磨—研磨 | IT3 ~ IT5 | 0.008 ~ 0.1 | 淬火及不淬火钢、铸铁的小型高精度平面 |
| 粗刨—精刨—宽刀细刨 | IT7 ~ IT8 | 0.4 ~ 0.8 | 导轨面等 |
| 粗铣（刨）—精铣（刨）—刮研 | IT6 ~ IT7 | 0.4 ~ 1.6 | 高精度平面及导轨平面 |

1）非配合平面一般经粗铣、粗刨、粗车加工即可。但对于要求表面光滑、美观的平面，粗加工后还需精加工，甚至光整加工。

2）支架、箱体与机座的固定连接平面一般经粗铣、精铣或粗刨、精刨加工即可；精度要求较高的，如车床主轴箱与床身的连接面，则还需进行磨削或刮研。

3）盘、套类零件和轴类零件的端面加工应与零件的外圆和孔加工结合进行。如法兰盘的端面，一般采用粗车→精车的方案。精度要求较高的端面，精车后还应进行磨削。

4）导向平面常采用粗刨→精刨→宽刃精刨（或刮研）的加工方案。

5）较高精度的板块状零件，如定位用的平行垫铁等平面常采用粗铣（刨）→精铣（刨）→磨削的加工方案。量块规等高精度的零件则尚需研磨。

6）韧性较大的非铁金属件上的平面一般采用粗铣→精铣或粗刨→精刨的加工方案，高精度的平面可再进行刮削或研磨。

7）大批、大量生产中，加工精度要求较高的、面积不大的平面（包括内平面）常采用粗拉→精拉的加工方案，以保证高的生产率。

# 第四节　成形（异型）面加工

## 一、成形面加工概述

随着科学技术的发展，机器的结构日益复杂，功能也日益多样化。在这些机器中，为了满足预期的运动要求或使用要求，有些零件的表面不是简单的平面、圆柱面、圆锥面或它们的组合，而是复杂的、具有相当加工精度和表面粗糙度的成形表面。例如，自动化机械中的凸轮机构，凸轮轮廓形状有阿基米德螺线形、对数曲线形、圆弧形等；模具中凹模的型腔往往由形状各异的成形表面组成。成形面就是指这些由曲线作为母线，以圆为轨迹做旋转运动或以直线为轨迹做平移运动所形成的表面。

成形面的种类很多，按照其几何特征，大致可以分为以下四种类型：

（1）回转成形面　回转成形面是由一条母线（曲线）绕一固定轴线旋转而成的，如滚动轴承内、外圈的圆弧滚道、手柄（见图8-22a）等。

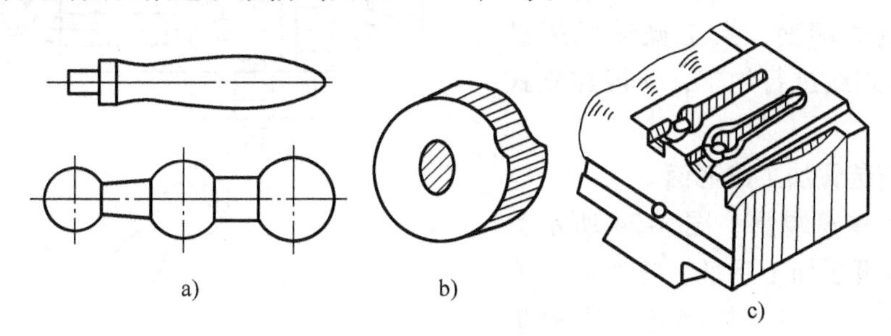


图8-22　成形面的类型

a）回转成形面　b）直线成形面　c）立体成形面

（2）直线成形面　直线成形面是由一条直母线沿一条曲线平行移动而成的。它可分为外直线曲面，如冷冲模的凸模和凸轮（见图8-22b）等；内直线曲面，如冷却模的凹模型孔等。

（3）立体成形面　立体成形面的各个剖面具有不同的轮廓形状，如某些锻模（见图8-22c）、压铸模、塑压模的型腔等。

（4）复合运动成形面　复合运动成形面是按照一定的曲线运动轨迹形成的，如齿轮的齿面、螺栓的螺纹表面等。

与其他表面类似，成形面的技术要求也包括尺寸精度、形状精度、位置精度及表面质量等方面，但成形面往往是为了实现某种特定功能而专门设计的，因此其表面形状的要求显得更为重要。

成形面的加工方法很多，已由单纯采用切削加工方法发展到采用特种加工、精密铸造等多种加工方法。下面着重介绍各种曲面的切削加工方法（包括磨削）。按成形原理，成形面加工可分为用成形刀具加工和用简单刀具加工。

## 二、简单刀具加工成形面

### 1. 按划线加工成形面

这种方法是在工件上划出成形面的轮廓曲线，钳工沿划线外缘钻孔、锯开、修锉和研磨，也可以用铣床粗铣后再由钳工修锉。此法主要靠手工操作，生产率低，加工精度取决于操作人员的技术水平，一般适用于单件生产，目前已很少采用。

### 2. 手动控制进给加工成形面

加工时由人工操纵机床进给，使刀具相对工件按一定的轨迹运动，从而加工出成形面。这种方法不需要特殊的设备和复杂的专用刀具，成形面的形状和大小不受限制，但要求操作人员具有较高的技术水平，而且加工质量不高，劳动强度大，生产率低，只适宜在单件、小批量生产中对加工精度要求不高的成形面进行粗加工。

（1）回转成形面　一般需要按回转成形面的轮廓制作一套（一块或几块）样板，在卧式车床上加工，加工过程中不断用样板进行检验、修正，直到成形面基本与样板吻合为止，如图 8-23 所示。

（2）直线成形面　将成形面轮廓形状划在工件相应的端面，人工操纵机床进给，使刀具沿划线进行加工，一般在立式铣床上进行。

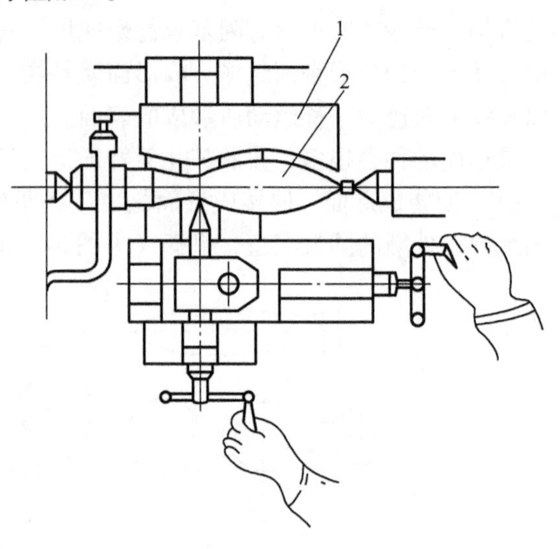


图 8-23　双手操作加工成形面

1—样板　2—工件

### 3. 用靠模装置加工成形面

（1）机械靠模装置　图 8-24 所示为在车床上用靠模法加工手柄，将车床中滑板上的丝杠拆去，将拉杆固定在中滑板上，其另一端与滚柱连接，当床鞍做纵向移动时，滚柱沿着靠模的曲线槽移动，使刀具做相应的移动，车出手柄成形面。

用机械靠模装置加工曲面，生产率较高，加工精度主要取决于靠模精度。靠模形状复杂，制造困难，费用高。这种方法适用于成批生产。

（2）随动系统靠模装置　随动系统靠模装置是以发送器的触点（靠模销）接受靠模外形轮廓曲线的变化作为信号，通过放大装置将信号放大后，再由驱动装置控制刀具做相应的仿形运动。按触发器的作用原理不同，仿形装置可分为液压式、电感式仿形等多种。按机床类型不同，主要有仿形车床和仿形铣床。仿形车床一般用来加工回转成形面，仿形铣床可用来加工直线成形面和立体成形面。随动系统靠模装置仿形加工有以下特点：

1）靠模与靠模销之间的接触压力小（约 5 ~ 8MPa），靠模可用石膏、木材或铝合金等软材料制造，加工方便，精度高且成本低。但机床复杂，设备费用高。

2）适用范围较广，可以加工形状复杂的回转成形面和直线成形面，也可加工复杂的立体成形面。

3）仿形铣床常采用指状铣刀，加工后表面残留刀痕比较明显。因此，表面较粗糙，一般都需要进一步修整。

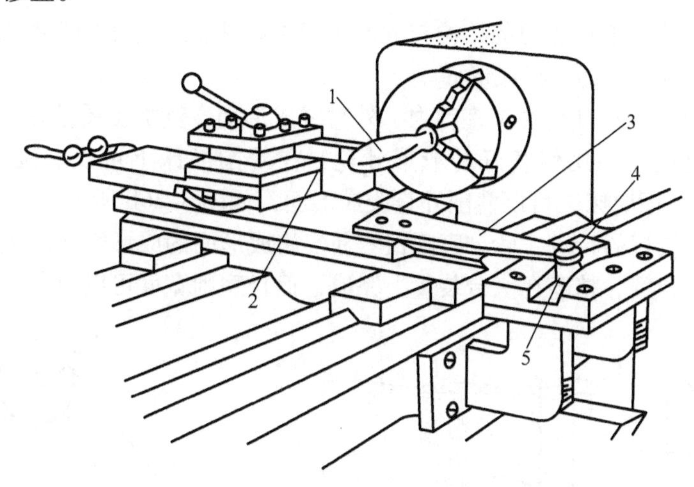


图 8-24　在车床上用靠模法加工手柄
1—工件　2—车刀　3—拉板　4—紧固件　5—滚柱

**4. 用数控机床加工**

用切削方法来加工成形面的数控机床主要有数控车床、数控铣床、数控磨床和加工中心等，如图 8-25 所示。在数控机床上加工成形面，只需将成形面的数控和工艺参数按机床数控系统的规定编制程序后，输入数控装置，机床即能自动进行加工。在数控机床上，不仅能加工二维平面曲线型面，还能加工出各种复杂的三维曲线型面。同时，由于数控机床具有较高的精度，加工过程的自动化避免了人为误差因素，因而可以获得较高精度的成形面，并可大大提高生产率。目前数控机床加工已相当广泛，尤其适合模具制造中的凸凹模及型腔加工。

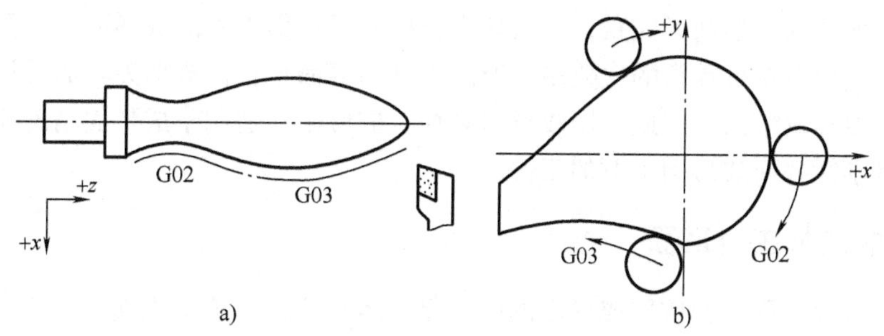


图 8-25　数控机床加工成形面
a）数控车床加工　b）数控铣床加工

## 三、成形刀具加工成形面

成形刀具加工成形面是指刀具的切削刃按工件表面轮廓形状制造，加工时刀具相对于工件做简单的直线进给运动。

（1）成形面车削　用主切削刃与回转成形面母线形状一致的成形车刀加工内、外回转成形面。

（2）成形面铣削 一般在卧式铣床上用盘状成形铣刀进行铣削加工，常用来加工直线成形面。

（3）成形面刨削 成形刨刀的结构与成形车刀结构相似。由于刨削时有较大的冲击力，故一般用来加工形状简单的直线成形面。

（4）成形面拉削 拉削可加工多种内、外直线成形面，其加工质量好、生产率高。

（5）成形面磨削 利用修整好的成形砂轮，在外圆磨床上可以磨削回转成形面，如图 8-26a所示；在平面磨床上可以磨削外直线成形面，如图 8-26b 所示。

利用砂带柔性较好的特点，砂带磨削很容易实施成形面的成形磨削，而且只需简单地更换砂带，便可实现粗磨、精磨在一台装置上完成，而且磨削宽度可以很大，如图 8-27 所示。

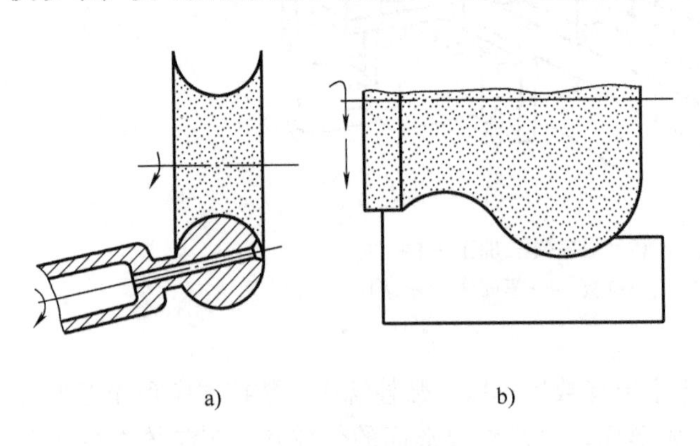


图 8-26 成形砂轮磨削

a）成形砂轮磨削回转成形面

b）成形砂轮磨削外直线成形面

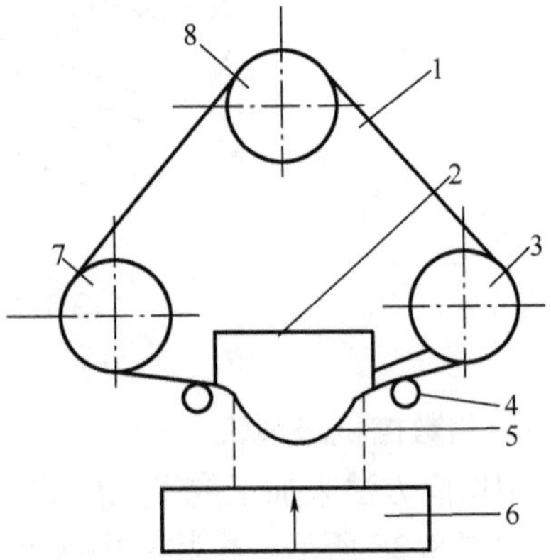

图 8-27 砂带成形磨削

1—砂带 2—特形接触压块 3—主动轮 4—导轮 5—工件 6—工作台 7—张紧轮 8—惰轮

用成形刀具加工成形面，加工精度主要取决于刀具精度，且机床的运动和结构比较简单，操作简便，故容易保证同一批工件表面形状、尺寸的一致性和互换性。成形刀具是宽刃刀具，同时参加切削的切削刃较长，一次切削行程就可切出工件的成形面，因而有较高的生产率。此外，成形刀具可重磨的次数多，所以刀具的寿命长；但成形刀具的设计、制造和刃磨都较复杂，刀具成本高。因此，用成形刀具加工成形面，适用于成形面精度要求较高、零件批量较大且刚性好而成形面不宽的工件。

## 四、展成法加工成形面

展成法加工成形面是指按照成形面的曲线复合运动轨迹来加工表面的方法，最常见、最典型的就是齿轮的齿面和螺栓的螺纹表面的加工。

齿轮齿面的加工前面已经述及（参见第六章第五节），在此不再赘述。下面简单介绍一下螺纹的加工。

**1. 螺纹的分类及技术要求**

（1）螺纹的分类 螺纹是零件中最常见的表面之一，按用途的不同，螺纹可分为以下两类：

1）紧固螺纹：紧固螺纹常用于零件的固定连接，常用的有普通螺纹和管螺纹等，螺纹牙型多为三角形。

2）传动螺纹：传动螺纹常用于传递动力、运动或位移，如机床丝杠的螺纹等，牙型为梯形、锯齿形或矩形。

（2）螺纹的技术要求　螺纹和其他类型的表面一样，也有一定的尺寸精度、形状精度、位置精度和表面质量要求。根据用途的不同，技术要求也各不相同。

1）对于紧固螺纹和无传动精度要求的传动螺纹，一般只要求螺纹的中径和顶径（外螺纹的大径或内螺纹的小径）的精度。普通螺纹的主要要求是可旋入性和连接的可靠性，管螺纹的主要要求是密封性和连接的可靠性。

2）对于有传动精度要求或用于计量的螺纹，除要求中径和顶径的精度外，还对螺距和牙型角有精度要求。对于传动螺纹的主要要求是传动准确、可靠，螺纹牙面接触良好并耐磨等，因此，对螺纹表面的粗糙度和硬度也有较高的要求。

**2. 螺纹的加工方法**

螺纹的加工方法除攻螺纹、套螺纹、车螺纹、铣螺纹和磨削螺纹外，还有滚压螺纹等。

（1）攻螺纹和套螺纹　用丝锥加工内螺纹的方法称为攻螺纹，如图 8-28 所示；用板牙加工外螺纹的方法称为套螺纹，如图 8-29 所示。

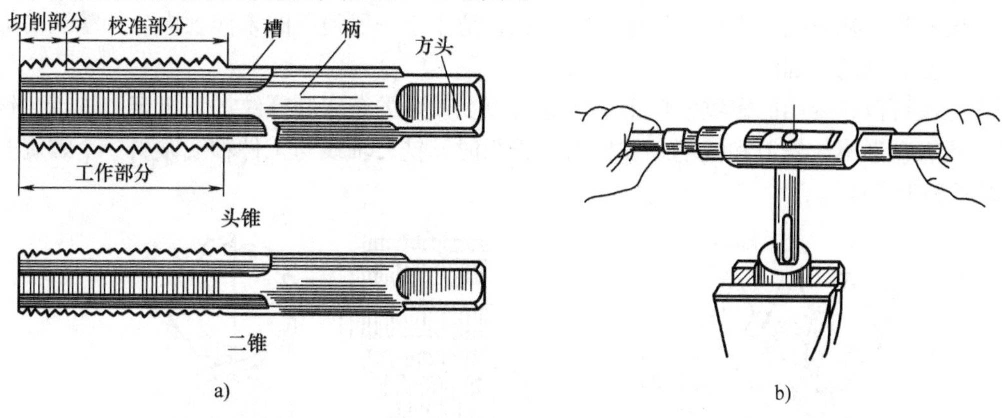


图 8-28　攻螺纹
a）丝锥　b）攻螺纹

攻螺纹和套螺纹是应用较广的螺纹加工方法，主要用于螺纹直径不超过 16mm 的小尺寸螺纹的加工，单件、小批量生产一般用手工操作，批量较大时，也可在机床上进行。

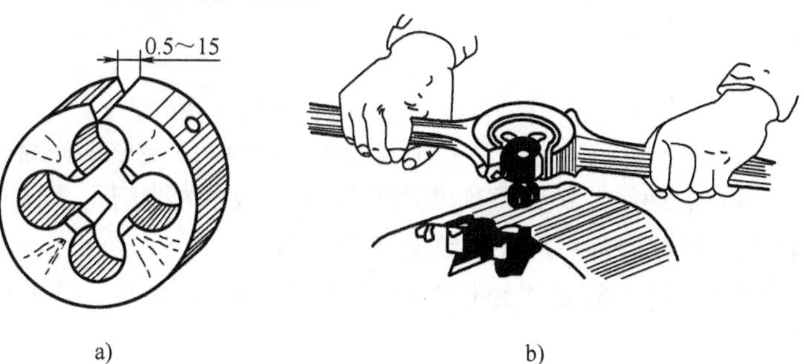


图 8-29　套螺纹
a）板牙　b）套螺纹

（2）车螺纹　车螺纹是螺纹加工的最基本的方法。其主要特点是刀具制作简单、适应性广，使用通用车床即能加工各种形状、尺寸、精度的内、外螺纹，特别适于加工尺寸较大的螺纹；但车螺纹生产率低，加工质量取决于机床精度和操作人员的技术水平，所以适合单件、小批量生产。

当生产批量较大时，为了提高生产率，常采用螺纹梳刀车削螺纹，如图 8-30 所示，这种多齿螺纹车刀只要一次进给即可切出全部螺纹，所以生产率高；但螺纹梳刀加工精度不高，不能加工精密螺纹和螺纹附近有轴肩的工件。

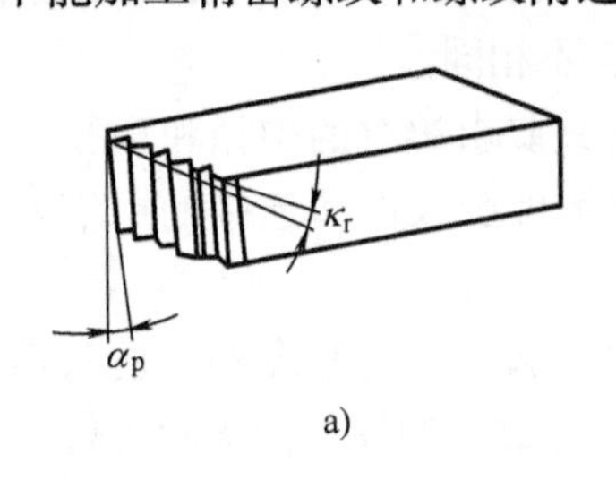

a)

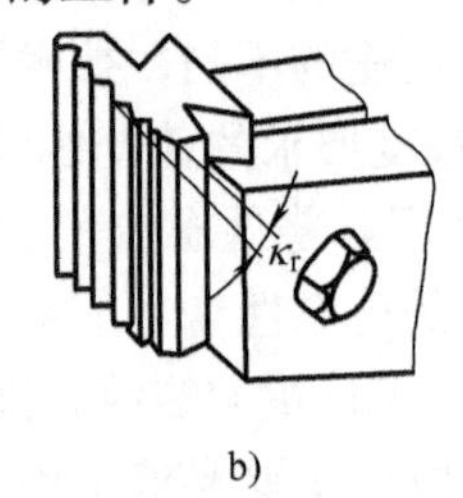

b)

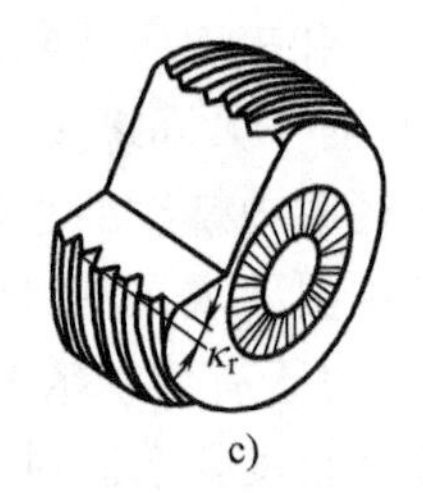

c)

图 8-30　螺纹梳刀

a）平板螺纹梳刀　b）棱体螺纹梳刀　c）圆体螺纹梳刀

对于不淬硬精密丝杠的加工，通常使用精密车床或精密螺纹车床加工，可以获得较高的精度和较小的表面粗糙度值。

（3）铣螺纹　铣削螺纹是利用旋锋切削加工螺纹的方式，其生产率比车削螺纹高，但加工精度不高，在成批和大量生产中应用广泛，适用于一般精度的未淬硬内、外螺纹的加工或作为精密螺纹的预加工。

铣螺纹可以在专门的螺纹铣床上进行也可以在改装的车床和螺纹加工机床上进行。铣螺纹的刀具有盘形螺纹铣刀和铣削螺纹梳刀。铣削时，铣刀轴线与工件轴线倾斜一个螺旋升角 $\lambda$，如图 8-31 所示。

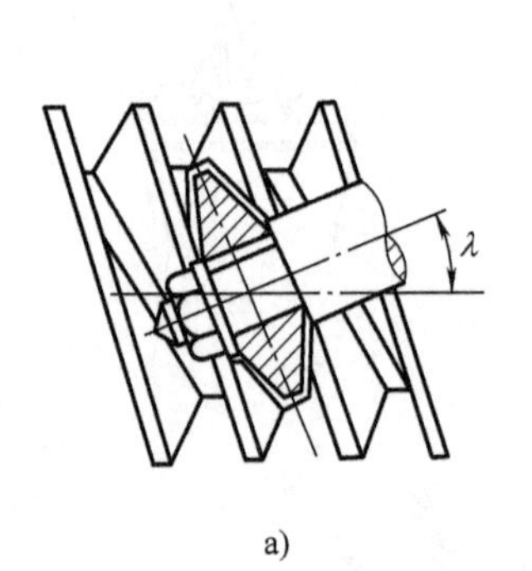

a)

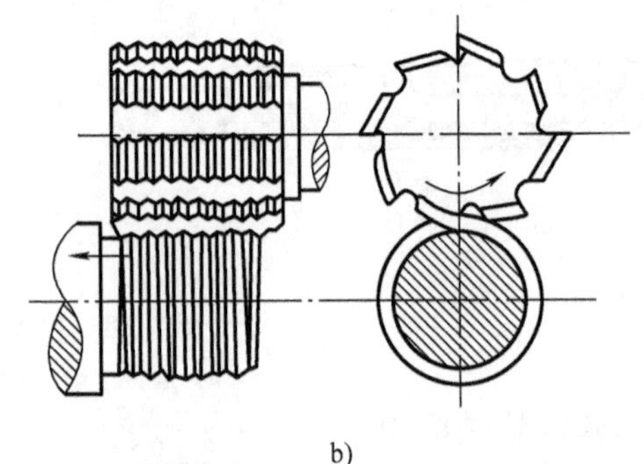
b)

图 8-31　铣削螺纹

a）盘形铣刀铣螺纹　b）梳形铣刀铣螺纹

（4）磨螺纹　螺纹磨削常用于淬硬螺纹的精加工，以修正热处理引起的变形，提高加工精度。螺纹磨削一般在螺纹磨床上进行。

螺纹在磨削前必须经过车削或铣削进行预加工，对于小尺寸的精密螺纹也可以直接磨出。

根据砂轮的形状，外螺纹的磨削可分为单线砂轮磨削和多线砂轮磨削，如图 8-32 所示。

（5）滚压螺纹　滚压螺纹根据滚压的方式可分为搓螺纹和滚螺纹。

1）搓螺纹。如图 8-33a 所示，搓螺纹时，工件放在固定搓丝板与活动搓丝板中间。两搓丝板的平面都有斜槽，它的截面形状与被搓制的螺纹牙型相吻合。当活动搓丝板移动时，工件在搓丝板间滚动，即在工件表面挤压出螺纹。被搓制好的螺纹件在固定搓丝板的另一边落下。活动搓丝板移动一次，即可搓制一个螺纹件。

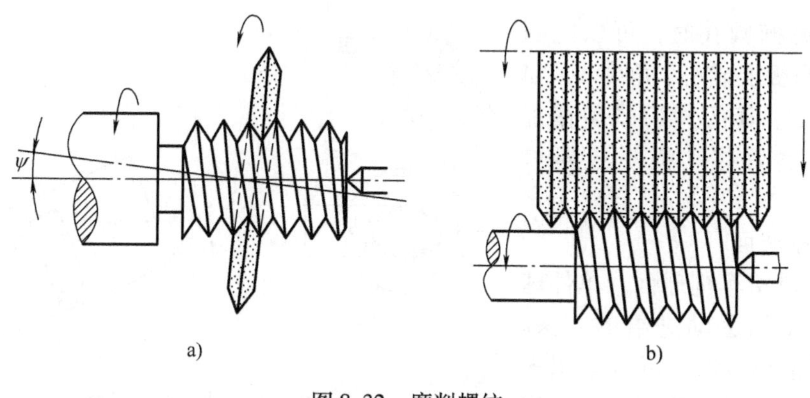


图 8-32　磨削螺纹

a）单线砂轮磨削螺纹　b）多线砂轮磨削螺纹

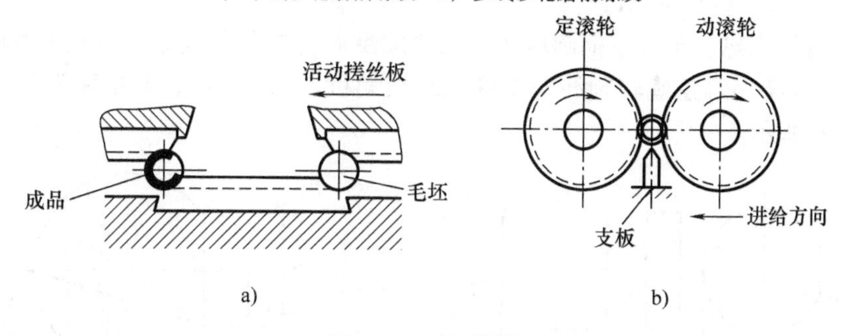


图 8-33　滚压螺纹

a）搓螺纹　b）滚螺纹

搓螺纹前，必须将两搓丝板之间的距离根据被加工螺纹的直径预先调整好。搓螺纹的最大直径可达25mm，表面粗糙度 $Ra$ 值可达0.4～1.6μm。

2）滚螺纹。如图8-33b所示，滚螺纹时，工件放在两滚轮之间。两滚轮的转速相等，转向相同，工件由两滚轮带动做自由旋转。两滚轮圆周面上都有螺纹，一个滚轮轴心固定（称为定滚轮），另一个滚轮做径向进给运动（称为动滚轮），两轮配合逐渐滚压出螺纹。滚螺纹零件的直径范围很广（由0.3～120mm），加工精度高，表面粗糙度 $Ra$ 值可达0.2～0.8μm，可以滚制丝锥、丝杠等。但滚螺纹生产率较低。

## 五、规范特形表面的加工方法

所谓规范特形表面，是指具有规范的几何形状、可以使用常规切削方法加工出来的圆弧表面或组合表面，如带柄圆球、椭圆面和双曲线外表面等。

**1. 车削特形表面**

（1）车削椭圆轴和孔

1）车削椭圆轴。椭圆轴可以用飞刀法进行车削，但刀盘轴线必须与工件成一定角度 $\alpha$，而进给方向与工件轴线（主轴中心线）一定，工件固定不动。

2）车削椭圆孔。有些管子在安装时，要与基准面成一个角度 $\alpha$，如图8-34a所示，因此，在端面上需要焊接上一个安装用的圆环。由于管子倾斜后的截面是一个椭圆，因此，圆环的内孔也应该是一个椭圆，这个椭圆的长轴为 $a\left(a=\frac{D}{2}\right)$，短轴为 $b\left(b=\frac{d}{2}\right)$。

车削这种椭圆孔时，可以把圆环安装在斜滑板上成一个角度 $\alpha$，如图 8-34b 所示，车刀用刀排装在主轴上旋转，然后移动横滑板即可车削。

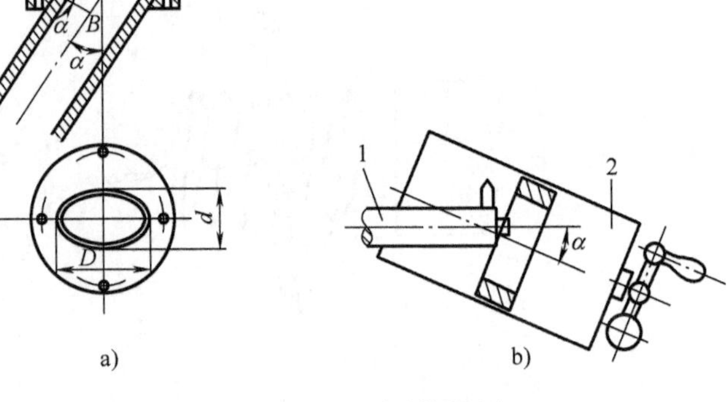


图 8-34　飞刀车削椭圆孔

1—杆　2—小刀架

（2）车削球面

1）手动进给车削球面。单件球体加工一般采用手动进给的方法。当工件的数量较多时，可以采用多种方法，但在加工之前，必先计算出工件尺寸 $L$，如图 8-35 所示。

2）车削带柄圆球。车削带柄圆球时，工件按要求装夹在卡盘上，卸下小滑板，安装一个带电动机的刀盘，刀盘旋转轴线与工件轴线成角度（$90° + \alpha$），并把两刀尖的距离调节好，如图 8-36 所示。

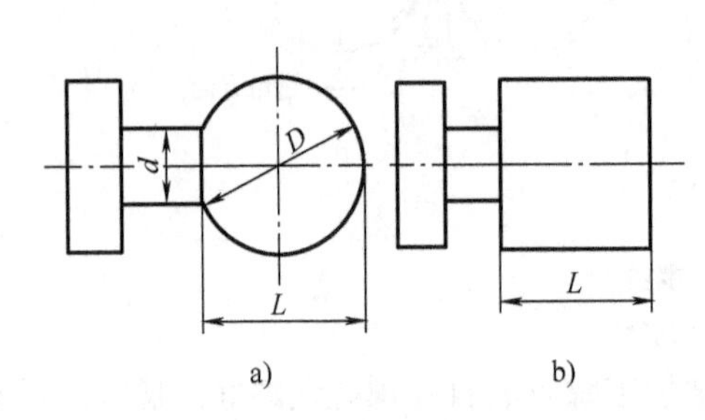


图 8-35　球面工件的车削

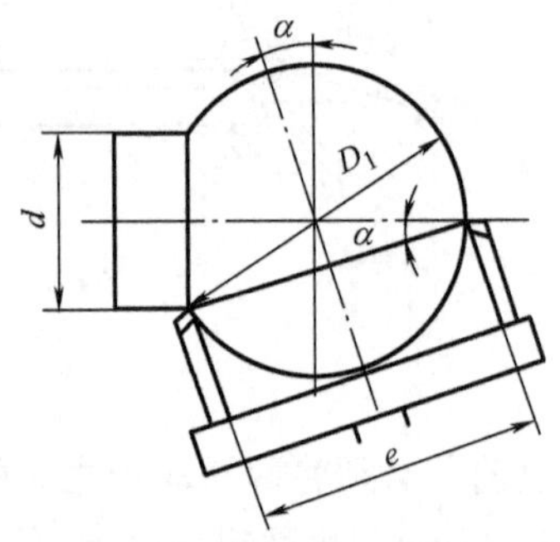


图 8-36　车削带柄圆球

3）飞刀车削整球。如果工件是一个整球，则可采用如图 8-37a 所示的车削方法，即毛坯用两个支撑套顶住，刀盘与主轴轴线垂直，转动刀盘和工件即可切削。当工件两侧面切削好以后，松开支撑套，将工件转过 90°，如图 8-37b 所示，再用支撑套顶住，切削另一部分。

4）车削内孔球面。较大孔内的球面，可用如图 8-38 所示的方法车削。工件 1 安装在卡盘中，两顶尖间安装一刀排 3，车刀 2 反装，小刀架 5 上装一推杆 4，推杆两端活络连接。当小刀架进给时，车刀在刀排中转动，即可车削出内球面。

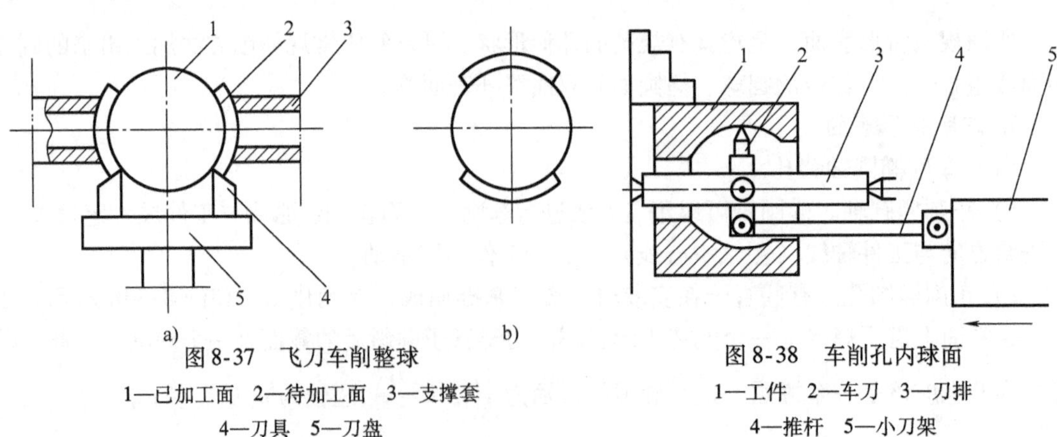


图 8-37　飞刀车削整球

1—已加工面　2—待加工面　3—支撑套

4—刀具　5—刀盘

图 8-38　车削孔内球面

1—工件　2—车刀　3—刀排

4—推杆　5—小刀架

5）飞刀车削端面上的球面。端面上的球面可用如图8-39所示的方法车削。刀盘转动与工件轴线成角度 $\alpha$，车削时工件低速转动，车刀高速飞转，两个运动合成即可车削出球面。

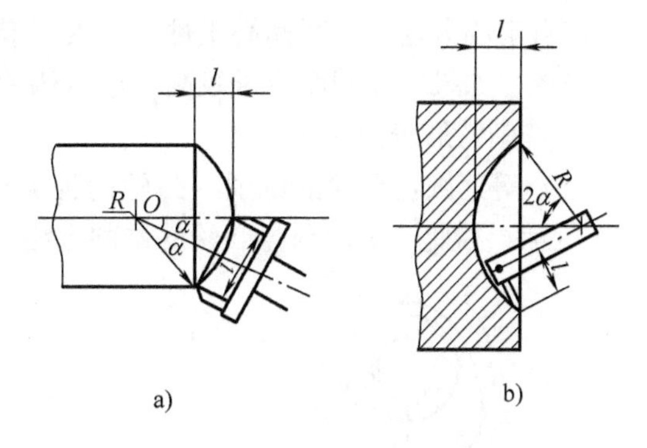


图8-39　飞刀车削端面上的球面

（3）车削双曲面　工件装夹在卡盘上，将小滑板斜置一个角度 $\alpha$，再在小滑板上安装一刀排（车刀必须垂直向下安装），如图8-40所示。车削时，用手转动小滑板进给，车刀向下切入一个 $h$，然后从 $B$ 点移向 $A$ 点。车削开始时刀尖与旋转的工件轻微接触，随着刀尖向 $A$ 点移动，切削深度逐渐增加，过中点以后又逐渐减小，从而在工件上车削出双曲线外表面。

车削双曲线内表面的方法如图8-41所示。其计算方法与车削双曲线外表面的相同。

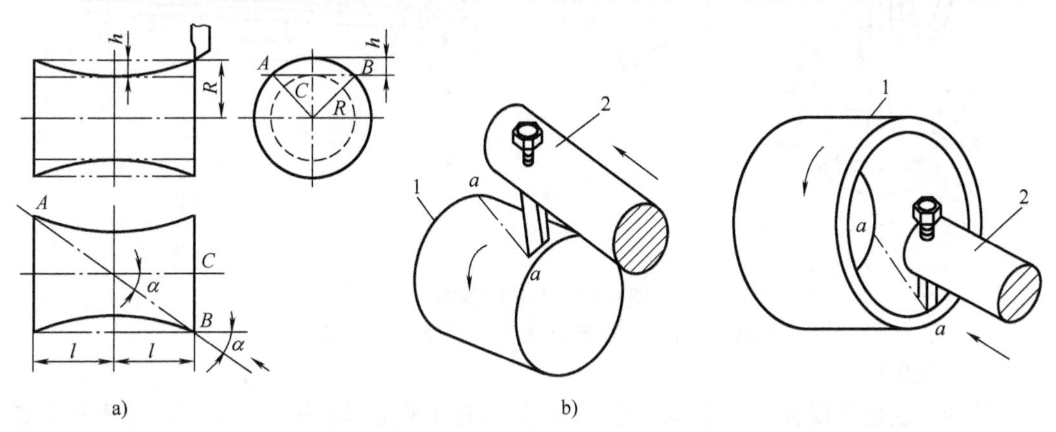


图8-40　车削双曲线外表面
1—工件　2—刀排

图8-41　车削双曲线内表面
1—工件　2—刀排

（4）在自定心卡盘上车削偏心工件

1）车削偏心距较小的工件。车削偏心距较小（$e \leqslant 5 \sim 6$ mm）的偏心工件时，可用一垫片垫在一个卡爪与工件之间即可，如图8-42所示。

2）车削偏心距较大的工件。车削偏心距较大的偏心工件时，最好用扇形垫片，如图8-43所示。

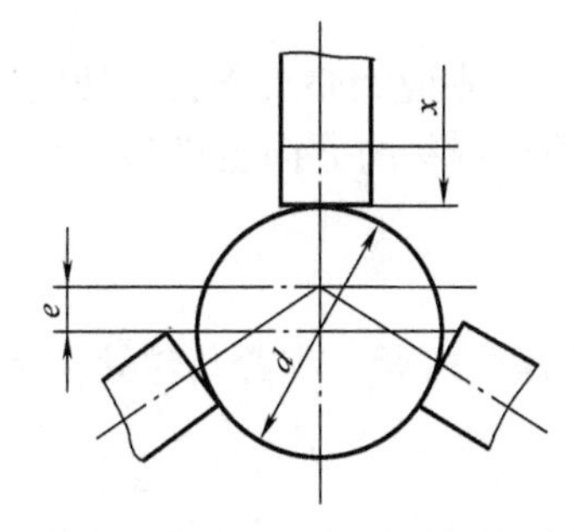


图8-42　单卡爪车偏心工件时平垫块厚度的计算

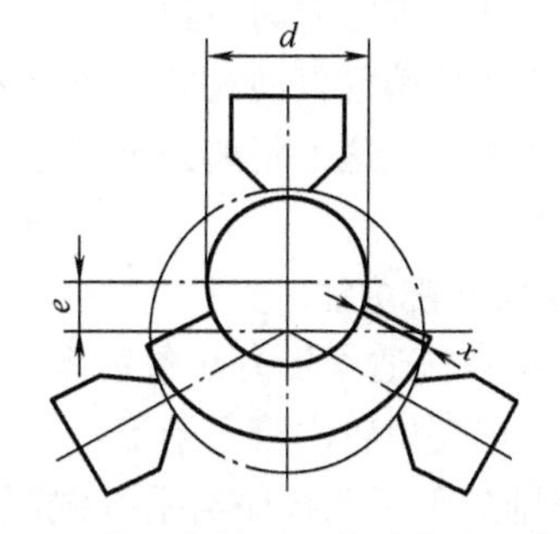


图8-43　双卡爪车偏心工件时扇形垫块的计算

在自定心卡盘上车削偏心工件时，由于卡爪与工件表面接触位置有偏差，加上垫片夹紧后的变形，如果工件精度要求较高，应对垫片厚度进行修正。

**2. 铣削特形表面**

（1）等速圆盘凸轮的铣削　凸轮的种类比较多，常用的有圆盘凸轮和圆柱凸轮，如图 8-44 所示。因此，等速圆盘凸轮的铣削方法有垂直铣削法和扳角度铣削法两种。

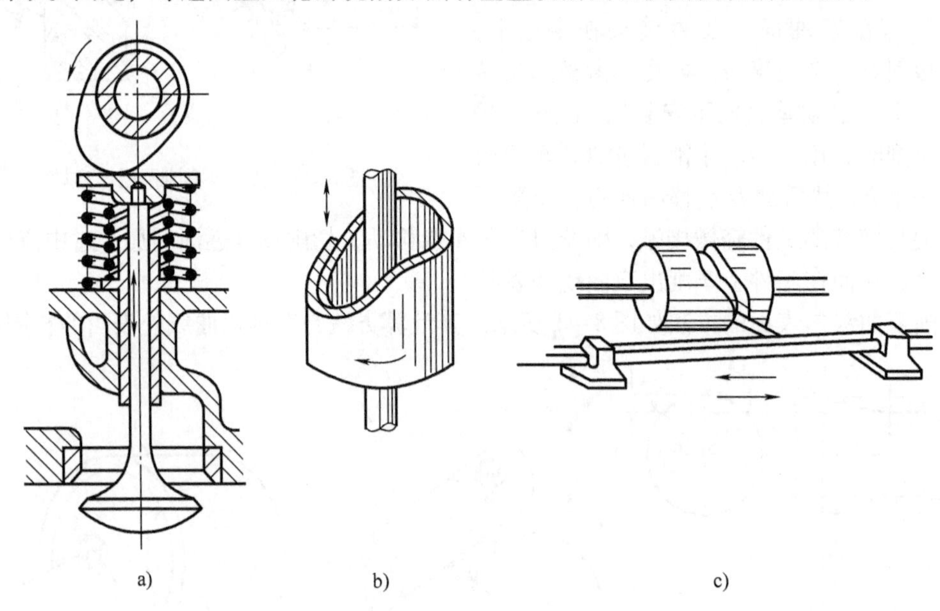


图 8-44　凸轮的种类

a）圆盘凸轮　b）端面圆柱凸轮　c）螺旋槽圆柱凸轮

1）垂直铣削法

① 这种方法用于仅有一条工作曲线，或者虽然有几条工作曲线，但它们的导程都相等，并且所铣凸轮外径较大，铣刀能靠近轮坯而顺利切削的情形，如图 8-45a 所示。

② 立铣刀直径应与凸轮推杆上的小滚轮直径相同。

③ 分度头交换齿轮轴与工作台丝杠的交换齿轮齿数按 $i=\frac{40P_{丝}}{P_h}$ 计算（$P_{丝}$ 为工作台丝杠螺距；$P_h$ 为凸轮导程）。

④ 圆盘凸轮铣削时的对刀位置必须根据从动件的位置来确定。

若从动件是对心直动式的圆盘凸轮，如图 8-45b 所示，对刀时应将铣刀和工件的中心连线调整到与纵向进给方向一致。

若从动件是偏置直动式的圆盘凸轮，如图 8-45c 所示，则应调整工作台，使铣刀对中后再偏移一个距离，这个距离必须等于从动件的偏距 $e$，并且偏移的方向也必须和从动件的偏置方向一致。

2）扳角度铣削法

① 这种方法适用于有几条工作曲线，各条曲线的导程不相等，或者凸轮导程是大质数、零星小数，选配齿轮困难等情形。

② 铣削加工工艺程序与垂直铣削法相似。

（2）等速圆柱凸轮的铣削　等速圆柱凸轮可分为螺旋槽圆柱凸轮和端面圆柱凸轮，其

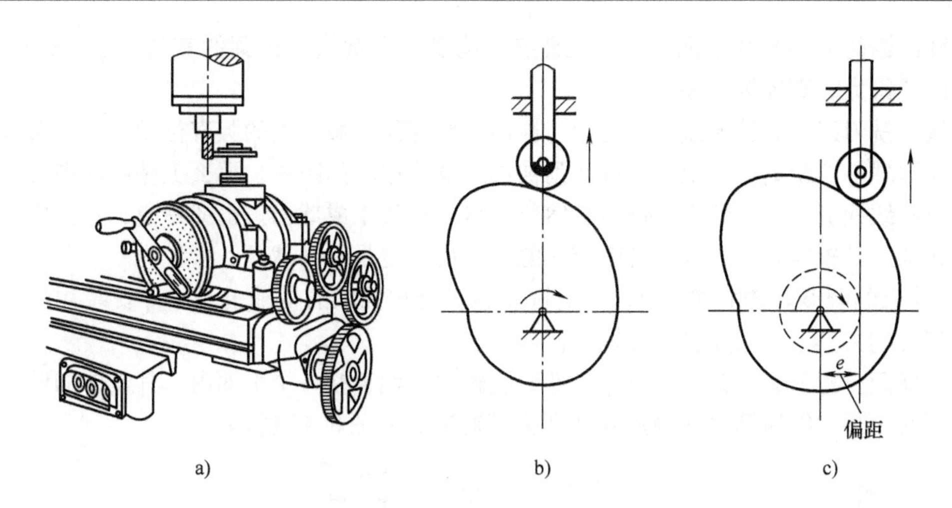


图 8-45　垂直铣削法

中螺旋槽圆柱凸轮的铣削方法和螺旋槽的铣削方法基本相同，所不同的是螺旋槽圆柱凸轮工作型面往往是由多个不同导程的螺旋面或螺旋槽组成，它们各自占的中心角是不同的，而且不同的螺旋面或螺旋槽之间还常用圆弧进行连接，因此导程的计算比较麻烦。在实际生产中，应根据图样给定的不同条件，采用不同的方法来计算凸轮曲线的导程。若加工图样上给定螺旋角 $\beta$ 时，等速螺旋槽圆柱凸轮导程的计算公式为

$$P_{\mathrm{h}} = \pi d\cot\beta$$

等速端面圆柱凸轮的铣削方法如图 8-46 所示。

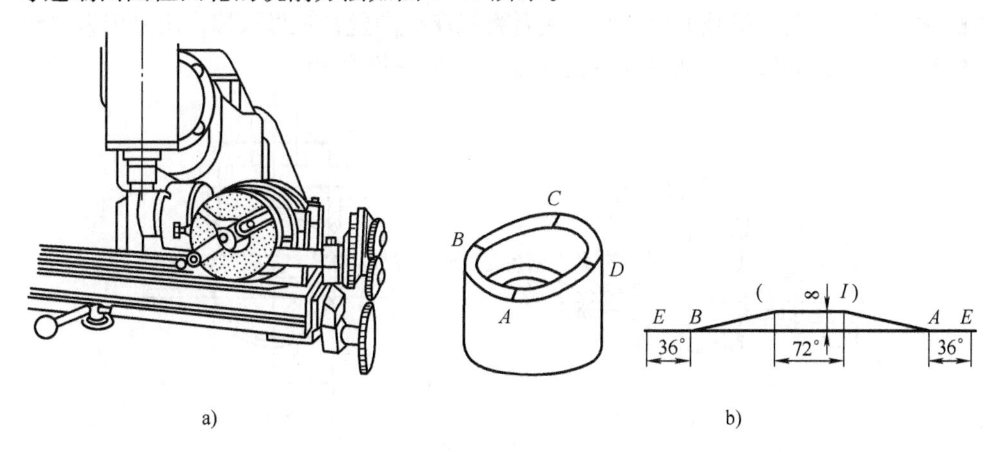


图 8-46　等速端面圆柱凸轮的铣削方法

1）铣削等速圆柱凸轮的原理与铣削等速圆盘凸轮相同，只是分度头主轴应平行于工作台，如图 8-46a 所示。

2）圆柱凸轮曲线的上升和下降部分需分两次铣削，如图 8-46b 所示，*AD* 段是右旋，*BC* 段是左旋。铣削中以增减中间轮来改变分度头主轴的旋转方向，即可完成左、右旋工作曲线。

（3）球面的铣削

1）球面的形成。球面有一个显著的几何特点，就是从表面上任一点到球心的距离都不变，且等于球体半径 *R*。用平面在任意位置来截球体，截出的形状都是一个圆，如图 8-47

所示。截出圆的大小与截平面到球心的距离 $e$ 有关：距离大，则圆的直径 $d$ 小；$e$ 等于零，则截得的圆最大，直径等于 $2R$。

如果使铣刀刀尖旋转形成的轨迹圆与被加工球体某一截面上的圆直径相等，则轨迹圆所在的平面到球心的距离等于上述的截面到被加工球体球心的距离，那么工件回转中心线与铣刀回转中心线相交成一个角度，铣刀必然就会将工件加工成球面。也就是说，只要旋转的铣刀和旋转的工件轴线相交，这样铣削获得的表面就一定是一个球面。

2）球心的调整。铣削球面时，一般铣刀是安装在铣床的主轴上，工件安装在分度头或其他可旋转的夹具上，用立铣或卧铣进行加工。

铣削球面应把刀具的旋转中心和工件的旋转中心调整在一个平面内，其具体的调整办法一般是用两个顶尖按所算出的倾角 $\alpha$ 使两尖端对准，如图 8-48 所示。

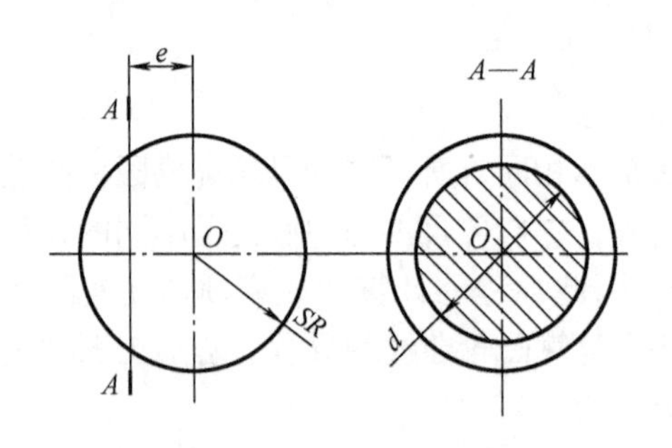


图 8-47　球的几何特点

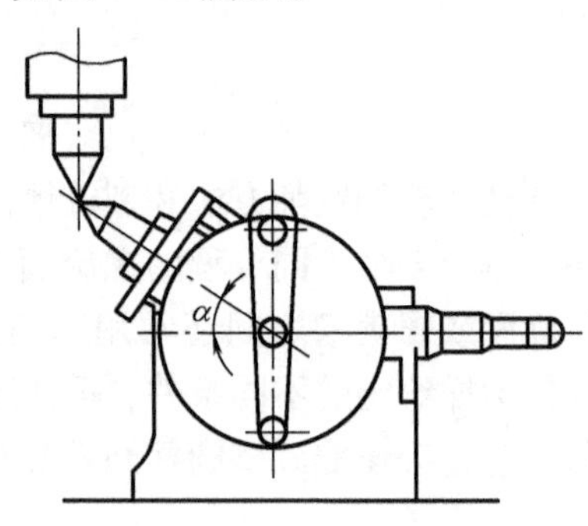


图 8-48　球心的调整

铣削时，工件由电动机减速后带动，或者将机床纵向丝杠螺母取掉，用机床纵向丝杠通过交换齿轮带动工件旋转。铣削要分两次进行，如图 8-49 所示。

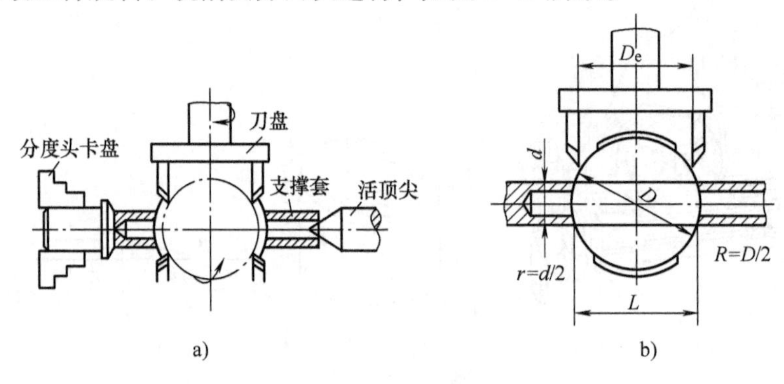


图 8-49　圆球的铣削

a）第一次铣削　b）第二次铣削（按前者水平旋转 90°）

（4）带柄圆球的铣削

1）单柄圆球的铣削。尺寸较小的带柄圆球，可安装在分度头上进行铣削，但分度头应扳转一个角度 $\alpha$，故通称为工件倾斜铣削法，这样球心调整和进给控制等操作均比较方便，如图 8-50 所示。

2）双柄圆球的铣削。两端直径相等的双柄球面，即为对称的球带，铣削时如图 8-51a 所示，铣刀轴线与工件轴线的夹角 $\beta=90°$，即相互垂直。

若加工图 8-51b 所示的球面，两端不是柄而是平面，在铣削时刀尖不受柄部的限制，故

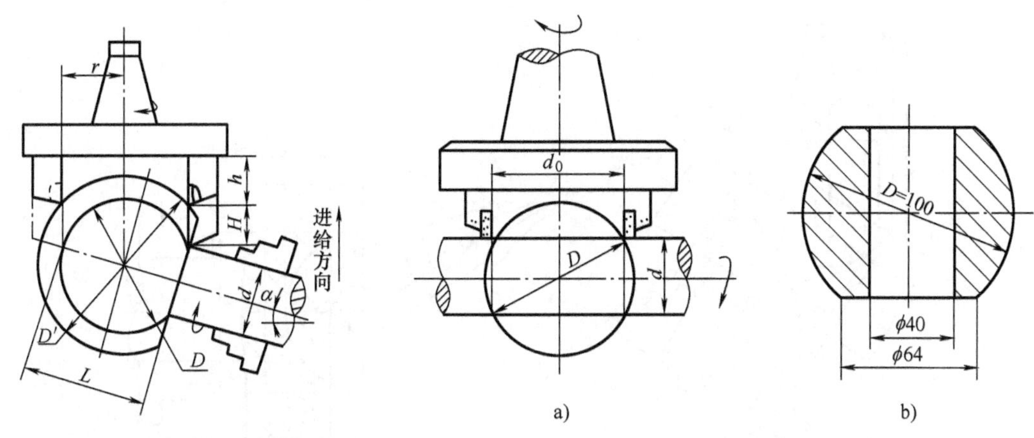


图 8-50　单柄圆球的铣削

图 8-51　双柄圆球的铣削

可先计算出刀尖回转直径的最小值，而刀尖的实际回转直径可大些，一般大 3 ~ 5mm，但太大会铣到心轴。

铣削外球面时，如果球和球柄处有过渡圆弧，则可按 $\tan\alpha=\dfrac{d+D\ (1-\sin2\alpha)}{2L}$计算倾斜角 $\alpha$。

（5）铣削内球面　内球面的加工原理与外球面的加工原理相同，其加工步骤如下：

1）画线。按图画出端面上的线，并找出内球面的中心（不是球心）。

2）安装工件。可安装在分度头自定心卡盘内，也可用螺栓、压板将工件固定在圆工作台上。

3）铣削计算。为使球心调整和进给控制简便，应先算出倾斜角度 α，然后再决定刀尖回转半径 $r$。

4）内球面铣削法

① 工件倾斜铣削法。当用工件倾斜铣削时，应把刀尖对准球心下沿后，以垂直于刀轴方向进给 $H=2r$ 距离，即可铣成内球面，如图 8-52a 所示。

② 刀轴倾斜铣削法。当用刀轴倾斜铣削时，应把刀尖对准球心后，以工件轴向进给 $H=t$距离，即可铣成内球面，如图 8-52b 所示。

（6）铣大半径球面　大半径球面可采用硬质合金面铣刀或铣刀盘来铣削，工件一般可安装在回转工作台上，使工作轴线与铣床工作台面相垂直，铣刀轴线倾斜一个角度 $\alpha$，如图 8-53 所示。

（7）铣削球台　铣削球台时，工件安装在圆工作台上，圆工作台的转速为 2 ~ 5r/min，立铣头需倾斜一个角度 $\alpha$，并使立铣刀旋转中心线的延长线通过球坯中点 $E$，如图 8-54 所示。

铣刀刀尖旋转直径应大于工件弧面弦长 $B$。铣削时，先要对中心；然后固定铣削位置，去掉顶尖，换上铣刀，再进行铣削。

（8）铣削圆弧

1）用面铣刀近似铣削圆弧。当立铣头轴线和工作台面不垂直时，铣出的平面会出现内凹现象，其原因就在于立铣头轴线与铅垂线倾斜了一个角度 $\alpha$，因而使铣刀的切削刃不能与水平面相吻合。利用这一现象可用面铣刀较为方便地近似加工出所需的圆弧，如图 8-55 所示。当用铣刀左侧铣削时，可得到外圆弧；用铣刀右侧铣削时，可得到内圆弧。

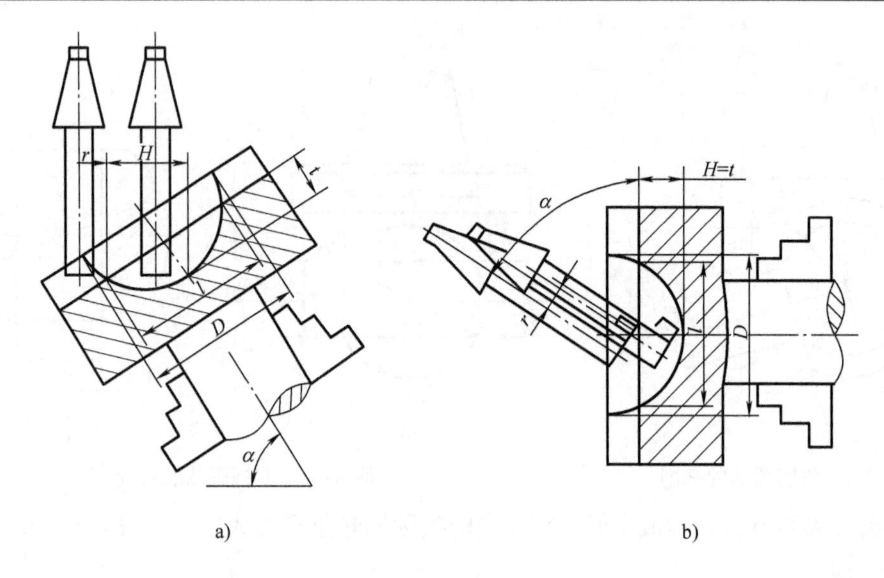


图 8-52　内球面的铣削方法
a）工件倾斜铣削内球面　b）刀轴倾斜铣削内球面

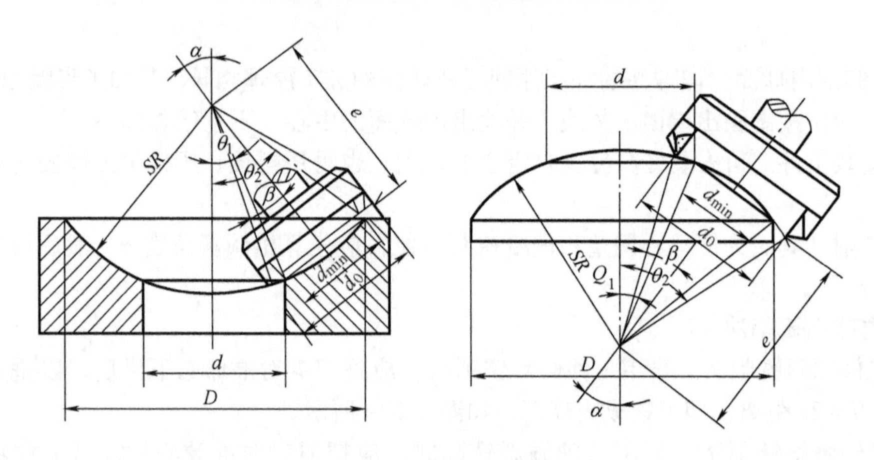


图 8-53　大半径球面的铣削

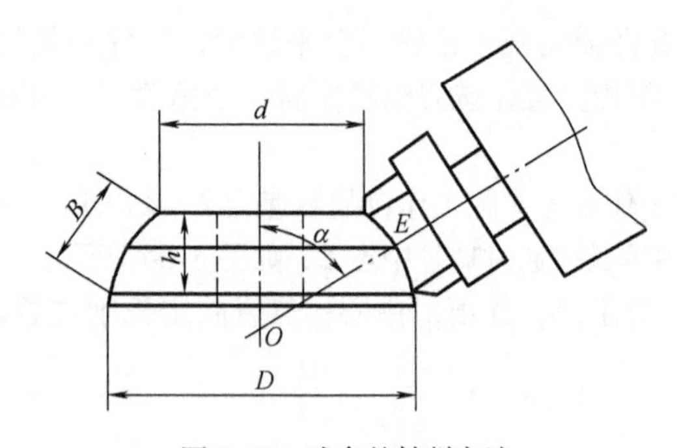


图 8-54　球台的铣削方法

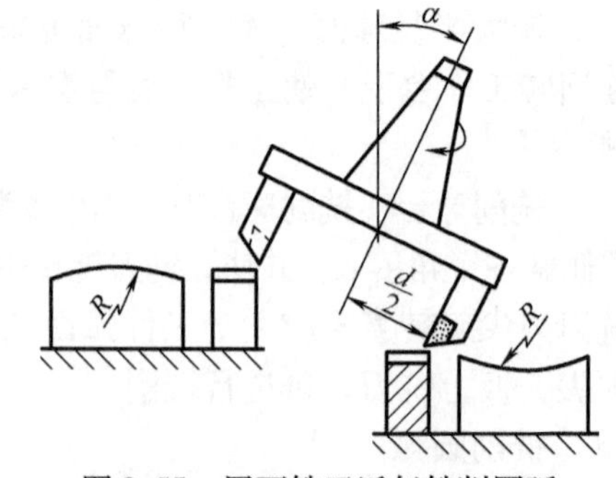


图 8-55　用面铣刀近似铣削圆弧

铣削时，一般粗加工用多刀切削，精加工用单刀切削，也可用一般的小直径三面刃铣刀铣削，但只能铣制内圆弧。

这种近似加工法有一定的误差，因此，只适用于加工要求不高的工件或粗加工。如果凹、凸圆弧要配对使用，则应在机床一次调整后，用同一把铣刀先后加工凹、凸圆弧。

2）立式铣床铣削内圆弧。内圆弧面半径较小时，可使用成形铣刀直接铣削；对于半径较大的内圆弧，常采用倾斜立式铣床主轴、纵向进给的方法进行铣削，如图 8-56 所示。

3）卧式铣床铣削内圆弧。在卧式铣床上铣削内圆弧时，可将工作台扳转一个 $\alpha$ 角度，铣刀直接安装在铣床主轴前端，利用纵向进给进行铣削，如图 8-57 所示。

利用这种方法加工出来的内圆弧实际上是椭圆孔的一部分圆弧，所以它是一种近似铣削方法。在铣刀直径接近工件内圆弧直径的同时，内圆弧面的弧高尺寸越小，铣出的内圆弧半径越准确。

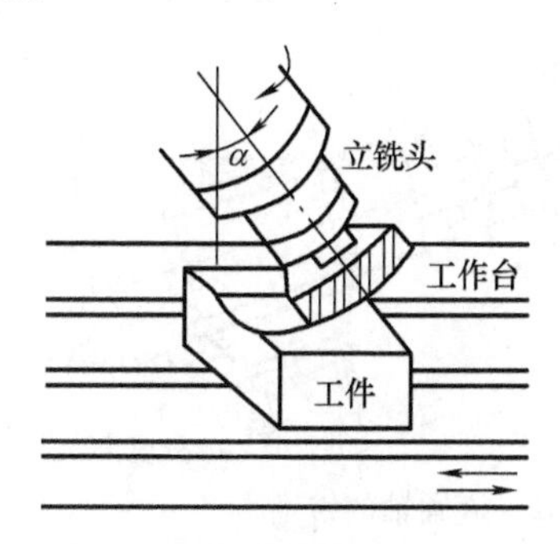

图 8-56　立式铣床铣削大尺寸内圆弧

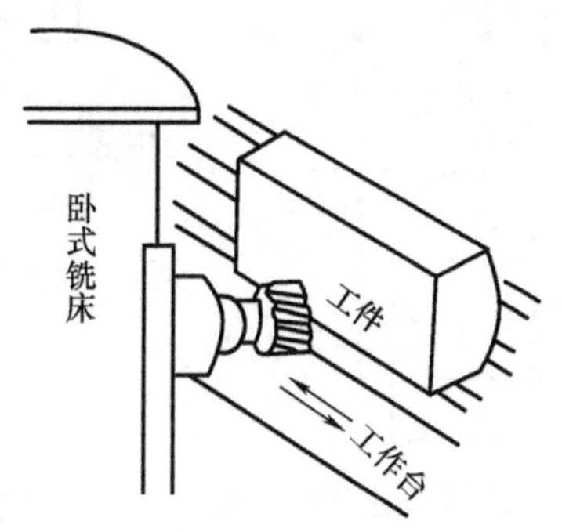

图 8-57　卧式铣床铣削大尺寸内圆弧

（9）椭圆的铣削加工

1）椭圆孔的铣削。一个圆柱孔工件，若用刀在垂直于中心线的方向切断，其截面是一个圆柱孔；如果在沿中心线倾斜一个角度 $\alpha$ 的方向（即 $A$—$A$）切开，其截面就是一个椭圆孔，如图 8-58 所示。切断的方向与孔的中心线夹角越小，椭圆的长轴和短轴的长度差就越大。这就是在铣床上加工椭圆的原理。

椭圆孔的加工步骤如下：

① 安装工件。一般工件可直接安装在工作台上，但尺寸小的工件可借助台虎钳夹紧。安装工件时要使孔的中心线与工作台面垂直。

② 安装刀杆。镗刀杆安装在立铣头主轴锥孔内，为了达到加工椭圆孔的目的，立铣头应扳一个角度，使其中心线与工件孔的中心线倾斜一个角度 $\alpha$，如图 8-59 所示。

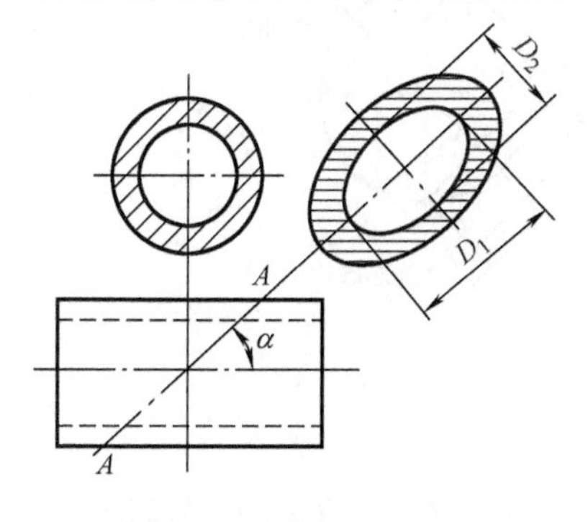

图 8-58　椭圆孔加工原理

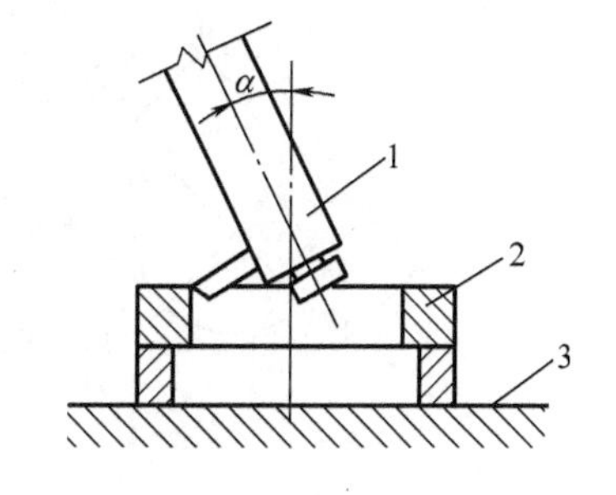

图 8-59　铣削椭圆孔

1—立铣头　2—工件　3—工作台

③ 铣削加工。椭圆孔在铣床上是进行镗削加工。镗椭圆孔时的进给方向应该和椭圆孔中心线方向平行，并使铣刀杆刀尖的回转直径等于椭圆孔的长轴长度 $D_1$。刀杆直径要适当

大些，以防振动；但也不能太大，以防快镗削到尽头时，刀杆与端面相碰，如图8-60所示。

2）椭圆轴的铣削。铣削椭圆轴时，刀尖应围绕椭圆轴圆周切削，如图8-61所示，因此，刀轴应装于刀轴固定盘上，其刀尖的回转直径仍按椭圆长轴 $D_1$ 校准；其他的安装和调整方法，可参阅椭圆孔的铣削。

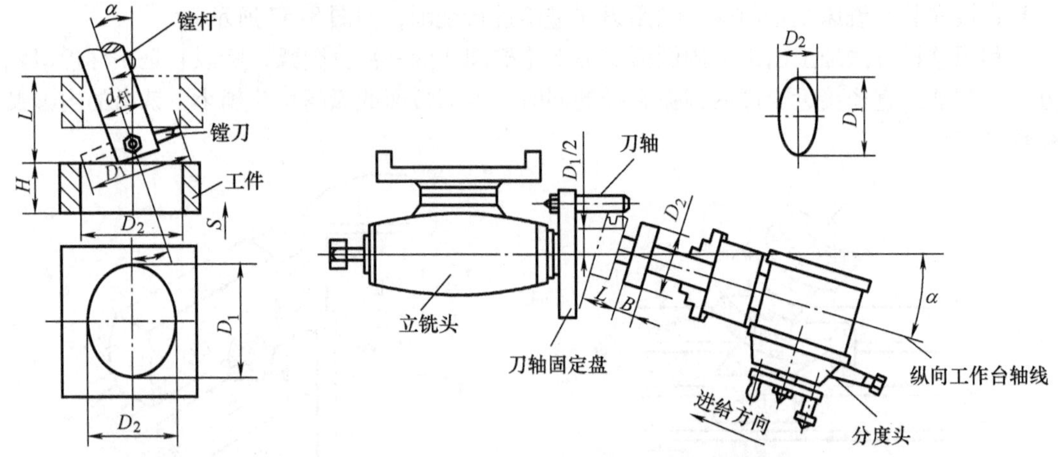


图8-60　立式铣床上镗椭圆孔　　图8-61　椭圆轴的铣削

铣削椭圆轴时，应注意以下两点：

① 铣削椭圆孔前的圆孔直径余量应略小于短轴直径 $D_2$；而铣削椭圆轴时的直径余量应略大于长轴直径 $D_1$。为了提高工效，事前可由钳工用画线法把余量尽量留至最小限度，然后用铣床进行最后精铣。

② 铣削中如长、短轴尺寸不符时，可通过调整斜角 $\alpha$ 加以修正。

**3. 磨削特形表面**

（1）球面磨削加工　图8-62为球面磨削加工原理图。砂轮主轴轴线与工件旋转轴线成一个角度 $\alpha$，砂轮直径 $D$ 等于过圆球 $A$、$B$ 两点的平面所截得的圆的直径，即图8-62中的弦长 $AB$。当砂轮绕自身轴线旋转，同时工件绕 $OB$ 轴线旋转时，砂轮和工件相对运动的轨迹就是一个球面。

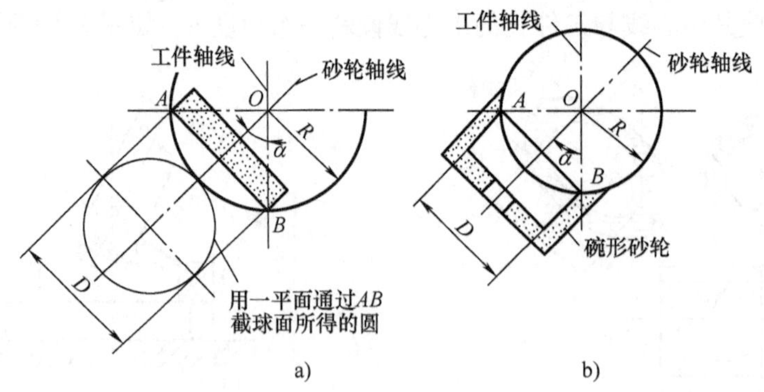


图8-62　球面磨削加工原理——砂轮直径（杯形砂轮内孔直径）等于工件截面弦长
a）磨内球面　b）磨外球面

球面磨削按砂轮直径（杯形砂轮内孔直径）等于、小于和大于工件截面弦长分为三种情况，砂轮直径等于工件截面弦长如图8-62a、b所示；砂轮直径小于工件截面弦长如

图 8-63a所示；砂轮直径大于工件截面弦长如图 8-63b 所示。

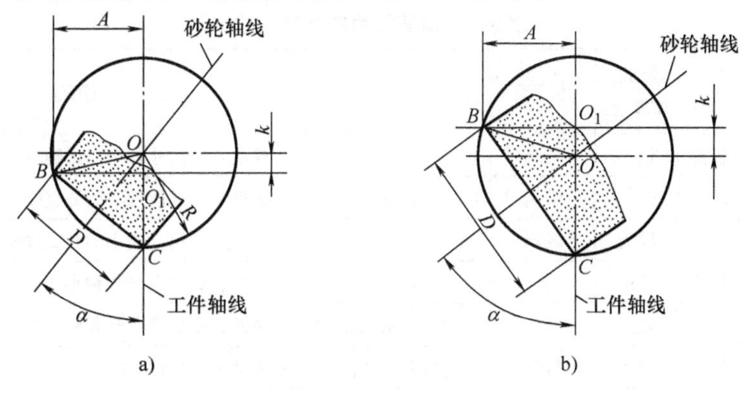


图 8-63　球面磨削

a）砂轮直径小于工件截面弦长　b）砂轮直径大于工件截面弦长

（2）斜盘内球面的磨削　斜盘内球面工件如图 8-64 所示，磨削内球面时砂轮直径 $D$ 和砂轮轴线与工件轴线之间应摆成一个夹角 $\alpha$。

（3）球面座的磨削加工　球面座工件如图 8-65 所示，磨削球面座时砂轮直径 $D$ 和砂轮轴线与工件轴线之间也应摆成一个夹角 $\alpha$。

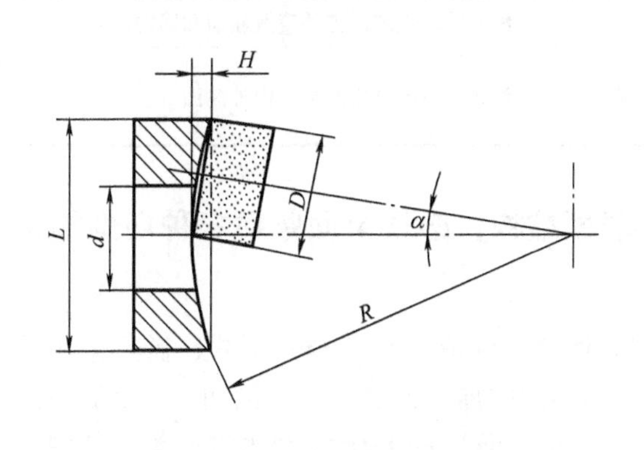


图 8-64　斜盘内球面的磨削

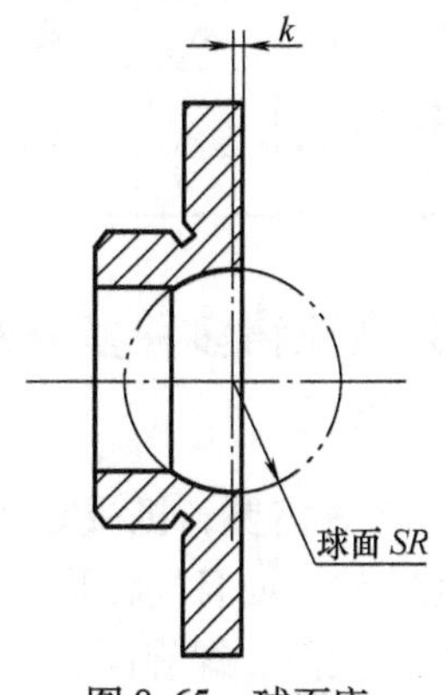


图 8-65　球面座

## 六、成形面加工方法的选择

曲面的加工方法很多，常用的加工方法见表 8-4。对于具体零件的曲面应根据零件的尺寸、形状、精度及生产批量等来选择加工方法。

小型回转体零件上形状不太复杂的曲面，在大批、大量生产时，常采用成形车刀在自动或者半自动车床上加工；批量较小时，可采用成形车刀在卧式车床上加工。直槽和螺旋槽等，一般可采用成形铣刀在万能铣床上加工。

大批、大量生产中，为了加工一些直线曲面和立体曲面，常常专门设计和制造专用的拉刀或专用化机床，例如，加工凸轮轴上的凸轮用凸轮轴车床、凸轮轴磨床等。

对于淬硬的曲面，如要求精度较高、表面粗糙度值较小，其精加工则要采用磨削，甚至要用光整加工。

对于通用机床难加工、质量也难以保证、甚至无法加工的曲面，宜采用数控机床加工或其他特种加工。

**表 8-4　曲面常用的加工方法**

| 加工方法 | | | 加工精度 | 表面粗糙度 $Ra$ | 生产率 | 机床 | 适用范围 |
|---|---|---|---|---|---|---|---|
| 曲面的切削加工 | 成形刀具 | 车削 | 较高 | 较小 | 较高 | 车床 | 成批生产尺寸较小的回转曲面 |
| | | 铣削 | 较高 | 较小 | 较高 | 铣床 | 成批生产尺寸较小的外直线曲面 |
| | | 刨削 | 较低 | 较大 | 较高 | 刨床 | 成批生产尺寸较小的外直线曲面 |
| | | 拉削 | 较高 | 较小 | 高 | 拉床 | 大批、大量生产各种小型直线曲面 |
| | 简单刀具 | 手动进给 | 较低 | 较大 | 低 | 各种普通机床 | 单件、小批量生产各种曲面 |
| | | 靠模装置 | 较低 | 较大 | 较低 | 各种普通机床 | 成批生产各种直线曲面 |
| | | 仿形装置 | 较高 | 较大 | 较低 | 仿形机床 | 单件、小批量生产各种曲面 |
| | | 数控装置 | 高 | 较小 | 较高 | 数控机床 | 单件及中、小批量生产各种曲面 |
| 曲面的磨削加工 | 成形砂轮磨削 | | 较高 | 小 | 较高 | 平面、工具、外圆磨床 | 成批生产加工外直线曲面和回转曲面 |
| | 成形夹具磨削 | | 高 | 小 | 较低 | 成形、平面磨床，成形磨削夹具 | 单件、小批量生产加工外直线曲面 |
| | 砂带磨削 | | 高 | 小 | 高 | 砂带磨床 | 各种批量生产加工外直线曲面和回转曲面 |
| | 连续轨迹数控坐标磨削 | | 很高 | 很小 | 较高 | 坐标磨床 | 单件、小批量生产加工内外曲面 |

## 【视野拓展】要获得多种多样的机械零件表面结构，必须全面掌握各种切削加工方法

为了适应各种需要，机械零件的表面结构必然会设计成各种各样的形式，需要采用不同的切削加工方法，而且同样形式的表面也可以用不同的加工方法获得。例如，一个简单的带柄螺栓具有圆柱面、螺旋面、平面（六方平面、端平面）和 120°大倒角锥面等，其中的平面可以采用刨削、铣削、磨削、拉削、车削或镗削加工获得。

学生应全面掌握各种切削加工方法，以便合理组织机械零件的加工，安排机械零件的加工工艺流程，节省加工周转时间，提高工作效率，节约加工成本，保证加工质量，满足零件的性能要求。

## 思考题与习题

8-1　外圆加工有哪些方法？外圆光整加工有哪些方法？如何选用？

8-2　车床上钻孔和钻床上钻孔会产生什么误差？钻小孔深孔最好采用什么钻头？某些新型钻头能否一把刀具一次安装实现非定尺寸加工、扩孔或沉孔加工？如何实施？

8-3　加工如图 8-66 所示的轴套内孔 $A$，请按表 8-5 所列的不同要求，选择加工方法及加工顺序（数量：50 件）。

8-4　某箱体水平面方向上 $\phi$250H9 的大孔和孔内 $\phi$260 mm、宽度 8mm 的回转槽以及孔外 $\phi$350 mm 的

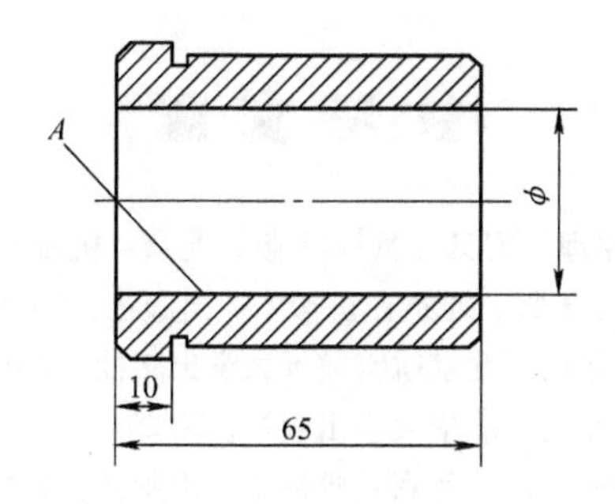


图 8-66　套筒

**表 8-5　加工要求**

| 内孔 A 的加工要求 | | 材料 | 热处理 |
|---|---|---|---|
| 尺寸精度 | 表面粗糙度 $Ra/\mu m$ | | |
| $\phi$40H8 | 1.6 | 45 | 调质 |
| $\phi$10H8 | 1.6 | 45 | 调质 |
| $\phi$100H8 | 1.6 | 45 | 淬火 |
| $\phi$40H6 | 0.8 | 45 | — |
| $\phi$40H8 | 1.6 | ZL104（铝合金） | — |

大端面在卧式镗床上如何加工？

8-5　简述中心磨削与无心磨削的工艺特点。试比较两者各自的工艺优势。

8-6　珩磨时，珩磨头与机床主轴为何要用浮动连接？珩磨能否提高孔与其他表面之间的位置精度？

8-7　平面铣削有哪些方法？各适用于什么场合？端铣时如何区分顺铣和逆铣？镶齿端铣刀能否在卧式铣床上加工水平面？

8-8　用简单刀具加工曲面的有哪些方法？各加工方法的特点及适用范围是什么？

# 参考文献

[1] 陆剑中，孙家宁．金属切削原理与刀具［M］．3 版．北京：机械工业出版社，2004.
[2] 吴年美．机械制造工程［M］．3 版．北京：机械工业出版社，2011.
[3] 陈明．机械制造技术［M］．北京：北京航空航天大学出版社，2001.
[4] 杨峻峰．机床与夹具［M］．北京：清华大学出版社，2005.
[5] 朱淑萍．机械加工工艺及装备［M］．北京：机械工业出版社，2001.
[6] 张建华．精密与特种加工技术［M］．北京：机械工业出版社，2003.
[7] 袁哲俊，王先逵．精密和超精密加工技术［M］．2 版．北京：机械工业出版社，2007.